工业和信息化**精品系列**教材

信息技术应用教程

（Windows 10+ Office 2016）

Tutorial of Information
Technology Application

杨家成｜主编

刘万授 许悦珊 李宇清｜副主编

人民邮电出版社

北京

图书在版编目（CIP）数据

信息技术应用教程：Windows 10+Office 2016 / 杨家成 主编. -- 北京：人民邮电出版社，2023.9
工业和信息化精品系列教材
ISBN 978-7-115-62319-5

Ⅰ. ①信… Ⅱ. ①杨… Ⅲ. ①Windows操作系统－教材②办公自动化－应用软件－教材 Ⅳ. ①TP316.7②TP317.1

中国国家版本馆CIP数据核字(2023)第135778号

内 容 提 要

本书主要讲解 Windows 10 操作系统、Office 2016 常用办公软件，以及计算机网络的相关知识和实际应用。本书的具体内容包括计算机基础知识、Windows 10 设置与使用、Word 2016 文档处理、Excel 2016 电子表格处理、PowerPoint 2016 演示文稿制作、计算机网络应用、新一代信息技术与应用。本书的主要特点是"教、学、做"融为一体，强化读者的计算机基本操作技能。

本书适合作为高职高专院校各专业"信息技术""计算机应用基础"等课程的教材，也可作为全国计算机等级考试的辅导用书。

◆ 主　编　杨家成
副 主 编　刘万授　许悦珊　李宇清
责任编辑　桑　珊
责任印制　王　郁　焦志炜

◆ 人民邮电出版社出版发行　　北京市丰台区成寿寺路 11 号
邮编 100164　电子邮件 315@ptpress.com.cn
网址 https://www.ptpress.com.cn
三河市君旺印务有限公司印刷

◆ 开本：787×1092　1/16
印张：18.75　　　　　　　　2023 年 9 月第 1 版
字数：478 千字　　　　　　　2024 年 7 月河北第 3 次印刷

定价：69.80 元

读者服务热线：(010)81055256　印装质量热线：(010)81055316
反盗版热线：(010)81055315
广告经营许可证：京东市监广登字 20170147 号

前 言
P R E F A C E

本书全面贯彻党的二十大精神，以社会主义核心价值观为引领，传承中华优秀传统文化，坚定文化自信，使内容更好体现时代性、把握规律性、富于创造性。

计算机信息技术应用能力是高职高专院校学生必备的能力。通过相关课程的学习，学生应掌握基本的计算机知识，具有利用计算机进行管理、发布、收集信息的技能，以及综合应用计算机及计算机网络解决工作中实际问题的能力，具备在"信息时代"生存与发展的素养。

围绕上述目标，本书着重培养读者的计算机信息技术应用能力，全书所涉及的计算机信息技术应用技能和知识点如下。

①计算机基础知识，包括计算机系统、计算机网络、新一代信息技术等。

②信息管理技能，包括操作与管理计算机，管理、压缩、备份文件，编辑文档，防治计算机病毒，管理电子表格，处理文档信息等。

③信息发布技能，包括制作演示文稿、利用计算机网络传递信息等。

④信息收集技能，包括连接 Internet、利用 Internet 检索信息、通过 Internet 交流信息、下载网络资源等。

本书主要介绍 Windows 10、Office 2016，以及计算机网络的应用。每个办公软件模块以 1～2 个职场实际应用案例为主线，第 2～6 章都有相应的实训题目或与工作过程密切相关的实训项目案例，以此将课堂学习与实际应用结合起来。

为了帮助读者准备全国计算机等级考试（一级），本书的实训题目均根据全国计算机等级考试的大纲、题型编写。

本书的第 1 章、第 6 章由杨家成编写，第 2 章、第 5 章由刘万授编写，第 4 章由许悦珊编写，第 3 章由李宇清编写，第 7 章由杨家成、刘万授、许悦珊、李宇清共同编写。

由于编者水平有限，书中难免存在不足之处，敬请读者提出宝贵意见。

编者
2023 年 7 月

目 录

CONTENTS

目 录

CONTENTS

第 4 章　Excel 2016 电子表格处理 / 130

目 录
CONTENTS

目录

CONTENTS

第1章
计算机基础知识

01

本章主要介绍计算机的基础知识，要求读者在学习完本章后掌握以下知识。

职业能力目标

① 计算机的发展、特点及用途。
② 计算机的主要组成部件及各部件的主要功能。
③ 计算机的工作原理。
④ 计算机中常用的数制。
⑤ 计算机病毒常识。

1.1 认识计算机

1.1.1 计算机简介

世界上第一台通用电子计算机于 1946 年在美国宾夕法尼亚大学研制成功，名字叫 ENIAC（Electronic Numerical Internal And Calculator）。此后，在半个多世纪的时间里，计算机的发展取得了令人瞩目的成就。电子计算机的产生和迅速发展是当代科学技术最伟大的成就之一。计算机从诞生到现在，已走过了 70 多年的发展历程，在这期间，计算机的系统结构不断发生变化，使用的软件也不断发展和丰富。毫不夸张地说，计算机已经成为日常工作和生活必不可少的一部分。

1. 计算机的发展

计算机的发展阶段通常以构成计算机的电子器件来划分，至今已经经历了 4 代，正在向第五代过渡。相比于旧的发展阶段，新的发展阶段在技术上都有新的突破，在性能上也都有质的飞跃。

第一代（1946 ～ 1958 年）是电子管计算机，该时期的计算机使用的主要逻辑元件是电子管，因此也称为"电子管时代"。主存储器先采用延迟线，后采用磁鼓、磁芯；外存储器使用磁带。软件方面，采用机器语言和汇编语言编写程序。这个时期计算机的特点是：体积庞大、运算速度低（一般每秒几千次到几万次）、制作成本高、可靠性差、存储容量小。这一代的计算机主要用于科学计算，完成军事和科学研究方面的工作，其代表机型有 ENIAC、IBM650（小型机）、IBM709（大型机）等。

第二代（1959～1964年）是晶体管计算机，该时期的计算机使用的主要逻辑元件是晶体管，因此也称为"晶体管时代"。主存储器采用磁芯，外存储器使用磁带和磁盘。软件方面，开始使用管理程序，后期使用操作系统并出现了 FORTRAN、COBOL、ALGOL 等一系列高级程序设计语言。这个时期计算机的应用扩展到数据处理、自动控制等方面，计算机的运算速度已提高到每秒几十万次，体积大大减小，可靠性和存储容量也有较大的提高，代表机型有 IBM7090、IBM7094 等。

第三代（1965～1970年）是集成电路计算机，该时期的计算机用中小规模集成电路代替了分立元件，用半导体存储器代替了磁芯存储器，外存储器使用磁盘。软件方面，操作系统进一步完善，高级语言数量增多，出现了并行处理、多处理机、虚拟存储系统以及面向用户的应用软件。计算机的运算速度也提高到每秒几百万次，可靠性和存储容量进一步提高，外部设备种类繁多，计算机和通信密切结合起来，并广泛地应用到科学计算、数据处理、事务管理、工业控制等领域，代表机型有 IBM360 系列等。

第四代（1971年至今）是大规模和超大规模集成电路计算机，该时期的计算机使用的主要逻辑元件是大规模和超大规模集成电路，一般称为"大规模集成电路时代"。主存储器采用半导体存储器，外存储器采用大容量的软、硬磁盘，并引入光驱。软件方面，操作系统不断发展和完善，同时扩展了数据库管理系统和通信软件等的功能。计算机的发展进入以网络为特征的时代。计算机的运算速度可达到每秒几万亿次，存储容量和可靠性有了很大提高，功能更加完善。这个时期计算机的类型除小型机、中型机、大型机外，也开始向巨型机和微型机（个人计算机）两个方向发展，计算机开始进入办公室、学校和家庭。

随着超大规模集成电路技术的不断发展以及计算机应用领域的不断扩展，计算机的发展表现出了巨型化、微型化、网络化和智能化 4 种趋势。

① 巨型化指发展高速度、大存储容量和强功能的超级巨型计算机，主要应用于天文、气象、原子和核反应等尖端科技领域。目前，最快的超级巨型计算机的运算速度已超过每秒十万亿次。

② 微型化指发展体积小、功耗低和灵活方便的微型计算机，主要应用于办公、家庭和娱乐等领域。

③ 网络化指将分布在不同地点的计算机由通信线路连接到一起从而组成一个规模大、功能强的网络系统，可灵活、方便地收集、传递信息，共享硬件、软件、数据等计算机资源。

④ 智能化指发展具有人类智慧的计算机，目前许多国家都在投入大量资金和人员研究这种具有更高性能的计算机。

2. 计算机的分类

通常情况下计算机采用以下 3 种分类标准。

（1）按处理对象分类

计算机按处理对象的不同可分为电子模拟计算机、电子数字计算机和混合计算机。

① 电子模拟计算机所处理的电信号在时间上是连续的（称为模拟量），采用的是模拟技术。

② 电子数字计算机所处理的电信号在时间上是离散的（称为数字量），采用的是数字技术。信息被计算机数字化之后具有易保存、易表示、易计算、方便硬件实现等优点，所以电子数字计算机已成为信息处理的主流工具。通常所说的计算机都是指电子数字计算机。

③ 混合计算机是指将数字技术和模拟技术相结合的计算机。

（2）按性能规模分类

计算机按性能规模的不同可分为巨型机、大型机、中型机、小型机、微型机。

① 巨型机。研究巨型机是现代科学技术，尤其是国防尖端技术发展的需要。巨型机（见图 1-1）的特点是运算速度快、存储容量大，主要用于核武器、空间技术、大范围天气预报、石油勘探等领域。目前世界上只有少数几个国家能生产巨型机。我国自主研发的银河Ⅰ型亿次机和银河Ⅱ型十亿次机都是巨型机。

② 大型机。大型机（见图 1-2）的特点是通用性强、具有很强的综合处理能力，主要应用于公司、银行、政府部门、社会服务机构和制造厂等，通常人们称大型机为企业计算机。大型机在未来将被赋予更多的使命，如大型事务处理、企业内部的信息管理与安全维护、科学计算等。

图 1-1　巨型机　　　　　　　　　　　图 1-2　大型机

③ 中型机。中型机是介于大型机和小型机之间的一种计算机。

④ 小型机。小型机的特点是规模小、结构简单、设计周期短、便于及时采用先进工艺。小型机由于可靠性高、对运行环境要求低、易于操作且便于维护，常为中小型企事业单位所用。小型机还具有成本低、维护方便等优点。

⑤ 微型机。微型机又称个人计算机（Personal Computer，PC），是日常生活中使用最多、最普遍的计算机，具有价格低、性能强、体积小、功耗低等特点。现在微型计算机已经进入千家万户，成为人们工作、生活的重要工具。随着微型计算机的不断发展，其又被分为台式机（见图 1-3）和便携机（又称为笔记本电脑，见图 1-4）。

图 1-3　台式机　　　　　　　　　图 1-4　笔记本电脑

（3）按功能和用途分类

计算机按功能和用途的不同可分为通用计算机和专用计算机。

① 通用计算机具有功能强、兼容性强、应用面广、操作方便等优点，通常使用的计算机都是通用计算机。

② 专用计算机一般功能单一、操作复杂，用于完成特定的工作任务。

3. 计算机的特点

计算机作为一种通用的信息处理工具，具有极高的处理速度、很强的存储能力、精确的计算和逻辑判断能力，其主要特点如下。

（1）运算速度快

当今计算机系统的运算速度已达到每秒几万亿次，微型机的运算速度也可达到每秒一亿次以上，这使大量复杂的科学计算问题得以解决，如卫星轨道的计算、大型水坝的设计等。过去需要人工计算几年甚至几十年的工作，现在用计算机计算只需几天甚至几分钟即可完成。

（2）计算精确度高

科学技术的发展，特别是尖端科学技术的发展需要高度精确的计算。计算机控制的导弹之所以能准确地击中预定的目标，与计算机的精确计算密切相关。一般计算机可以有十几位甚至几十位有效数字（二进制），计算精度可从千分之几到百万分之几，是其他计算工具望尘莫及的。

（3）具有记忆和逻辑判断能力

随着计算机存储容量的不断增大，可存储的信息越来越多。计算机不仅能进行计算，而且能把参于运算的原始数据、程序、中间结果和最后结果保存起来，以供用户随时调用。计算机还可以对各种信息（如文字、图形、图像、音乐等）通过编码技术进行算术运算和逻辑运算，甚至进行推理和证明。

（4）有自动控制能力

计算机内部的操作是根据人们事先编好的程序自动进行的。用户根据具体需要，事先设计程序，计算机将严格按照程序执行操作，整个过程无须人工干预。

（5）可靠性高

随着微电子技术和计算机技术的发展，现代电子计算机连续无故障运行时间可达几十万小时，具有极高的可靠性。例如，安装在宇宙飞船上的计算机可以在连续几年内可靠地运行。计算机在管理应用中也具有很高的可靠性，而人却很容易因疲劳而出错。另外，计算机对于不同的问题，只是执行的程序不同，因此具有很强的稳定性和通用性。同一台计算机能解决各种问题，应用于不同的领域。

4. 计算机的用途

计算机的应用已渗透到社会的各个领域，正在改变着人们的工作、学习和生活方式，推动着社会的发展。归纳起来，计算机的用途可分为以下几个方面。

（1）科学计算

科学计算也称数值计算。计算机最开始就是为解决科学研究和工程设计中的大量数值计算问题而研制的工具。随着现代科学技术的进一步发展，数值计算在现代科学研究中的地位不断提高，在尖端科学领域中显得尤为重要。例如，人造卫星轨迹的计算，房屋抗震强度的计算，火箭、宇宙飞船的研究和设计都离不开计算机。

在工业、农业等领域中，计算机的应用都取得了许多重大突破，就连我们每天收听、收看的天气预报都离不开计算机的科学计算。

（2）信息处理

科学研究和工程设计中会产生大量的原始数据，包括图片、文字、声音等，而信息处理就是对数据进行收集、分类、排序、存储、计算、传输、制表等操作。目前计算机的信息处理应用已非常普遍，如人事管理、库存管理、财务管理、图书资料管理、商业数据交流、情报检索、经济管理等。

信息处理已成为当代计算机的主要任务，是现代化管理的基础。据统计，全世界计算机信息处理应用的工作量占全部计算机应用的工作量的 80% 以上，使用计算机进行信息处理大大提高了工作效率和管理水平。

（3）自动控制

自动控制是指通过计算机对某一过程进行自动操作，无须人工干预，即可按预定的目标和状态进行过程控制。所谓过程控制，就是对操作数据进行实时采集、检测、处理和判断，按最佳值进行调节，目前被广泛用于操作复杂的钢铁炼制、石油炼制、医药生产等工业生产中。使用计算机进行自动控制可大大提高控制的实时性和准确性，提高劳动效率和产品质量，降低成本，缩短生产周期。

计算机自动控制还在国防和航空航天领域中起着决定性作用，例如，对无人驾驶飞机、导弹、人造卫星和宇宙飞船等飞行器的控制，都是通过计算机实现的。可以说计算机是现代国防和航空航天领域的"神经中枢"。

（4）计算机辅助设计和计算机辅助教学

计算机辅助设计（Computer Aided Design，CAD）是指借助计算机的帮助来自动或半自动地完成各类工程设计工作。目前 CAD 技术已应用于飞机设计、船舶设计、建筑设计、机械设计、大规模集成电路设计等。在京九铁路的勘测设计中，使用 CAD 系统绘制一张图纸仅需几个小时，而过去人工完成同样的工作则要一周甚至更长时间。可见采用 CAD，可缩短设计周期，提高工作效率，节省人力、物力和财力，更重要的是可以提高设计质量。CAD 已得到各国工程技术人员的高度重视，有些国家已把 CAD 和计算机辅助制造（Computer Aided Manufacturing，CAM）、计算机辅助测试（Computer Aided Testing，CAT）及计算机辅助工程（Computer Aided Engineering，CAE）组成一个集成系统，使设计、制造、测试和管理有机结合，形成高度自动化的系统，从而产生了自动化生产线和"无人工厂"。

计算机辅助教学（Computer Aided Instruction，CAI）是指用计算机来辅助完成教学计划或模拟某个实验过程。计算机可按不同要求，分别提供所需教材，还可以个别教学，及时指出学生在学习中出现的错误，根据学生的测试成绩决定其学习能否从一个阶段进入另一个阶段。CAI 不仅能减轻教师的负担，还能激发学生的学习兴趣、提高教学质量，为培养现代化高质量人才提供了有效方法。

（5）对人工智能进行研究和应用

人工智能（Artificial Intelligence，AI）是指用计算机模拟人类某些智力行为的理论、技术和应用，是计算机应用的一个新的领域。这方面的研究和应用正处于发展阶段，在医疗诊断、定理证明、语言翻译、机器人等方面已取得显著成效。例如，用计算机模拟人脑的部分功能进行思维学习、推理、联想和决策，使计算机具有一定的"思维能力"。我国已成功开发出一些中医专家诊断系统，可以模拟医生给患者诊病开方。

机器人是计算机人工智能应用的典型例子，其核心是计算机。第一代机器人是机械手；第二代机器人能够反馈外界信息，有一定的"触觉""视觉""听觉"；第三代机器人是智能机器人，具有感知和理解周围环境、使用语言、推理、规划和操纵工具的能力，能模仿人完成某些动作。机器人动作精确度高、适应能力强，现已开始用于搬运、喷漆、焊接、装配等工作。机器人还能代替人在危险环境中进行繁重的劳动，如在放射性、有毒、高温、低温、高压、水下等环境中工作。

（6）多媒体技术应用

随着电子技术特别是通信技术和计算机技术的发展，人们已经有能力把文本、音频、视频、动画、图形和图像等各种媒体综合起来，构成一种全新的概念——多媒体（Multimedia）。在医疗、教育、商业、银行、保险、行政管理、军事、工业、广播和出版等领域中，多媒体的应用发展很快。随着网络技术的发展，计算机的应用进一步深入社会各行各业，通过信息网实现数据与信息的查询、高速通信服务（电子邮件、可视电话、视频会议、文档传输）、电子教育、电子娱乐、电子购物（通过网络选择商品、办理购物手续、进行质量投诉等）、远程医疗和会诊、交通信息管理等。计算机的应用将推动信息社会更快地向前发展。

（7）计算机网络

把计算机的信息处理能力与通信技术结合起来就形成了计算机网络。人们熟悉的全球信息查询、电子邮件、电子商务等都是由此实现的。计算机网络已进入了千家万户，给人们的生活带来了极大的方便。

（8）电子商务

电子商务（E-Business）是指利用计算机和网络进行的商务活动，具体来说是指综合利用局域网（Local Area Network，LAN）、内联网（Intranet）和因特网（Internet）进行商品与服务交易、金融汇兑、网络广告投放或娱乐节目供应等商业活动。交易的双方可以是企业与企业，也可以是企业与消费者。

电子商务旨在通过网络完成核心业务、改善售后服务、缩短周转周期，从有限的资源中获得更大的收益，从而达到营销的目的。电子商务为人们带来新的商业机会、市场需求以及各种挑战。

1.1.2　计算机系统的组成

现在，计算机已发展成一个庞大的家族，其中的每个成员尽管在规模、性能、结构和应用等方面存在着很大的差别，但是其基本结构是相同的。计算机系统包括硬件系统和软件系统两大部分。硬件系统由中央处理器、内存储器、外存储器和输入输出设备组成。软件系统分为两大类，即计算机系统软件和应用软件。

计算机通过执行程序来运行，工作状态下，软、硬件协同工作，两者缺一不可。计算机系统的组成框架如图1-5所示。

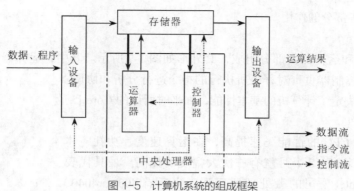

图 1-5 计算机系统的组成框架

1. 硬件系统

硬件系统是构成计算机的物理装置，是指计算机中看得见、摸得着的有形实体。说到计算机的硬件系统，不能不提到美籍匈牙利科学家冯·诺依曼。从 20 世纪初，物理学和电子学领域的科学家们就在争论可以进行数值计算的机器应该采用什么样的结构。人们被十进制这个人类习惯的记数方法所困扰，那时研制模拟计算机的呼声尤为响亮和有力。20 世纪 30 年代中期，冯·诺依曼大胆提出，抛弃十进制，采用二进制作为数字计算机的数制基础，提出了存储程序概念，其主要内容为：数字计算机内部采用二进制存储和处理数据；人们事先将解决问题的程序存储到计算机内部；启动后计算机自动执行程序。从 ENIAC 到当前最先进的计算机都遵循该存储程序概念，所以冯·诺依曼是当之无愧的"数字计算机之父"。

根据冯·诺依曼提出的概念，计算机必须具有如下功能。

① 能够传送需要的程序和数据。

② 必须具有记忆程序、数据、中间结果及最终结果的能力。

③ 能够完成各种算术、逻辑运算等数据加工处理工作。

④ 能够根据需要控制程序走向，并能根据指令控制计算机的各部件协调运作。

⑤ 能够按照要求将处理结果输出给用户。

为了实现上述功能，计算机必须具备五大基本组成部件，即输入数据和程序的输入设备、记忆程序和数据的存储器、完成数据加工和处理的运算器、控制程序执行的控制器、输出处理结果的输出设备。

硬件是计算机运行的物质基础，计算机的性能，如运算速度、存储容量、可靠性等，很大程度上取决于硬件的配置。

仅有硬件而没有任何软件的计算机称为裸机。裸机只能运行用机器语言编写的程序，使用起来很不方便，效率也低，所以早期的裸机只有少数专业人员才能使用。

计算机的硬件系统由主机和外部设备组成（见图 1-6），主机由中央处理器（Central Processing Unit，CPU）和内存储器构成，外部设备由输入设备（如键盘、鼠标等）、外存储器（如光盘、硬盘、U 盘等）和输出设备（如显示器、打印机等）组成。

微机与传统的计算机没有本质的区别，也是由运算器、控制器、存储器、输入输出设备等部件组成，两者的不同之处在于微机把运算器和控制器集成在一块芯片上，称为 CPU。下面以微机为例说明

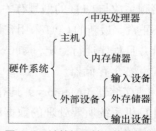

图 1-6 计算机硬件系统的组成

计算机硬件系统中各部分的作用。

（1）CPU

CPU 由控制器和运算器两部分组成，其外形如图 1-7 所示。其中，运算器负责对数据进行算术和逻辑运算，控制器负责对程序所执行的指令进行分析和协调。CPU 在很大程度上决定了计算机的基本性能，如平时所说的 Core i5、Core i7 等都是指 CPU。

最近 20 多年，CPU 的性能飞速提高，在运算速度、功耗、体积和性价比方面平均每 18 个月就有一次大幅度的提高。最具代表性的产品是美国 Intel 公司的微处理器系列，先后有 4004、4040、8080、8085、8086、8088、80286、80386、80486、Pentium（奔腾）、

图 1-7　CPU 外形

Pentium Ⅱ、Pentium Ⅲ、Pentium 4、Core（酷睿）、Core 2、Core i3、Core i5、Core i7、Core i9 等产品，它们的功能越来越强，运算速度越来越快，内部结构越来越复杂，每个微处理器包含的半导体电路元件也从两千多个发展到上亿个，如 Core 2 双核处理器在 143mm² 的硅核芯片上集成了超过 2.91 亿个晶体管。

CPU 的主要参数如下。

① CPU 字长。CPU 字长是指 CPU 内部各寄存器之间一次能够传递的数据位，即在单位时间内（同一时间）能一次处理的二进制数的位数。CPU 内部有一系列用于暂时存放数据或指令的存储单元，称为寄存器。各个寄存器之间通过内部数据总线来传递数据，每条内部数据总线只能传递 1 个数据单元。该指标反映 CPU 内部运算的速度和效率。

② 位宽。位宽是指 CPU 通过外部数据总线与外部设备一次能够传递的数据单元。

③ x 位 CPU。通常用 CPU 字长和位宽来称呼 CPU。例如，80286 CPU 的字长和位宽都是 16 位，则称为 16 位 CPU；80386 CPU 的字长是 32 位，位宽是 16 位，所以称为准 32 位 CPU；Pentium 系列的 CPU 的字长是 32 位，位宽是 64 位，称为超 32 位 CPU。

④ CPU 外频。CPU 外频也就是 CPU 总线频率，是主板为 CPU 提供的基准时钟频率。正常情况下 CPU 总线频率和内存总线频率相同，所以当 CPU 外频提高后，外存储器与内存储器的交换速度也相应提高，这对提高计算机整体运算速度影响较大。早期的 CPU 总线频率与外频是一样的，后来采用了特殊技术，使 CPU 前端总线能够在一个时钟周期内完成 2 次甚至 4 次数据传输，因此相当于将 CPU 总线频率提高了几倍。

⑤ CPU 主频。CPU 主频也叫工作频率，是 CPU 内核（整数和浮点运算器）电路的实际运行频率，所以也叫作 CPU 内频。从理论上讲，在主板上针对某 CPU 设置的工作频率应当与其标定的频率一致。但在实际使用过程中，允许用户为 CPU 设置的工作频率与 CPU 标定的频率不一致，这就是通常讲的超频使用。从 486DX2 开始，基本上所有的 CPU 主频都等于外频乘倍频系数。倍频系数与 CPU 的型号有关，如果不能准确地设置 CPU 的主频，就有可能导致 CPU 工作不稳定或不正常。最新的 CPU 采用睿频技术，当启动一个程序后，CPU 自动加速到合适的频率，运行速度提升并且程序运行稳定，如 Core i9 采用英特尔睿频加速技术后由主频 2.5 GHz 提升到睿频 5.0 GHz。

（2）存储器

存储器（Memory）具有记忆功能，是计算机用来存储信息的"仓库"。所谓"信息"，是指计算机系统所要处理的数据和程序。程序是一组指令的集合。存储器可分为两大类：内存储器和外存储器。

CPU 和内存储器（简称内存）构成计算机主机。外存储器（简称外存）通过专门的输入输出接口与主机相连。外存与其他输入输出设备统称外部设备，如硬盘驱动器、软盘驱动器、打印机、键盘等都属于外部设备。

现代计算机中内存普遍采用半导体元件，按其工作方式的不同，可分为动态随机存储器（Dynamic Random Access Memory，DRAM）、静态随机存储器（Static Random Access Memory，SRAM）和只读存储器（Read-Only Memory，ROM），DRAM 和 SRAM 都叫随机存储器（RAM）。向存储器存入信息的操作称为写入（Write），从存储器取出信息的操作称为读出（Read）。执行读出操作后，原来存放的信息并不改变，只有执行了写入操作，写入的信息才会取代原来的内容。RAM 允许按任意指定地址的存储单元随机读出或写入数据，通常用来存储用户输入的程序和数据等。由于数据是通过电信号写入存储器的，因此在计算机断电后，RAM 中的信息就会随之丢失。DRAM 和 SRAM 在断电后信息都会丢失，不同的是，DRAM 存储的信息需要不断刷新，而SRAM 存储的信息不需要刷新。ROM 中的信息只可读出而不能写入，通常用来存放固定不变的程序。计算机断电后，ROM 中的信息保持不变，重新接通电源后，信息依然可被读出。内存条（见图 1-8）的特点是存取速度快，可与 CPU 处理速度相匹配，但价格较高，能存储的信息量较少。

为了便于对存储器内存放的信息进行管理，整个内存被划分成许多存储单元，每个存储单元都有一个编号，此编号称为地址（Address）。通常计算机按字节编址，地址与存储单元一一对应，是存储单元的唯一标志。存储单元的地址、存储单元和存储单元的内容是 3 个不同的概念。存储单元的地址相当于旅馆的房间编号，存储单元相当于旅馆的房间，存储单元的内容相当于房间中的客人。在存储器中，CPU 对存储器的读写操作都是通过地址来进行的。

外存储器又称辅助存储器，主要用于保存暂时不用但又需长期保留的程序或数据，如软盘、硬盘（见图 1-9）、DVD（见图 1-10）等。存放在外存中的程序必须被调入内存才能运行，外存的存取速度相对来说较慢，但外存价格比较低，可保存的信息量大。常用的外存有磁盘、磁带、光盘等。

图 1-8　内存条

图 1-9　硬盘

图 1-10　DVD

目前使用最多的外存储器分为磁表面存储器和光存储器两大类。磁表面存储器将磁性材料沉积在盘片上形成记录介质，在磁头读写机构与记录介质的相对运动中存取信息，磁表面存储器内部结构如图 1-11 所示。现代计算机系统中使用的磁表面存储器有磁盘和磁带两种。

用于计算机系统的光存储器主要是光盘（Optical Disk），现在通常称为小型光碟（Compact Disk，CD）。光盘用光学方式读写信息，存储的信息量比磁盘大得多，因此受到广大用户的青睐。

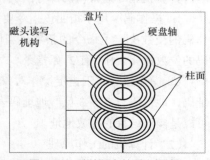
图 1-11　磁表面存储器内部结构

所有外存储器都必须通过机电装置才能存取信息，这些机电装置称为“驱动器”，如常用的软盘驱动器、硬盘驱动器和光盘驱动器等。外存储器的容量不断增大，已从 GB 级扩展到 TB 级，还有海量存储器等。

（3）输入设备

输入设备是将外界的各种信息（如程序、数据、命令等）送入计算机内部的设备。常用的输入设备有键盘（见图 1-12）、鼠标（见图 1-13）、扫描仪、条形码读入器等。

图 1-12　键盘

图 1-13　鼠标

（4）输出设备

输出设备是将计算机处理后的信息以人们能够识别的形式（如文字、图形、数值、声音等）显示和输出的设备。常用的输出设备有显示器（见图 1-14 和图 1-15）、打印机、绘图仪等。

图 1-14　阴极射线管显示器

图 1-15　液晶显示器

由于输入输出设备大多是机电装置，有机械传动或物理移位等动作过程，因此相对而言，输入输出设备是计算机系统中运转速度慢的部件。

2. 计算机的基本工作原理

（1）计算机的指令系统

指令是能被计算机识别并执行的二进制代码，规定了计算机能完成的某一种操作。

计算机指令通常由两部分组成，如图 1-16 所示。

操作码	操作数

图 1-16　计算机指令

① 操作码：用于指明该指令要完成的操作，如存数、取数等。操作码的位数决定了指令的条数，当使用定长度操作码格式时，若操作码的位数为 n，则可有 2^n 条指令。

② 操作数：用于指定操作对象的内容或者所在的单元格地址。操作数在大多数情况下是地址码，地址码有 0 ～ 3 位。地址码表示的仅是数据所在的地址，可以是源操作数的存放地址，也可以是操作结果的存放地址。

（2）计算机的工作原理

计算机的工作过程实际上是快速地执行指令的过程。计算机工作时，有两种信息在流动，一种是数据流，另一种是控制流。

数据流是指原始数据、中间结果、最终结果、源程序等。控制流是由控制器对指令进行分析、解释后向各部件发出的控制命令，用于指挥各部件协调工作。

下面，以指令的执行过程（见图 1-17）来讲解计算机的基本工作原理。计算机的指令执行过程分为如下几个步骤。

① 取指令：从内存储器中取出指令送到指令寄存器。

② 分析指令：对指令寄存器中存放的指令进行分析，由译码器对操作码进行译码，将指令的操作码转换成相应的控制电信号，并由地址码确定操作数的地址。

③ 执行指令：由操作控制线路发出一系列完成某操作所需的控制信息，以完成相应的指令规定的操作。

④ 为执行下一条指令做准备：形成下一条指令的地址，然后让指令计数器指向该地址，最后由控制单元将执行结果写入内存。

完成一条指令的执行过程叫作一个机器周期。

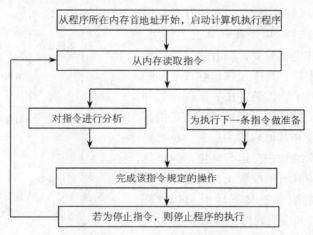

图 1-17　指令的执行过程

计算机在运行时，CPU 从内存读取一条指令并分析、执行，完成后，再从内存读取下一条指令。如此往复，便是程序的执行过程。

总之，计算机的工作就是自动连续地执行一系列指令，而程序开发人员的工作就是编程，然后通过运行程序使计算机工作。

3. 软件系统

软件是计算机的"灵魂"，没有软件的计算机就如同没有磁带的录音机或没有录像带的录像机。使用不同的软件，计算机可以完成许许多多不同的工作。可以说，软件使计算机具有了非凡的灵活性和通用性，也决定了计算机的任何动作都离不开人安排的指令。人们针对某一需要而为计算机编制的指令序列称为程序。程序连同有关的说明资料称为软件。配上软件的计算机才成为完整的计算机系统。

随着计算机应用的不断发展，计算机软件在不断积累和完善的过程中，形成了极为宝贵的资源，在用户和计算机之间架起了桥梁，为用户的操作带来了极大的方便。

软件开发是个艰苦的脑力劳动过程，目前，软件开发的自动化水平还很低，所以许多国家投入大量人力从事软件开发工作。正是有了内容丰富、种类繁多的软件，用户面对的才不仅是一台由元器件组成的机器，而是包含许多软件的抽象的逻辑计算机（称为虚拟机），这样，人们可以采用更加灵活、方便、有效的方式使用计算机。从这个意义上说，软件是用户与计算机的接口。

在计算机系统中，硬件和软件之间并没有一条明确的分界线。一般来说，任何一个由软件完成的操作也可以直接由硬件来实现，而任何一个由硬件执行的指令也能够用软件来完成。硬件和软件有一定的等价性，如图像的解压，以前的低档微机用硬件来完成，而现在的高档微机则用软件来实现。

软件和硬件之间的界线是经常变化的。使用时，要从价格、速度、可靠性等多方面综合考虑，确定哪些功能适合用硬件实现、哪些功能适合用软件实现。

计算机软件由程序和有关的文档组成。程序是指令序列的符号表示，文档是软件开发过程中建立的技术资料。程序是软件的主体，一般保存在存储器（如硬盘、光盘等）中，以便在计算机上使用。文档对使用和维护软件尤其重要，随着软件产品发布的文档主要是使用手册，其中包含该软件产品的功能介绍、运行环境要求、安装方法、操作说明和错误信息说明等内容。软件的运行环境要求是指其运行至少应具有的硬件和其他软件的配置，也就是说，在计算机系统层次结构中，运行环境是该软件的下层（内层）至少应具有的配置（包括硬件的设备和指标要求、软件的版本要求等）。计算机软件按用途可分为系统软件和应用软件（见图1-18）。

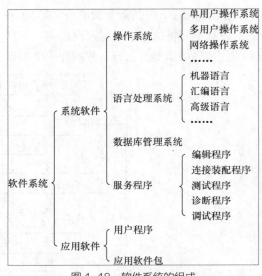

图 1-18　软件系统的组成

（1）系统软件

系统软件是管理、监控和维护计算机资源，扩展计算机的功能，提高计算机的工作效率，方便用户使用的计算机软件。系统软件是计算机正常运行所不可缺少的，一般由计算机生产厂家或专门的软件开发公司研制，在计算机出厂时被写入 ROM 芯片或存入磁盘（供用户选购）。任何用户都要用到系统软件，其他程序都要在系统软件的支持下才能运行。

① 操作系统。操作系统是由指挥与管理计算机系统运行的程序模板和数据结构组成的一种大型软件系统，是最重要的系统软件。其功能是管理计算机的硬件资源和软件资源，为用户提供高效、周到的服务。操作系统与硬件关系密切，是建立在"裸机"上的第一层软件，其他软件绝大多数是在操作系统的控制下运行的，用户也是在操作系统的支持下使用计算机的。可以说，操作系统是硬件与软件的接口。

常用的操作系统有 DOS、Windows、UNIX（Linux）和 OS/2。下面简单介绍这些操作系统的发展过程和功能特点。

• DOS 操作系统。DOS 操作系统最初是为 IBM PC 而开发的，因此该系统对硬件平台的要求很低。即使是 DOS 6.22 这样的高版本，在 640KB 内存容量、60MB 硬盘容量、80286 微处理器的环境下，也能正常运行。DOS 操作系统是单用户、单任务、字符界面的 16 位操作系统，因此，其对内存的管理仅局限于 640KB 内。DOS 操作系统有 3 种不同的品牌，即微软公司的 MS-DOS、IBM 公司的 PC-DOS 和 Novell 公司的 DR-DOS。这 3 种 DOS 系统既相互兼容，又互有区别。

• Windows 操作系统。Windows 操作系统是微软公司在 1985 年 11 月发布的第一代窗口式多任务系统，由此，个人计算机进入了所谓的"图形用户界面时代"。在 1995 年，微软公司推出了 Windows 95；在 1998 年，微软公司又推出了 Windows 95 的改进版 Windows 98。Windows 98 的一个最大特点就是集成了微软公司的 Internet 浏览器技术，使得访问 Internet 资源就和访问本地硬盘一样方便，从而更好地满足了人们越来越强烈的上网需求。Windows 95、Windows 98 都是单用户、多任务的 32 位操作系统。

在 2000 年到来之际，微软公司又推出了 Windows 2000。Windows 2000 吸取了 Windows 98 和 Windows NT 的许多精华之处，是 Windows 98 和 Windows NT 的更新换代产品。此后，Windows 操作系统不再有单用户和网络版之分，用户能够在同一操作系统中，使用相同的、友好的界面处理不同的事务。Windows 2000 是一种多用户、多任务的操作系统。

之后，微软公司又推出了 Windows XP，该系统以 Windows 2000 的源代码为基础，具有安全、可靠等优点。

2006 年年底，微软公司推出 Windows Vista，但由于该系统对硬件要求更高且不符合用户使用习惯，没有得到用户普遍的接受。2009 年 10 月，微软公司推出 Windows 7。2015 年 7 月，微软公司发布的 Windows 10 是目前操作系统中的主流。

• UNIX 操作系统。UNIX 操作系统最早由肯·汤普森（Ken Thompson）和丹尼斯·里奇（Dennis Ritchie）等人于 1969 年在 AT&T 的贝尔实验室开发出来，由于 UNIX 操作系统具有技术成熟、结构简练、可靠性高、可移植性好、可操作性强、网络功能强、伸缩性突出和开放性好等特色，可满足各行各业的实际需要，特别能满足企业重要业务的需要，已经成为主要的工作站平台和重要的企业操作系统。它主要安装在巨型机、大型机上作为网络操作系统使用，也可用于个人计算机和嵌入式系统。经过长期的发展和完善，UNIX 已成长为一种主流的操作系统技术和基于这种技术的产品家族。UNIX 操作系统的常见版本如下。

AIX：这是一个由 IBM 公司主持研究的 UNIX 操作系统版本，它与 SVR4 兼容，主要根据 IBM 的计算机硬件环境对 UNIX 系统进行了优化和增强。

HP-UX：HP 公司的 UNIX 系统版本，该系统是基于 UNIX System V 第 2 版开发的，它主要运行在 HP 公司的计算机上。

Solaris：原来称为 Sun OS，是 Sun 公司基于 UNIX System V 的第 2 版并结合 BSD 4.3 开发的。Solaris 2.4 上有许多图形用户界面的系统工具和应用程序，它主要应用在 Sun 公司的计算机上。

Linux：运行在 PC 上的一个类 UNIX 操作系统版本，该系统由芬兰赫尔辛基大学计算机专业的学生莱纳斯·托瓦尔兹（Linus Torvalds）研发，借助于开源软件的发展机制成长起来。它发布后有许多操作系统爱好者对它进行了补充、修改和增强，目前已成为 PC 上一种十分流行的操作系统。

• OS/2 操作系统。OS/2 系统正是为 PS/2 系列机而开发的一款新型多任务操作系统。OS/2 系统克服了 640KB 主存容量的限制，具有多任务功能。1987 年 IBM 公司在激烈的市场竞争中推出了 PS/2（Personal System/2）个人计算机。该系列计算机突破了当时个人计算机的体系，采用了与其他总线互不兼容的微通道总线，并且 IBM 公司还自行设计了该系统的大部分零部件，以防止其他公司的仿制。

OS/2 系统的特点是采用图形界面，其本身是一种 32 位操作系统，不仅可以运行 32 位 OS/2 系统的应用软件，也可以运行 16 位 DOS 系统和 Windows 系统的软件。OS/2 系统通常要求在 4MB 内存容量和 100MB 硬盘容量或更高配置的硬件环境下运行。硬件配置越高，系统运行就越稳定。

② 语言处理系统。随着技术的发展，计算机经历了由低级向高级发展的过程，不同风格的计算机语言不断出现，逐步形成了计算机语言体系。人们必须首先将解决问题的方法和步骤按一定规则和顺序用计算机语言描述出来，形成程序，计算机才可以按设定的方法和步骤自动解决问题。

语言处理系统包括机器语言、汇编语言和高级语言。语言处理程序除个别常驻在 ROM 中可独立运行外，都必须在操作系统支持下运行。

• 机器语言。计算机中的数据都是用二进制数表示的，机器指令也是由一串 "0" 和 "1" 组成的二进制代码表示。机器语言是直接用机器指令作为语句与计算机交换信息的语言。

不同的计算机，指令的编码不同，含有的指令条数也不同。指令的格式和含义是设计者规定的，一旦定案，硬件逻辑电路就严格根据这些规定来设计和制造，而制造出的计算机也只能识别相应的二进制信息。

用机器语言编写的程序，计算机能识别，可直接运行，但容易出错。

• 汇编语言。汇编语言是由一组与机器指令一一对应的符号指令和简单语法组成的。汇编语言是一种符号语言，其将难以记忆和辨认的二进制指令码用有意义的英文单词（或缩写）作为辅助记忆符号，比机器语言前进了一大步。例如 "ADD A,B" 表示将 A 与 B 相加后存入 B 中，且与机器指令 01001001 直接对应。但汇编语言与机器语言的一一对应仍需紧密依赖硬件，程序的可移植性差。

用汇编语言编写的程序称为汇编语言源程序。经编译程序翻译后得到的机器语言程序称为目标程序。由于计算机只能识别二进制编码的机器语言，因此无法直接执行用汇编语言编写的程序。汇编语言源程序要由一种 "翻译" 程序翻译为机器语言程序，这种翻译程序称为编译程序。编译程序是系统软件的一部分。

• 高级语言。高级语言比较接近日常用语，对计算机依赖性低，是适用于各种计算机的语言。由于用机器语言或汇编语言编程与计算机硬件直接相关，编程困难且程序通用性差，因此人们迫切需要与具体的计算机指令无关、表达方式更符合人们的习惯、更易被人们掌握和书写的语言，于是，高级语言应运而生。

用高级语言编写的程序称为高级语言源程序，经语言处理程序翻译后得到的机器语言程序称为目标程序。计算机无法直接执行用高级语言编写的程序，高级语言程序必须翻译成机器语言程序才能被执行。高级语言程序的翻译方式有两种：一种是编译方式，另一种是解释方式。相应的语言处理程序分别称为编译程序和解释程序。

在解释方式下，不生成目标程序，而是对源程序执行的动态顺序进行逐句分析，边翻译边执行，直至程序结束。在编译方式下，源程序的执行分成两个阶段：编译阶段和运行阶段。通常，经过编译后生成的目标代码尚不能直接在操作系统下运行，还需经由连接为程序分配内存后才能生成真正的可执行程序。

高级语言不再面向计算机，而是面向解决问题的过程以及现实世界的对象。大多数高级语言程序采用编译方式处理，因为该方式执行速度快，而且一旦编译完成，目标程序可以脱离编译程序而独立存在，所以能被反复使用。面向过程的高级语言种类很多，比较流行的有 BASIC、Pascal 和 C 语言等。某些适合初学者使用的高级语言，如 BASIC 及许多数据库语言，其程序采用解释方式处理。

1980 年左右首次提出的"面向对象"（Object-Oriented）概念是相对于"面向过程"的一次革命。专家预测，面向对象的程序设计思想将成为今后程序设计语言发展的主流。C++、Java、Visual Basic 等都是面向对象的程序设计语言。面向对象作为一种方法贯穿于软件设计的各个阶段。

③ 数据库管理系统。数据库是将具有相互关联的数据以一定的组织方式存储起来，形成的相关系列数据的集合。数据库管理系统就是在具体计算机上实现数据库技术的系统软件。计算机在信息管理领域中日益广泛、深入的应用，催生和发展了数据库技术，随之出现了各种数据库管理系统（DataBase Management System，DBMS）。

数据库管理系统是计算机实现数据库技术的系统软件，是用户和数据库之间的接口，是帮助用户建立、管理、维护和使用数据库进行数据管理的一种软件系统。

目前已有不少商品化的数据库管理系统，例如，Oracle、Visual FoxPro 等都是在不同的系统中获得广泛应用的数据库管理系统。

④ 服务程序。现代计算机系统提供多种服务程序，这些程序作为面向用户的软件，可供用户共享，方便用户使用计算机和管理人员维护、管理计算机。

常用的服务程序有编辑程序、连接程序、测试程序、诊断程序、调试程序等。

• 编辑程序（Editor）：该程序使用户通过简单的操作就可以建立、修改程序或其他文件，并提供方便的编辑条件。

• 连接程序（Linker）：该程序可以把几个独立的目标程序连接成一个目标程序，且需要与系统提供的库程序相连接，才能得到一个可执行程序。

• 测试程序（Checking Program）：该程序能检查出程序中的某些错误，方便用户进行排除。

• 诊断程序（Diagnostic Program）：该程序能检测计算机硬件故障并对其进行定位，方便用户维护计算机。

• 调试程序（Debugging Program）：该程序能帮助用户在源程序执行状态下检查错误，并提供在程序中设置断点、单步跟踪的方法。

（2）应用软件

应用软件是为了解决各类问题而编写的程序，它是在硬件和系统软件的支持下，面向具体问题和具体用户的软件，分为应用软件包与用户程序。

① 应用软件包。应用软件包是为实现某种特殊功能而精心设计、开发的结构严密的独立系统，是一套满足许多用户同类需要的软件。应用软件包通常是由专业软件开发人员精心设计的，为广大用户提供的方便、易学、易用的应用程序，帮助用户完成相应的工作。目前常用的应用软件包有文字处理软件、表处理软件、会计电算化软件、绘图软件、运筹学软件包等。例如，微软公司推出的 Office 2010 应用软件包，包含 Word 2010（文字处理）、Excel 2010（电子表格处理）、PowerPoint 2010（演示文稿制作）等软件，用于实现办公自动化。

② 用户程序。用户程序是用户为了解决特定的具体问题而开发的软件。充分利用计算机系统的已有软件，同时在应用软件包的支持下可以更加方便、有效地开发用户程序，如各种票务管

理系统、人事管理系统和财务管理系统等。

系统软件和应用软件之间并不存在明显的界限。随着计算机技术的发展，各种各样的应用软件有了许多共同之处，把这些共同的部分抽取出来，形成一个通用软件，即系统软件。

1.1.3　微型计算机接口

微型计算机（Microcomputer）简称微机，又称为个人计算机。目前家庭、办公所用的计算机多为微型计算机，这类计算机除了符合计算机的硬件组成特征外，还具有一些自身的特点，本节介绍它与外界进行数据交换的相关设备。

1.　微机接口概述

接口是 CPU 与 I/O 设备的桥梁，起着信息转换和匹配的作用，也就是说，接口电路是处理 CPU 与外部设备之间数据交换的缓冲器。接口电路通过总线与 CPU 相连。由于 CPU 和外部设备的工作方式、工作速度、信号类型等都不同，所以必须通过接口电路的信息转换使两者匹配起来。

（1）接口的作用

原始数据或源程序要通过接口从输入设备进入微机，而运算结果也要通过接口从输出设备送出去，控制命令也是通过接口发出去的——这些来往的信息都通过接口进行交换与传递。用户从键盘输入的信息只有通过微机的处理才能显示或打印。只有通过接口电路，硬盘才可以极大地扩充微机的存储空间。

接口电路的作用，就是将微机以外的信息转换成与微机匹配的信息，使信息能够被有效地传递和处理。

由于微机的应用越来越广泛，要求与微机连接的外围设备越来越多，信息的类型也越来越复杂。微机接口本身已不是一些逻辑电路的简单组合，而是硬件与软件的结合，因此接口技术是硬件和软件的综合技术。

（2）总线

总线是连接计算机的 CPU、主存储器（又称内存储器）、辅助存储器（又称外存储器）、各种输入输出设备的一组物理信号线及相关控制电路，是计算机中各部件传输信息的公共通道。

微型计算机系统大都采用总线结构，这种结构的特点是采用一组公共的信号线作为微机各部件之间的通信线。

外部设备和存储器都是通过各自的接口电路连接到微机系统总线上的。因此，用户可以根据需要，配置相应的接口电路，将不同的外部设备连接到系统总线上，从而构成不同用途、不同规模的系统。

微机系统的总线大致可分为如下几种。

① 地址总线（Address Bus，AB）。地址总线是用于传送地址的信号线，其数目决定了直接寻址的范围。例如，16 根地址线可以构成 2^{16}=65536 个地址，可直接寻址 64KB 地址空间；24 根地址线则可直接寻址 16MB 地址空间。

② 数据总线（Data Bus，DB）。数据总线是用于传送数据和代码的总线，一般为双向信号线，可以进行两个方向的数据传送。

数据总线可以将数据从 CPU 送到内存或其他部件，也可以将数据从内存或其他部件送到

CPU。通常，数据总线的位数与 CPU 字长相等。例如，32 位的 CPU 芯片，其数据总线的位数也是 32 位。

③ 控制总线。控制总线（Control Bus，CB）用来传送控制器发出的各种控制信号。其中包括用于执行命令、传送状态、中断请求、直接读写存储器的控制信号，以及供系统使用的时钟和复位信号等。

当前微型计算机系统普遍采用总线结构的连接方式（见图 1-19），各部分以同一形式排列在总线上，结构简单，易于扩充。

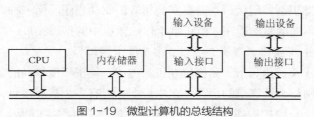

图 1-19　微型计算机的总线结构

2. 标准接口

操作系统一般都可识别标准接口，插入有关的外部设备，马上就可以使用，真正做到"即插即用"。微机中的标准接口一般包括键盘与显示器接口、并行接口、串行接口和 USB 接口等。

（1）键盘与显示器接口

在微型计算机系统中，键盘和显示器是必不可少的输入输出设备，因此微机主板提供了键盘与显示器的标准接口。

（2）并行接口

由于现在大多微机系统均以并行方式处理数据，所以并行接口也是最常用的接口电路。将 n 个位用 n 条线同时传输的机制称为并行通信，例如同时传送 8 位、16 位或 32 位数据，实现并行通信的接口就是并行接口。在实际应用中，凡在 CPU 与外设之间需要同时传送两位及以上信息时，就要采用并行接口，例如打印机接口、模数转换器（Analog-to-Digital Converter，ADC）与数模转换器（Digital-to-Analog Converter，DAC）接口、开关量接口、控制设备接口等。

并行接口具有传输速度快、效率高等优点，适用于数据传输速度要求较高而传输距离较近的场合。

（3）串行接口

许多 I/O 设备与 CPU 之间，或计算机与计算机之间的信息交换，是通过一对导线或通信通道完成的。每一次只传送一位信息，每一位都占据一个规定长度的时间间隔，这种数据一位一位按顺序传送的通信方式称为串行通信，实现串行通信的接口就是串行接口。

与并行通信相比，串行通信具有传输线少、成本低的优点，特别适用于远距离传送，但缺点是速度慢，若并行传送 n 位数据需要时间 t，则串行传送相同的数据需要的时间至少为 nt。

串行通信之所以被广泛采用，其中一个主要原因是可以使用现有的电话网进行信息传送，即配置一部调制解调器，就可以在电话线上进行远程通信。这不但降低了通信成本，而且免除了架设线路等繁杂工作。

微机主板上提供了 COM1 和 COM2 两个现成的串行接口，早期的鼠标、显示器就连接在这种串行接口上。

（4）USB 接口

通用串行总线（Universal Serial Bus，USB）是一种新型接口标准。随着计算机应用的发展，外设越来越多，计算机本身所带的接口不够用了。USB 可以简单地解决这一问题，计算机只需通过一个 USB 接口，即可串接多种外设（如数码相机、扫描仪等）。用户现在经常使用的 U 盘（或称 USB 闪存盘）就是连接在 USB 接口上的。

3. 扩展接口

操作系统一般不能识别扩展接口，需要安装相应的驱动程序。同一种外部设备在不同的操作系统中有时需要安装不同的驱动程序才能正常工作。微机中的扩展接口一般有显卡接口、声卡接口、网卡接口、Modem 卡接口、视频卡接口、多功能卡接口等。

主板（见图 1-20）又称为母版，是固定在机箱内的一块密集度较高的集成电路板，是计算机的核心部件，用于控制整个计算机的运行。在主板上一般有多个扩展接口，主要包括 CPU 插座、内存插槽、显卡插槽、总线扩展插槽等，用于插入适配器（也称接口板）。适配器是为了驱动某种外设而设计的控制电路，通常插在主板的扩展接口内，通过总线与 CPU 相连。

① 显示接口卡（见图 1-21）。显示接口卡又称显示适配器、显示器配置卡，简称显卡，用于连接显示器。

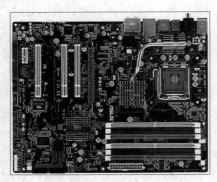

图 1-20　主板

图 1-21　显卡

② 存储器扩充卡。存储器扩充卡用于扩充微机的存储容量。

③ 串行通信适配器。串行通信适配器用于连接与计算机进行串行通信的设备，如绘图仪等。

④ 多功能卡。为了简化系统接口，多功能卡是将多种功能的电路集成在一块电路板上的复合插卡。多功能卡的品种很多，现在微机上流行的多功能卡可以将软盘适配器电路、硬盘适配器电路、并行打印接口、串行通信接口 COM1 和 COM2，以及游戏接口这五大电路集成为一个接口，称为"超级多功能卡"。

⑤ 其他卡。常见的其他卡包括声卡、Modem 卡、网卡、视频卡等。

4. 计算机外设简介

（1）键盘

键盘是计算机最常用的输入设备之一，其作用是向计算机输入命令、数据和程序。键盘由一组按阵列方式排列的按键开关组成，按下一个键，相当于接通一个开关电路，将该键的位置码通过接口电路送入计算机。

键盘根据按键的触点结构分为机械触点式键盘、电容式键盘和薄膜式键盘 3 种。键盘由导电橡胶和电路板上的触点组成。

机械触点式键盘的工作原理是：按键被按下时，导电橡胶与触点接触，开关接通；按键被释放时，导电橡胶与触点分开，开关断开。

目前，计算机系统中的键盘都是标准键盘（101 键、103 键等），101 键键盘（见图 1-22）分为 4 个区：功能键区、标准打字键区、数字键区和编辑键区。

图 1-22　101 键键盘

① 标准打字键区。标准打字键区与英文打字机的键盘相似，包括字母键、数字键、符号键和控制键等。

* 字母键：印有对应的某一英文字母，有大小写之分。
* 数字键：下挡字符为数字，上挡字符为符号。
* "Shift"（↑）键：换挡键（上挡键），用来选择某键的上挡字符或改变大小写。操作方法是：先按住 "Shift" 键再按具有上下挡字符的键，则输入该键的上挡字符，不按 "Shift" 键输入该键的下挡字符；按住 "Shift" 键再按字母键时，输入与当前大小写状态相反的字母。
* "Caps Lock" 键：大小写字母锁定键。若原输入的字母为小写（或大写），按一下此键后，再次输入的字母为大写（或小写）。此键与数字键区上面的 Caps Lock 指示灯相关联，灯亮为大写状态，灯灭为小写状态。
* "Enter" 键：回车键，按此键表示结束一行输入。每输入完一行程序、数据或一条命令，均需按此键通知计算机。
* "Backspace"（←）键：退格键。按下此键，可删除光标左边的字符。
* "Space" 键：空格键，每按一次产生一个空格。
* "PrtSc"（或 Printscreen）键：屏幕复制键。利用此键可以实现将屏幕上的内容在打印机上输出。操作方法为：打开打印机电源并将其与主机相连，再按此键即可。
* "Ctrl" 键和 "Alt" 键：功能键。一般需要和其他键搭配使用才能起到特殊作用。
* "Esc" 键：功能键，一般用于退出某一环境或废除错误操作，在各个应用软件中，都有特殊作用。

② 数字键区。数字键区的 10 个键印有上挡字符（数字 0 ～ 4、6 ～ 9 及小数点）和相应的下挡字符（Ins、End、↓、PgDn、←、→、Home、↑、PgUp、Del）。上挡字符全为数码，下挡字符用于控制全屏幕编辑时的光标移动。

数字键区的数码键相对集中，方便用户输入大量数字。"Num Lock"键是数字键区锁定键，当 Num Lock 指示灯亮时，上挡字符即数码起作用；当 Num Lock 指示灯灭时，下挡字符起作用。

③ 功能键区。功能键一般为常用命令的快捷键，即按某个键就执行某条命令或启用某项功能，如在 Windows 操作系统中按"F1"键可启用帮助功能。在不同的应用软件中，相同的功能键往往具有不同的功能。

④ 编辑键区。编辑键主要用于控制光标的移动及翻页，其功能与数字键区的光标控制功能相同。此外，"Insert"键用于切换键盘的插入 / 改写状态；"Delete"键用于删除光标右边的字符。

注意　按"Backspace"键删除的是光标左边的字符。

（2）鼠标

鼠标是一种输入设备，其由于使用方便，几乎具有和键盘同等重要的地位。常见的鼠标有机械式鼠标和光电式鼠标两种。

机械式鼠标底部有一个小球，当手持鼠标在桌面上移动时，小球也相对转动，计算机通过检测小球绕两个互相垂直的方向旋转的角度来判断鼠标移动的方向和距离，从而完成鼠标指针的定位。光电式鼠标内部有一个发光二极管，该发光二极管发出的光线照亮光电式鼠标底部表面（这就是鼠标底部总会发光的原因），然后光电式鼠标底部表面反射回的部分光线经过一组光学透镜传输到一个光感应器件（微成像器）内成像。当移动光电式鼠标时，其移动轨迹便会被记录为一组高速拍摄的连贯图像。光电式鼠标内部的一块专用图像分析芯片（DSP，即数字信号处理器）对移动轨迹上的一系列图像进行处理，计算机通过分析图像上特征点位置的变化来判断鼠标移动的方向和距离，从而完成鼠标指针的定位。机械式鼠标的移动精度一般不如光电式鼠标。

鼠标通常有 3 个按键或 2 个按键，各按键的功能可以由所使用的软件来定义，在不同的软件中使用鼠标，其按键的作用可能不相同。一般情况下最左边的按键定义为拾取。使用时，通常先移动鼠标，使屏幕上的鼠标指针移动至某一位置，再通过鼠标上的按键来确定所选项目或完成指定的功能。

（3）打印机

打印机是计算机系统重要的文字和图形输出设备，使用打印机可以将需要的文字或图形从计算机中输出，显示在各种纸张上。打印机是电子计算机系统最基本的输出设备之一，是独立于系统本身而存在的。相对电子计算机的历史，打印机及印刷技术的历史要悠久得多。据有关资料介绍，世界上第一台真正意义上的带活动机构的打印机是约翰·古滕贝里（John Gutenberg）于 1463 年发明的。

打印机的种类很多，目前常见的有点阵击打式和点阵非击打式两种。常见的点阵击打式打印机有针式打印机（见图 1-23），它由打印头、字车机构、色带机构、输纸机构和控制电路组成。打印头由若干根钢针构成，通过击打色带在同步旋转的打印纸上打印出点阵字符。一般用 24 针打印机打印汉字。

点阵非击打式打印机又分为喷墨打印机（见图 1-24）和激光打印机（见图 1-25）。喷墨打印机通过向打印机的相应位置喷射墨水点来实现图像和文字的输出。其特点是噪声低、速度快。激光打印机则利用电子成像技术进行打印。当调制激光束在硒鼓下沿轴向进行扫描时，按点阵组字的原理使鼓面感光，构成负电荷阴影。当鼓面经过带正电荷的墨粉时，感光部分就吸附上墨粉，然后将墨粉转印到纸上，纸上的墨粉经加热熔化形成永久性的字符和图形。其特点是速度快、几乎无噪声、分辨率高。喷墨打印机和激光打印机的输出质量都比较高。

图 1-23 针式打印机

图 1-24 喷墨打印机

图 1-25 激光打印机

（4）扫描仪

扫描仪（见图 1-26）是计算机的图像输入设备，可以利用光学扫描原理从纸介质上"读出"照片、文字或图形，把信息送入计算机进行分析处理。随着性能的不断提高和价格的大幅度降低，其被越来越多地应用于广告设计、出版印刷、网页设计等领域。按感光模式，扫描仪可分为滚筒式扫描仪和平板扫描仪。常见的的滚筒式扫描仪的工作原理如下。

平板扫描仪的工作原理是：将原图放置在一块很干净的有机玻璃板上，原图不动，而光源系统通过传动机构水平移动，发射出的光线照射在原图上，再经过反射或透射，由接收系统接收并生成模拟信号，通过模数转换器转换成数字信号后，直接传送至计算机，由计算机进行相应的处理，完成扫描过程。

（5）Modem

Modem（见图 1-27）是 Modulator（调制器）与 Demodulator（解调器）的简称，中文称为调制解调器，也有人根据 Modem 的谐音，将之亲昵地称为"猫"。Modem 由发送器、接收器、控制器、接口、操控面板及电源等部分组成。数据终端设备以二进制串行信号形式提供发送的数据，经接口转换为内部逻辑电平送入发送器部分，经调制电路调制成线路要求的信号后向线路发送。接收器部分接收来自线路的信号，经滤波、解调、电平转换后还原成数字信号送入数据终端设备。由于计算机内的信息是由"0"和"1"组成的数字信号，而电话线只能传递模拟电信号，因此当两台计算机要通过电话线进行数据传输时，就需要一个设备来负责数模转换和模数转换，这个设备就是 Modem。

Modem 根据外形和安装方式可分为 4 种，即外置式 Modem、内置式 Modem、PCMCIA 插卡式 Modem 和机架式 Modem。

图 1-26 扫描仪

图 1-27 Modem

（6）其他输入设备

常见的其他输入设备还有光笔、条形码读入器、麦克风、数码相机、触摸屏等。

① 光笔。光笔是专门用于在屏幕上作图的输入设备，配合相应的硬件和软件可以实现在屏幕上作图、改图及放大图形等操作。

② 条形码读入器。条形码是一种用线条和线条间的间隔按一定规则表示数据的条形符号。条形码读入器具有准确、可靠、实用、输入速度快等优点，广泛用于商场、银行、医院等单位。

③ 麦克风。利用麦克风可以进行语音输入，利用麦克风和声卡还可以进行录音、网上交流等。

④ 数码相机。数码相机是一种无胶片相机，是集光、电、机于一体的电子产品。数码相机集成了影像信息的转换、存储、传输等部件，具有数字化存储功能，能够与计算机进行数字信息的交互处理。

⑤ 触摸屏。触摸屏是一种快速实现人机交互的工具，分为电容式、电阻式和红外式 3 种。其基本原理是在荧光屏前安装一块特殊的玻璃屏，玻璃屏的反面涂有特殊材料，当手指触摸玻璃屏时，触点正、反面间电容或电阻发生变化，再由控制器将这种变化翻译成 (x,y) 坐标值，送到计算机中。

1.1.4 微型计算机的配置示例

无论是什么品牌和型号的微型计算机，其主要组成部分都是相似的，因此其基本配置也相似。微型计算机的基本配置包括：制造商、型号、机箱样式、CPU 型号、内存、主板、显卡、显示器、硬盘、光驱、声卡、网卡、鼠标、键盘等。这些项目不必全部了解，只要知道几个主要的配置就可以判断微型计算机的性能。

表 1-1 列出了联想 ThinkBook 14+ 笔记本电脑的配置。

表1-1 联想ThinkBook 14+笔记本电脑的配置

CPU	
CPU 型号	i9-12900H
CPU 主频	2.5GHz
三级缓存	24MB
核心数	十四核
内存	
内存容量	32GB
内存类型	LPDDR5
内存频率	4800MHz
硬盘	
硬盘容量	512GB
硬盘类型	M.2 2280 PCIe Gen4 固态硬盘
显卡	
显卡类型	英特尔锐炬 Xe 显卡

显示器（屏幕）	
屏幕尺寸	14.0 英寸（1 英寸≈2.54cm）
物理分辨率	2880 像素 × 1800 像素
屏幕类型	14 英寸 2.8K 广视角技术 LED 背光显示屏
显示比例	16 : 10
输入设备	
键盘	背光键盘
网络通信	
无线网卡	Wi-Fi 6（WLAN 2x2AX+BT）
蓝牙	蓝牙 5.2
多媒体	
摄像头	FHD 1080p 红外摄像头
接口	
USB2.0	1 个
视频接口	HDMI2.1 TMDS
音频接口	耳机、麦克风二合一接口
读卡器	Micro SD
USB3.2 Gen1	2 个
RJ45(以太网口)	1 个
TypeC 接口	USB TypeC（全功能）×1
电源	
电池	5700mAh
电源适配器	100W TypeC
预装软件	
操作系统	Windows 11 家庭中文版
应用软件	正版 Office 家庭和学生版
服务	
保修政策	7×24 小时人工电话支持；2 年有限保修服务（送修）；1 年全球联保服务（保修期开始的第 1 年）；闪修服务

1.2 信息表示与存储

　　人类用文字、图表、数字表达和记录着各种各样的信息，以便于处理和交流信息。信息量的庞大势必为存储带来麻烦。现在可以把这些信息都输入计算机中，由计算机来保存和处理。前面提到，当代冯·诺依曼型计算机都使用二进制来表示数据，本节所要讨论的就是如何用二进制来表示数据。

1.2.1 计算机中的数据

数据是指能够输入计算机并被计算机处理的数字、字母和符号的集合。人们平常所看到的景象和听到的声音，都可以用数据来描述。可以说，计算机能够接收的信息都可以叫作数据。经过收集、整理和组织的数据，能成为有用的信息。

1. 计算机中数据的单位

在计算机内部，数据都是以二进制的形式存储和运算的。计算机中数据的单位介绍如下。

（1）位

二进制数据的位（bit），音译为比特，是计算机存储数据的最小单位。一个二进制位只能表示 0 或 1 两种状态，要表示更多的信息，就要把多个位组合成一个整体，一般以 8 位为一个基本单位。

（2）字节

字节（Byte）是计算机处理数据的基本单位，简记为 B，规定一个字节为 8 位，即 1B=8bit。每个字节由 8 个二进制位组成。一般情况下，一个 ASCII 值占用一个字节，一个汉字国际码占用两个字节。

（3）字

字（Word）是计算机进行数据处理时，一次存取、加工和传送的数据长度。一个字通常由若干个字节组成。由于字长是计算机一次所能处理信息的实际位数，它决定了计算机处理数据的速度，所以字长是衡量计算机性能的一个重要指标，字长越长，性能越好。

（4）单位的换算

1B=8bit，1KB=1024B，1MB=1024KB，1GB=1024MB，1TB=1024GB。

计算机的型号不同，其字长也是不同的，常用的字长有 8 位、16 位、32 位和 64 位。一般情况下，IBM PC/XT 的字长为 8 位，80286 微机的字长为 16 位，80386/80486 微机的字长为 32 位，Pentium 系列微机的字长为 64 位。

例如，一台微机的内存容量为 256MB，软盘容量为 1.44MB，硬盘容量为 80GB，则其实际的存储字节数分别为：

内存容量 =256×1024×1024B=268435456B

软盘容量 =1.44×1024×1024B=1509949.44B

硬盘容量 =80×1024×1024×1024B=85899345920B

如何表示正负和大小，在计算机中采用什么记数制，是计算机学习中的重要问题。数据是计算机处理的对象，在计算机内部，各种信息都必须通过数字化编码后才能进行存储和处理。

由于技术原因，计算机内部一律采用二进制，而人们在编程中经常使用十进制，有时为了方便还采用八进制和十六进制。理解不同记数制及其相互转换是非常重要的。

2. 进位记数制

二进制并不符合人们的习惯，但是计算机内部却采用二进制表示信息，其主要原因有如下 4 点。

（1）电路简单

在计算机中，若采用十进制，则要求具备 10 种电路状态，相对两种电路状态来说，这是很复杂的。而用二进制表示信息，则逻辑电路只需要有通、断两种状态，如开关的接通与断开、电平的高与低等。这两种状态正好可以用二进制的 0 和 1 来表示。

（2）工作可靠

在计算机中，每种状态代表一个数据，二进制数据传输和处理方便、简单、不容易出错，因此电路更加可靠。

（3）简化运算

在计算机中，二进制运算法则很简单，相加减的速度快。

（4）逻辑性强

二进制的 1 和 0 正好代表逻辑代数中的"真"与"假"，而计算机工作原理是建立在逻辑运算基础上的，逻辑代数是逻辑运算的理论依据。因此，二进制运算具有很强的逻辑性。

1.2.2 计算机中常用的数制

在日常生活中，最常使用的是十进制数。十进制是一种进位记数制，在进位记数制中，采用的记数符号称为数码（如十进制的 0 ～ 9），全部数码的个数称为基数（十进制的基数是 10），不同的位有各自的位权（如十进制数个位的位权是 10^0，十位的位权是 10^1）。

在计算机中，信息的表示与处理都采用二进制数，这是因为二进制数只有两个数码"0"和"1"，用电路的通断、电压的高低、脉冲的有无等状态非常容易表示，而且二进制数的运算法则简单，容易用电路实现。

由于二进制数的书写、阅读和记忆都不方便，因此人们又采用了八进制和十六进制数，既便于书写、阅读和记忆，又可方便地与二进制数进行转换。在表示非十进制数时，通常用圆括号将其括起来，将基数以下标形式注在圆括号外，如 $(1011)_2$、$(135)_8$ 和 $(2C7)_{16}$ 等。

1. 十进制

十进制数有 10 个数码（0 ～ 9），基数是 10，记数时逢 10 进 1，从小数点往左，其位权分别是 10^0、10^1、10^2……从小数点往右，其位权分别是 10^{-1}、10^{-2}……如：

$1234.5 = 1 \times 10^3 + 2 \times 10^2 + 3 \times 10^1 + 4 \times 10^0 + 5 \times 10^{-1} = 1000 + 200 + 30 + 4 + 0.5$

2. 二进制

二进制数有两个数码（0 和 1），基数是 2，记数时逢 2 进 1，从小数点往左，其位权分别是 2^0、2^1、2^2……从小数点往右，其位权分别是 2^{-1}、2^{-2}……如：

$$(1101.11)_2 = 1 \times 2^3 + 1 \times 2^2 + 0 \times 2^1 + 1 \times 2^0 + 1 \times 2^{-1} + 1 \times 2^{-2} = 13.75$$

3. 八进制

八进制数有 8 个数码（0 ～ 7），基数是 8，记数时逢 8 进 1，从小数点往左，其位权分别是 8^0、8^1、8^2……从小数点往右，其位权分别是 8^{-1}、8^{-2}……如：

$(1234.5)_8 = 1 \times 8^3 + 2 \times 8^2 + 3 \times 8^1 + 4 \times 8^0 + 5 \times 8^{-1} = 668.625$

4. 十六进制

十六进制数有 16 个数码（0 ~ 9，A ~ F），其中 A ~ F 的值分别为 10 ~ 15，基数是 16，记数时逢 16 进 1，从小数点往左，其位权分别是 16^0、16^1、16^2……从小数点往右，其位权分别是 16^{-1}、16^{-2}……如：

$(1A2.C)_{16} = 1 \times 16^2 + 10 \times 16^1 + 2 \times 16^0 + 12 \times 16^{-1} = 418.75$

几种常用数制之间的对应关系如表 1-2 所示。

表1-2　几种常用数制之间的对应关系

十进制	二进制	八进制	十六进制
0	0000	0	0
1	0001	1	1
2	0010	2	2
3	0011	3	3
4	0100	4	4
5	0101	5	5
6	0110	6	6
7	0111	7	7
8	1000	10	8
9	1001	11	9
10	1010	12	A
11	1011	13	B
12	1100	14	C
13	1101	15	D
14	1110	16	E
15	1111	17	F

1.2.3　ASCII

计算机中，字符是用得最多的符号数据，是用户和计算机之间的桥梁。用户使用计算机的输入设备（如键盘）向计算机内输入命令和数据，计算机把处理后的结果以字符的形式输出到屏幕或打印机等输出设备。关于字符的编码方案有很多种，其中使用最广泛的是 ASCII（American Standard Code for Information Interchange）。ASCII 最初是美国国家信息交换标准代码，后来被采纳为一种国际通用的信息交换标准代码。

ASCII 包含 0 ~ 9 这 10 个数码，52 个大、小写英文字母，32 个符号及 34 个计算机通用控制符，共有 128 个元素。因为 ASCII 共有 128 个元素，所以用二进制编码表示需用 7 位。任意一个元素由 7 位二进制数表示，从 0000000 到 1111111 共有 128 种编码，可用来表示 128 个不同的字符。ASCII 表的查表方式是：先查列（高 3 位），后查行（低 4 位），然后按从左到右的顺序组合，如 B 的 ASCII 为 1000010。由于 ASCII 的编码是 7 位，而计算机中常用单位为字节（1 个字节为 8 位），故仍以 1 个字节来存放 1 个 ASCII 字符，每个字节中多余的最高位取 0。表 1-3 所示为 7 位 ASCII 字符编码表。

表1-3　ASCII字符编码表

d3d2d1d0	d6d5d4							
	000	001	010	011	100	101	110	111
0000	NUL	DEL	SP	0	@	P	`	p
0001	SOH	DC1	!	1	A	Q	a	q
0010	STX	DC2	"	2	B	R	b	r
0011	EXT	DC3	#	3	C	S	c	s
0100	EOT	DC4	$	4	D	T	d	t
0101	ENQ	NAK	%	5	E	U	e	u
0110	ACK	SYN	&	6	F	V	f	v
0111	BEL	ETB	,	7	G	W	g	w
1000	BS	CAN	(	8	H	X	h	x
1001	HT	EM	)	9	I	Y	i	y
1010	LF	SUB	*	:	J	Z	j	z
1011	VT	ESC	+	;	K	[	k	{
1100	FF	FS	,	<	L	\	l	⊥
1101	CR	GS	–	=	M	]	m	}
1110	SD	RS	>	∧	N		n	~
1111	SI	US	/	?	O	_	o	DEL

ASCII 字符可分为如下两大类。

（1）打印字符

打印字符即从键盘输入并显示的 95 个字符，其编码值为 32 ～ 126（0100000 ～ 1111110）。数字 0 ～ 9 的编码的高 3 位为 011，低 4 位为 0000 ～ 1001，低 4 位正好是二进制形式的 0 ～ 9。

（2）不可打印字符

不可打印字符共 33 个，其编码值为 0 ～ 31（0000000 ～ 0011111）和 127（1111111），不对应任何可印刷字符。不可打印字符通常为控制符，用于计算机通信中的通信控制或设备的功能控制。例如，编码值为 127（1111111）的字符是删除控制符 DEL，用于删除光标之后的字符。

ASCII 字符的编码值可用 7 位二进制代码或两位十六进制代码来表示。例如，字母 D 的编码值为 $(1000100)_2$ 或 84H，数字 4 的编码值为 $(0110100)_2$ 或 34H 等。

1.2.4　汉字编码

英文单词由 26 个字母拼成，使用一个字节表示一个英文字符即可。但汉字是象形文字，汉字的计算机处理技术比英文字符复杂得多，一般用两个字节表示一个汉字。由于汉字多达一万多个，常用的也有六千多个，所以汉字采用两个字节的低 7 位共 14 位二进制位来表示。一般汉字的编码方案要解决 4 种编码问题。

1. 汉字交换码

汉字交换码主要用于汉字信息交换。以国家标准化管理委员会在 1980 年颁布的《信息交换用汉字编码字符集 基本集》（标准号是 GB 2312—1980）规定的汉字交换码作为我国国家标准汉字编码，简称国标码。

《信息交换用汉字编码字符集 基本码》规定，所有的国际汉字和符号组成一个 94 × 94 的矩阵。在该矩阵中，每一行称为一个"区"，每一列称为一个"位"，这样就形成了 94 个区（区号为 01 ～ 94）和 94 个位（位号为 01 ～ 94）的汉字字符集。国标码中有 6763 个汉字和 682 个其他字符，共计 7445 个。其中规定一级汉字 3755 个，二级汉字 3008 个，图形符号 682 个。一个汉字的区号与位号简单地组合在一起就构成了该汉字的"区位码"。在汉字区位码中，高两位为区号，低两位为位号。因此，区位码与汉字或图形符号是一一对应的。

2. 汉字机内码

汉字机内码又称内码或汉字存储码。该编码统一了各种不同的汉字输入码在计算机内的表示，是计算机内部存储、运作的代码。计算机既要处理英文字符，又要处理汉字字符，所以必须能区分英文字符和汉字字符。英文字符的机内码是最高位为 0 的 8 位 ASCII 值。为了区分，把国标码每个字节的最高位由 0 改为 1，其余位不变，作为汉字字符的机内码。

一个汉字用两个字节的内码表示，计算机显示一个汉字的过程是首先根据其内码找到该汉字在字库中的地址，然后在屏幕上输出该汉字的点阵字型。

汉字的输入码是多种多样的，同一个汉字如果采用的编码方案不同，则输入码就有可能不同，但其机内码是相同的。有专用的计算机汉字内码，用以将输入时使用的多种汉字输入码统一转换成汉字机内码进行存储，以方便计算机内的汉字处理。在输入汉字时，根据输入码通过计算机或查找输入码表完成输入码到机内码的转换，如汉字国际码 (H) + 8080(H) = 汉字机内码 (H)。

3. 汉字输入码

汉字输入码也叫外码，是为了通过键盘把汉字输入计算机而设计的一种编码。输入英文时，想输入什么字符便按什么键，输入码和内码是一致的。而汉字输入规则不同，可能要按几个键才能输入一个汉字。汉字和键盘字符组合的对应方式称为汉字输入编码方案。汉字外码是针对不同汉字输入法而言的，通过键盘按某种输入法进行汉字输入时，用户与计算机进行信息交换所用的编码称为"汉字外码"。对于同一个汉字，输入法不同，其外码也不同。例如，对于汉字"啊"，在区位码输入法中的外码是 1601，在拼音输入法中的外码是 a，而在五笔字型输入法中的外码是 KBSK。汉字的输入码种类繁多，大致有 4 种类型，即音码、形码、数字码和音形码。

4. 汉字字形码

汉字在显示和打印时，是以汉字字形信息表示的，即以点阵的方式形成汉字图形。汉字字形码是指确定一个汉字字形点阵的代码。一般采用点阵字形表示字符。

目前普遍使用的汉字字型码是用点阵方式表示的，称为"点阵字模码"。所谓"点阵字模码"，就是将汉字像图像一样置于网状方格上，每格为存储器中的一个位，16 × 16 点阵是在纵向 16 点、横向 16 点的网状方格上写一个汉字，有笔画的格对应 1，无笔画的格对应 0。这种用点阵形式存储的汉字字型信息的集合称为汉字字模库，简称汉字字库。

通常汉字使用 16 × 16 点阵显示，而汉字打印可选用 24 × 24 点阵、32 × 32 点阵、64 × 64 点阵等。汉字字形点阵中的每个点对应一个二进制位，1 个字节又等于 8 个二进制位，所以 16 × 16 点阵的字形要使用 32 个字节（16 × 16 ÷ 8 = 32 字节）存储，64 × 64 点阵的字形要使用 512 个字节。

在 16 × 16 点阵字库中，每一个汉字以 32 个字节存放，存储一、二级汉字及符号共 8836 个，需要 282.5KB 磁盘空间。假定用户的文档有 10 万个汉字，却只需要 200KB 的磁盘空间，这是因为用户文档中存储的只是每个汉字（符号）在汉字字库中的地址（内码）。

1.3 计算机病毒简介及其防治

1.3.1 计算机病毒的定义、特征及危害

1. 什么是计算机病毒

计算机领域引入"病毒"一词，只是对生物学病毒的一种借用，以便更形象地刻画这些"特殊程序"的特征。1994 年 2 月 18 日发布的《中华人民共和国计算机信息系统安全保护条例》中，病毒的定义是："计算机病毒，是指编制或者在计算机程序中插入的破坏计算机功能或者毁坏数据，影响计算机使用，并能自我复制的一组计算机指令或者程序代码。"简单地说，计算机病毒是一种特殊的危害计算机系统的程序，能在计算机系统中驻留、繁殖和传播，具有与生物学中的病毒类似的某些特征，如传染性、潜伏性、破坏性、变种性等。

2. 计算机病毒的特性

计算机病毒是一种特殊的程序，与其他程序一样可以被存储和执行，此外还具有其他程序没有的特性。计算机病毒具有以下特性。

① 传染性。计算机病毒的传染性是指病毒具有把自身复制到其他程序中的特性。计算机病毒可以附着在程序上，通过磁盘、光盘、计算机网络等载体进行传播，被传染的计算机又成为病毒的生存环境及新传染源。

② 潜伏性。计算机病毒的潜伏性是指计算机病毒具有依附其他媒体生存的能力。计算机病毒可能会长时间潜伏在计算机中，其发作由触发条件来驱动，在不满足触发条件时，系统没有异常症状。

③ 破坏性。计算机系统被计算机病毒感染后，一旦满足触发条件，计算机就表现出一定的症状。计算机病毒的破坏性表现为占用 CPU 时间、占用内存空间、破坏数据和文件、干扰系统的正常运行等，破坏的严重程度取决于计算机病毒制造者的目的和技术水平。

④ 变种性。某些计算机病毒可以在传播过程中自动改变自己的形态，从而衍生出另一种不同于原版病毒的新病毒，这种新病毒称为病毒变种。有变形能力的计算机病毒能更好地在传播过程中隐蔽自己，不易被反病毒程序发现及清除。有的计算机病毒能产生几十种病毒变种。

3. 计算机病毒的危害

在使用计算机时，有时会碰到一些不正常的现象，例如，计算机无缘无故地重新启动、运行某个应用程序时突然死机、屏幕显示异常、硬盘中的文件或数据丢失等。这些现象有可能是由硬件故障或软件配置不当引起，但多数情况下是由计算机病毒引起的。计算机病毒的危害归纳起来大致可以分成如下几方面。

① 破坏硬盘的主引导扇区，使计算机无法启动。

② 破坏文件中的数据，删除文件。

③ 对磁盘或磁盘的特定扇区进行格式化，使磁盘中的信息丢失。

④ 产生垃圾文件，占据磁盘空间，使磁盘空间逐渐减少。

⑤ 占用 CPU 运行时间，使 CPU 运行效率降低。

⑥ 破坏屏幕正常显示，破坏键盘输入程序，干扰用户操作。

⑦ 破坏计算机网络中的资源，使网络系统瘫痪。

⑧ 破坏系统设置或对系统信息加密，使用户系统紊乱。

1.3.2 计算机病毒的结构与分类

1. 计算机病毒的结构

由于计算机病毒是一种特殊程序，因此，计算机病毒的结构决定了计算机病毒的传染能力和破坏能力。计算机病毒主要包括三大部分：一是传染部分（传染模块），是计算机病毒的一个重要组成部分，负责计算机病毒的传染和扩散；二是表现和破坏部分（表现模块或破坏模块），是计算机病毒中最关键的部分，负责计算机病毒的破坏工作；三是触发部分（触发模块），计算机病毒的触发条件是由计算机病毒制造者预先设置的，用以控制病毒的传染和破坏动作，触发条件一般由日期、时间、某个特定程序、传染次数等多种内容组成。例如，"耶路撒冷病毒"（Jerusalem）又名"黑色星期五病毒"，是一种文件型计算机病毒，其触发条件之一是计算机系统的日期是 13 日，并且是星期五，该计算机病毒发作时会删除任何一个在计算机上运行的 COM 文件或 EXE 文件。

2. 计算机病毒分类

目前计算机病毒的种类很多，其表现方式也很多。根据相关资料，全世界目前发现的计算机病毒已超过 15000 种。计算机病毒种类不一，分类的方法也不同。

① 按感染方式可分为引导型病毒、一般应用程序型病毒和系统程序型病毒。

- 引导型病毒：在系统启动、引导或运行的过程中，这种病毒利用系统扇区及相关功能的疏漏，直接或间接地修改扇区，直接或间接地实现传染、侵害、驻留等目的。

- 一般应用程序型病毒：这种病毒感染应用程序，使用户无法正常使用相应的程序或直接破坏系统和数据。

- 系统程序型病毒：这种病毒感染系统程序，使系统无法正常运行。

② 按寄生方式可分为操作系统型病毒、外壳型病毒、入侵型病毒和源码型病毒。

- 操作系统型病毒：这是最常见也是危害最大的一类病毒，这类病毒把自身贴附到一个或多个操作系统模块或系统设备驱动程序或高级编译程序中，主动监视系统的运行，用户一旦调用这些软件，病毒就实施感染和破坏。

- 外壳型病毒：这类病毒把自己隐藏在主程序的周围，一般情况下不对原程序进行修改。在微机中，许多计算机病毒采取这种外围方式传播。

- 入侵型病毒：这类病毒将自身插入目标程序中，使自身和目标程序成为一体，这类病毒的数量不多，但破坏力极大，而且很难检测，有时即使查出这类病毒并将其清除，被感染的程序也已被破坏，无法使用了。

- 源码型病毒：该类病毒隐藏在用高级语言编写的源程序中，随源程序一起被编译成目标程序。

③ 按破坏性可分为良性病毒和恶性病毒。

- 良性病毒：此类病毒的发作方式往往是显示信息、发出声响，对计算机系统的影响不大，破坏性较小，但干扰计算机正常工作。

- 恶性病毒：此类病毒干扰计算机运行，使系统变慢、死机、无法打印等。极恶性病毒会导致系统崩溃、无法启动，其采用的手段通常是删除系统文件、破坏系统配置等。毁灭性病毒对用户来说是最可怕的，其通过破坏硬盘分区表、FAT 区、引导记录、删除数据文件等行为使用户的数据受损，如果没有做好备份则将损失惨重。

1.3.3 计算机病毒的预防

计算机病毒及反病毒都是以软件编程技术为基础的，它们的发展是交替进行的。因此，对计算机病毒应以预防为主，防止其入侵比入侵后再去发现和排除要好得多，预防时可以采取加强操作系统的免疫功能及阻断传染途径等方式。

1. 操作系统防范

操作系统防范包括利用 Windows Update 确保操作系统及时更新、确定系统登录密码已设定为强密码、关闭不必要的共享资源、留意病毒和安全警告信息。

2. 反病毒软件防范

① 定期扫描系统。如果是第一次启动反病毒软件，建议让其扫描整个系统。通常，反病毒程序都能够设置成在计算机每次启动时扫描系统或者定期运行。

② 定期更新反病毒软件。安装了反病毒软件后，应该对其定期更新。优秀的反病毒程序可以自动连接互联网，并且只要软件厂商发现了一种新的威胁就会添加新的病毒探测代码。

3. 电子邮件防范

① 慎重运行附件中的 EXE 和 COM 等格式的可执行文件，某些附件可能带有计算机病毒或

黑客程序，运行后很可能导致不可预测的结果。对于电子邮件附件中的可执行程序必须检查，确定无毒后再使用。

② 慎重打开附件中的文档。将接收到的电子邮件附件中的文档首先保存到本地硬盘，用反病毒软件检查无毒后再打开。如果未经检查就直接双击 DOC、XLS 等格式的文件，通常会自动启动 Word 或 Excel，此时如果附件中含有计算机病毒则会立刻感染；如果有"是否启用宏"的提示，不要轻易打开文档，否则极有可能被传染上宏病毒。

③ 不要直接运行特殊附件。对于文件扩展名比较特殊的附件，或者带有脚本文件（如 *.vbs、*.shs 等）的附件，不要直接打开，可以删除包含这些附件的电子邮件，以保证系统不受计算机病毒的侵害。

④ 对收发邮件的设置。如果使用 Outlook 作为电子邮件的客户端，应当进行一些必要的设置。选择"工具"→"选项"命令，在"安全"选项卡中设置"病毒防护"选项区域的"选择要使用的 Internet Explorer 安全区域"为"受限站点区域（较安全）"，同时勾选"当别的应用程序试图用我的名义发送电子邮件时警告我"和"不允许保存或打开可能有病毒的附件"两项。

4. U 盘病毒防范

U 盘病毒又称 Autorun 病毒，是通过 AutoRun.inf 文件使对方所有的硬盘完全共享或感染木马的计算机病毒，随着 U 盘、移动硬盘、存储卡等移动存储设备的普及，U 盘病毒也泛滥成灾。最近国家计算机病毒应急处理中心发布公告称 U 盘已成为病毒和恶意木马程序传播的主要途径。防范 U 盘病毒的措施主要是尽量不要在情况未明的计算机上使用上述移动存储设备，启用写保护功能，或安装 U 盘病毒专杀工具，如 USBCleaner。

本章小结

通过本章的学习，我们认识了计算机的基本概况、硬件和软件系统，懂得了计算机的基本工作原理及计算机配置的常识，了解到信息在计算机内部是如何表示及存储的，并且学习了计算机安全方面的常识。

1. 计算机的基本概况

① 计算机的发展历史。计算机的发展已经历了 4 代：电子管计算机、晶体管计算机、中小规模集成电路计算机、大规模和超大规模集成电路计算机。计算机发展趋势为巨型化、微型化、网络化和智能化。

② 计算机的分类。计算机按性能规模可分为巨型机、大型机、中型机、小型机、微型机。

③ 计算机的特点。计算机的特点为运算速度快、计算精确度高、具有记忆和逻辑判断能力、有自动控制能力、可靠性高。

④ 计算机的用途。计算机的用途包括科学计算、信息处理、自动控制、计算机辅助设计和计算机辅助教学、人工智能方面的研究和应用、多媒体技术应用、计算机网络、电子商务。

2. 计算机系统

计算机系统包括硬件系统和软件系统。硬件系统包括主机和外设（又称外部设备、外围设备），主机包括中央处理器（CPU）和内存（又称主存）。运算器和控制器合称中央处理器。内存分为只读存储器（ROM）和随机存储器（RAM）。外设有输入设备、输出设备和外存（又称辅助存储器）。常用输入设备有键盘、鼠标、扫描仪等，常用输出设备有显示器、打印机、绘图仪等，常用外存有硬盘、软盘、U盘、光盘等。计算机软件包括系统软件和应用软件两部分。家用计算机的配置就是各组成部件的品牌型号清单。

3. 信息在计算机内部的表示及存储

信息在计算机内部是用二进制表示的，表示信息存储容量的单位有位（bit，信息表示的最小单位）、字节（Byte，简称B，信息存储的最小单位，1B=8bit）、KB（1KB=2^{10}B=1024B）、MB（1MB=1024KB）、GB（1GB=1024MB）、TB（1TB=1024GB）。普通的英文字母、数字和符号采用7位编码（ASCII）。汉字采用双字节编码，存储、处理汉字时使用汉字内码，输入汉字时采用外码，显示或打印汉字时使用字形码。

4. 计算机病毒常识

计算机病毒实质上是人为编写的程序，发作时通常会占用系统资源、删除软件及数据，计算机病毒还容易通过U盘和网络传染，因此必须安装反病毒软件进行查杀，启用病毒防火墙进行防护，并及时更新反病毒软件。

第2章
Windows 10设置与使用

02

本章介绍计算机操作系统Windows 10的应用，要求读者在学习完本章后掌握以下技能。

职业能力目标

① 管理计算机的文件、文件夹等资源。
② 利用控制面板对计算机系统进行简单的设置。
③ 创建、修改计算机的用户账户。
④ 压缩与解压文件、文件夹。

2.1　Windows 10 概述

2.1.1　发展历程

Window 有"窗户""视窗"的意思，Windows 系统是基于图像、图标、菜单、窗口等图形界面的操作系统。Windows 系统由微软公司开发。Windows 系统发展到今天，经历了多个版本，下面介绍几个比较有代表性的版本。

1. 早期版本

Windows 1.0 是微软公司在 1985 年 11 月首次推出的基于图形界面的操作系统，该版本只是 MS-DOS 的一个扩展，提供了较有限的功能。1987 年 12 月，微软公司发行了 Windows 2.0，1993 年微软公司推出了具有网络支持功能的全新 32 位操作系统——Windows NT 3.1。

2. 中期版本

1995 年，微软公司推出了新一代操作系统 Windows 95，这款操作系统可以独立运行而无须 DOS 支持，是操作系统发展史上一块里程碑。后来，微软公司又分别推出了 Windows 98 和 Windows 2000。

3. 近期版本

2001 年底，微软公司推出了 Windows XP（eXPerience），其又细分为 Windows XP Professional 和 Windows XP Home Edition 两个版本。虽然 Windows XP 不是最新的版本，但稳定、方便。2006 年年底，微软公司发布了 Windows Vista，该系统在安全可靠、简单清晰、互联互通以及多媒体方面体现了全新的构想，努力帮助用户实现工作效益的最大化。Windows Vista 的发布象征着微软公司的操作系统进入了新时代，但因其采用了大量的 3D 技术以及动画效果，所以对计算机硬件配置的要求比较高，以致使用率并不高。2009 年 10 月，微软公司发布了 Windows 7，之后又推出了 Windows 8。2015 年，微软公司又发布了 Windows 10，它极大地提升了易用性和安全性，支持智能移动设备、自然人机交互等新技术。

2.1.2　安装操作系统

要使用 Windows 10，必须先进行安装。安装 Windows 10 的方式有两种：升级安装和全新安装。其中升级安装可以从旧版 Windows 系统升级到 Windows 10，采用升级安装时可以保存系统盘中原有的数据文件，但有一定的限制。下面介绍安装 Windows 10 Professional（专业版）的主要步骤。

① 插入安装光盘，系统自动检测光盘并运行安装程序。如果计算机尚未安装任何系统，需要先设置 BIOS 中的启动选项，使其可以从光驱启动。

② 当安装界面出现安装方式时，先设置好安装的语言、时间以及输入方法，单击"下一步"按钮，然后选择"现在安装"选项，进入激活界面，输入产品密钥，也可以单击下面的"我没有产品密钥"，接着进入安装版本选择界面，最后进入协议界面，并选择"我接受协议"选项。

③ 设置好安装的分区后，安装程序开始正式安装。安装完成后系统自动重新启动。

④ 重启之后，系统会提示进行一些基本的设置工作。

安装过程到此结束。

2.1.3　启动程序

1. 启动

在使用计算机时，需要先将其启动。要启动计算机，需要打开显示器电源开关，然后按下主机电源按钮，经过一段时间的系统检测之后，即可进入 Windows 10 的登录界面（见图 2-1）。选择要登录的账号，如果设置了密码，只有输入相应的密码才能进入该操作系统。

图 2-1　登录界面

2. 关闭计算机

在关闭计算机时，必须先退出 Windows 10，再切断电源。切忌直接关闭计算机电源，这样可能会造成系统文件丢失或硬件损坏。

要退出 Windows 10，可以选择"开始"→"电源"→"关机"命令，系统会保存设置并关闭计算机。

3. 重新启动

在使用过程中要重新启动计算机，可以选择"开始"→"电源"→"重启"命令（见图 2-2）。

图 2-2　重新启动

4. 睡眠

如果用户短时间内不使用计算机，可以通过睡眠方式使计算机处于低耗电状态，当需要使用计算机时，只要移动鼠标即可进入登录界面，登录后就可以恢复到待机前的状态。可以选择"开始"→"电源"→"睡眠"命令使计算机进入睡眠状态。

2.2　窗口的操作

2.2.1　使用鼠标

1. 认识鼠标

计算机出现之初，主要通过命令行来操作，鼠标的出现，使得计算机的使用变得很方便。现在常用的鼠标一般有 3 个按键，即除了左、右按键之外，中间还有一个滚轮（见图 2-3）。用户通过控制鼠标来操作计算机屏幕上的鼠标指针，从而操作计算机。通常情况下，鼠标指针是一个小箭头，当进行不同操作时，其形状会发生变化。不同的鼠标指针形状代表不同的含义（见图 2-4）。

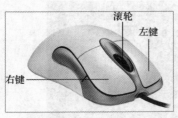

图 2-3　鼠标的基本组成

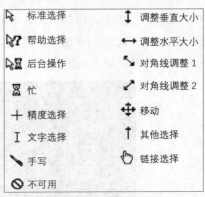

图 2-4　鼠标指针形状代表的含义

2. 鼠标的基本操作

鼠标的基本操作一般有如下几种。

① 移动：握住鼠标进行移动，屏幕上的鼠标指针也跟着移动，以此控制鼠标指针的位置，使其靠近要操作的对象。

② 指向：将鼠标指针移到某一对象上面，如文件、文件夹、按钮等。指向的对象不同，鼠标指针可以变成不同的形状，还可能在其下方出现该对象的提示文字。

③ 单击：用鼠标左键单击某对象，该操作用于选择或启动某对象。当单击某对象后，该对象的颜色一般会发生变化。

④ 右击：用鼠标右键单击某对象，该操作经常用于调出某对象的快捷菜单。

⑤ 双击：用鼠标左键快速单击某对象两次，表示选中并执行，一般用于打开某对象或运行某程序。对初学者而言，掌握双击的速度有一定的难度。

⑥ 拖动：单击某对象并按住鼠标左键进行移动，然后在另一个地方释放鼠标左键。该操作一般用来移动对象或者选择一定范围内的对象。

2.2.2 个性化定制

1. 认识桌面

登录操作系统之后，出现在用户面前的首先是桌面。用户通过桌面可以与计算机进行交互。在桌面上，可以看到任务栏、快捷方式和"开始"按钮 等（见图 2-5）。

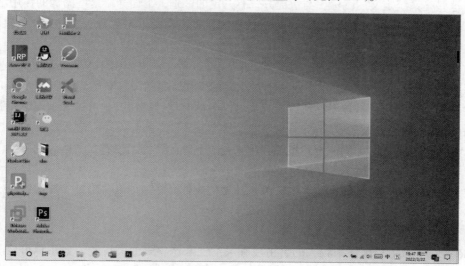

图 2-5 桌面

在安装 Windows 10 后，第一次使用时，桌面除了任务栏之外，只有"回收站"图标和"Microsoft Edge"快捷方式，在旧版的 Windows 桌面中一般还有"我的文档""我的电脑""网上邻居"等系统图标。在 Windows 10 中，可以通过下面的操作来显示传统的桌面图标。

① 右击桌面空白处，在弹出的快捷菜单中选择"个性化"命令。

② 在"个性化"界面左侧选择"主题"选项，切换到"主题"选项卡，然后单击右侧的"桌

面图标设置"超链接。

③ 出现"桌面图标设置"对话框（见图 2-6）。

图 2-6 "桌面图标设置"对话框

④ 在"桌面图标"选项区域中选择要显示在桌面上的系统图标，然后单击"确定"按钮，完成系统图标在桌面的显示设置。

完成上述设置，即可在桌面看到"此电脑""Administrator""网络""回收站""控制面版"等图标。这些是系统定义的图标，与快捷方式有一定的区别，下面介绍这些图标的作用。

① "此电脑"图标：用于管理本计算机的资源，可以在此进行磁盘、文件、文件夹的操作，其中存放着整个计算机的所有文件。

② "用户的文件"图标：存放着用户个人的文件或者文件夹。由于 Windows 10 是一个多用户操作系统，不同的用户登录之后，可以通过"我的文档"来存放各自的资源。

③ "网络"图标：通过该图标可以查找局域网上的其他计算机，也可以管理网络资源和进行网络设备的设置。

④ "回收站"图标：如同一个垃圾桶，用来存放删除的资源，没有从"回收站"中清除的资源可以进行还原，正如垃圾还没有从垃圾桶中倒出去。

⑤ "控制面板"图标：通过该图标可以对计算机的软件和硬件进行设置、管理等操作。

2. 设置个性化桌面

Windows 10 为用户提供了较大的自由度和灵活性来调整桌面的设置，如用户可以改变屏幕的背景、分辨率、显示颜色和刷新频率等。通过这些设置，计算机更具个性及实用性。

（1）更改桌面背景

在安装好 Windows 10 之后，其桌面的背景图片一般为微软 Logo 背景图。用户可以重新选择自己喜欢的图片作为桌面背景，具体操作步骤如下。

① 右击桌面的空白处，在弹出的快捷菜单中选择"个性化"命令，打开"个性化"界面（见图 2-7）。

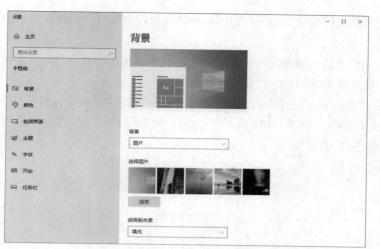

图 2-7 "个性化"界面

②在左侧选择"背景"选项,切换到"背景"选项卡,在"背景"下拉列表中可以选择背景展示的方式,包括图片、纯色、幻灯片放映。

③当在"背景"下拉列表中选择"图片"时,可以通过下面的"选择图片"列表选择喜欢的图片,或通过"浏览"按钮选择计算机上保存的图片作为桌面的背景图片。另外,还可以通过下面的"选择契合度"下拉列表来设置背景图片展示的方式。

④当在"背景"下拉列表中选择"纯色"时,可以通过"选择你的背景色"列表选择一种颜色作为桌面的背景色。

⑤当在"背景"下拉列表中选择"幻灯片放映"时,可以通过"为幻灯片选择相册"下面的"浏览"按钮选择相册的文件夹,通过下面的设置选项,可以设置图片切换的频率、播放顺序以及电池供电时是否关闭放映。

另外,可以通过个性化界面左侧的"主题"选项,切换到"主题"选项卡来快速地设置系统的背景、颜色、声音以及鼠标光标(见图2-8),也可以选择一些设置好的主题。

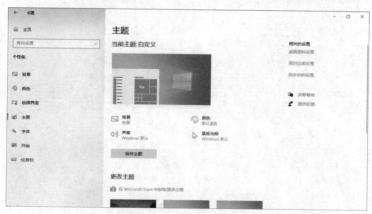

图 2-8 "主题"选项卡

（2）设置屏幕保护程序

屏幕保护程序在旧版的 Windows 系统中就存在了,其"保护"作用主要体现在两个方面。

第一,保护显示器。长时间显示同一画面,容易造成显示器的显像管老化。

第二，保护屏幕上的信息。当一段时间内对计算机没有执行任何操作时，启动该程序可以隐藏屏幕上的信息。

设置了屏幕保护之后，如果在一定时间内没有刷新屏幕，即没有进行任何操作，系统将启动屏幕保护程序。设置屏幕保护程序的具体操作步骤如下。

① 右击桌面的空白处，在弹出的快捷菜单中选择"个性化"命令，打开"个性化"界面。

② 选择"锁屏界面"选项，然后单击右边的"屏幕保护程序设置"超链接，弹出"屏幕保护程序设置"对话框（见图2-9）。

图2-9 "屏幕保护程序设置"对话框

③ 在"屏幕保护程序"下拉列表中选择已经安装的屏幕保护程序。如果选择"3D文字"，可以单击"设置"按钮来打开"3D文字设置"对话框，从中可输入字幕内容以及设置显示参数（见图2-10）。

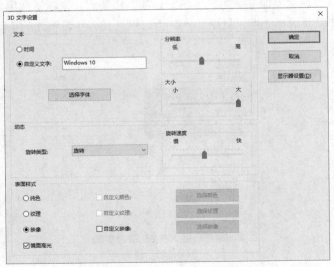

图2-10 "3D文字设置"对话框

④ 在"等待"数值微调框中，可以设置屏幕在多长时间内没有刷新则启动屏幕保护程序。如有需要，可以为屏幕保护程序设置密码，勾选"在恢复时显示登录屏幕"复选框即可。

当屏幕保护程序启动之后，按键盘上的任意键或移动鼠标，如果没有勾选"在恢复时显示登录屏幕"复选框，即可返回原屏幕；如果已勾选"在恢复时显示登录屏幕"复选框，需要登录才能返回原屏幕。

（3）设置显示分辨率、颜色数和刷新频率

对于显示器，其分辨率、显示的颜色数以及刷新频率直接影响着显示的效果。分辨率越高，能显示的细节越多；颜色的数目越多，显示的效果越接近自然色；刷新频率越高，屏幕的显示就越平稳，越能保护眼睛。

Windows 10 允许对显示的分辨率、颜色数和刷新频率进行设置，具体操作步骤如下。

① 右击桌面的空白处，在弹出的快捷菜单中选择"显示设置"命令，弹出"系统"界面，选择左侧的"显示"选项（见图 2-11）。

② 在"显示"选项卡中，通过"显示器分辨率"下拉列表，可以选择相关的分辨率参数。分辨率的范围由计算机的硬件决定。

③ 单击"高级显示设置"超链接，弹出"高级显示设置"界面（见图 2-12），在"刷新率"下拉列表中为显示器选择适当的刷新频率。

图 2-11　"显示"选项卡

图 2-12　"高级显示设置"界面

2.2.3　任务栏

1. 任务栏的组成

任务栏是位于桌面最下方的条形区域，主要包括"开始"按钮、快速启动栏、窗口图标按钮列表、通知区 4 个部分。

（1）"开始"按钮

在任务栏的最左边为"开始"按钮，单击该按钮或者按键盘上的▦键可以打开"开始"菜单。（见图 2-13）通过该菜单，几乎可以完成所有任务，如运行程序、设置系统、打开文件、获取帮助信息、查找文件或文件夹、关闭计算机等。

- "开始"菜单的左侧为常用操作区，主要包括电源、文档、图片和设置等。

- "所有程序"操作区:"开始"菜单的中间为系统中的所有程序,且按照 0 ~ 9、A ~ Z 的顺序排列。
- "磁贴"区域:"开始"菜单的右侧为最常使用的程序列表,方便用户查找并运行这些程序。

图2-13 "开始"菜单

（2）快速启动栏

"开始"按钮的右边为快速启动栏,用来存放一些经常运行的程序的图标,以便用户使用。当桌面被窗口所覆盖时,如果要启动的程序存放在快速启动栏,就不用最小化所有的窗口去桌面查找程序的快捷方式了。单击"显示桌面"按钮,可以快速最小化所有窗口,按快捷键"▦+D"也可以实现同样的操作。

把经常启动的程序快捷方式拖动到快速启动栏上,就可以添加该程序到快速启动栏了。也可以删除快速启动栏中的程序。

（3）窗口图标按钮列表

每打开一个窗口,该窗口图标的按钮就会出现在任务栏的中间区域,单击这些按钮,可以方便地进行窗口之间的切换。当关闭窗口后,对应的按钮也会消失。

Windows 10 提供了一种组合任务栏中的按钮的功能,帮助用户管理打开的多个窗口,使任务栏保持整洁的同时方便用户查找所需的窗口。该功能将相同类型或者同一程序打开的窗口组合在一起。当鼠标指针移动到任务栏中的按钮上,弹出相应类型的窗口的缩略图列表,供用户选择。利用任务栏的组合按钮,用户可以一次关闭组合按钮对应的所有窗口,右击组合按钮,在弹出的快捷菜单中选择"关闭所有窗口"命令即可。

（4）通知区

在任务栏的最右边排列着一些小图标,一般包括时间图标、音量调节器图标、输入法图标以及一些在后台运行的程序图标。

当鼠标指针指向时间图标时,会显示当前的日期;单击该图标将打开日历窗口。

信息技术应用教程（Windows 10+Office 2016）

单击音量调节器图标，可以打开音量控制器，调节音量的大小或者设置静音。

单击输入法图标，可以显示输入法列表，从中选择所需的输入法。

2. 定制任务栏

（1）设置任务栏中的工具栏

Windows 10 允许设置任务栏中的工具栏，具体操作步骤如下。

① 右击任务栏的空白处，在弹出的快捷菜单中选择"工具栏"命令，右侧的子菜单中将显示可以设置的工具栏（见图 2-14）。

② 单击要显示的工具栏，可以勾选该工具栏；如果不想显示某工具栏，可以单击取消勾选。

（2）设置任务栏的大小和位置

任务栏一般位于桌面的最下方，当任务栏没有处于锁定状态时，可以改变其默认的位置，具体操作步骤如下。

① 将鼠标指针指向任务栏的空白处，按住鼠标左键。

② 拖动鼠标指针到桌面的其他边上，例如，拖动鼠标指针到桌面右边，然后释放鼠标左键，即可把任务栏移动到相应位置。

当任务栏没有处于锁定状态时，也可以调整其高度，操作方法为：移动鼠标指针到任务栏的上边线（当任务栏位于底部时），当鼠标指针变为双向箭头"↕"时拖动鼠标指针到所需的位置，然后释放鼠标左键即可。

（3）设置任务栏

为方便使用，可以设置任务栏。在任务栏的空白区域右击，弹出快捷菜单，选择"任务栏设置"命令，将打开"任务栏"设置界面（见图 2-15）。下面介绍"任务栏"选项卡中各选项的作用。

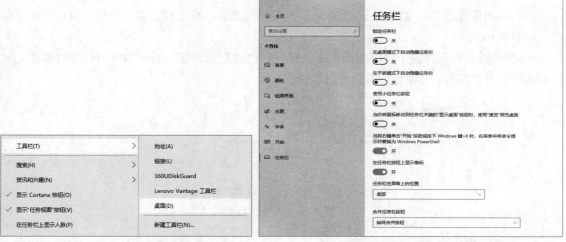

图 2-14 "工具栏"子菜单　　　　　　图 2-15 "任务栏"设置界面

① 锁定任务栏。开启该选项，可将任务栏锁定在桌面的当前位置，使用户不可以再对其进行移动或改变大小。

② 在桌面 / 平板模式下自动隐藏任务栏。开启该选项，当不使用任务栏时，任务栏会自动隐藏，当鼠标指针指向任务栏的位置时，任务栏会显示出来。

③ 使用小任务栏按钮将图标转换为小图标。通过该选项，可将任务栏中图标显示方式转换为小图标。

④ 设置任务栏图标显示方式。通过"合并任务栏按钮"下拉列表，可以设置任务栏中多个图标的显示方式。

2.2.4 图标

Windows 10 是一种图形界面操作系统，几乎所有的程序和数据都可以采用图标来表示。通过控制这些图标，用户可轻松控制存储在计算机内的信息。Windows 10 中的图标可以分成下面几种。

① 磁（光）盘图标：代表计算机的磁盘、光盘或者移动设备。

② 文件夹图标：采用一个可以打开的文件夹来表示。

③ 程序图标：一般为跟程序相关的图标。

④ 文件图标：一般为卷角的纸页图标。

⑤ 控制图标：出现在窗口左上角的图标。

⑥ 快捷方式：一般在左下角有一个小箭头。

2.2.5 窗口的组成与操作

在 Windows 系统中，大部分程序都以窗口的形式来表现。使用一个程序，就是在其窗口中进行操作，因此，窗口显得特别重要。

1. 窗口的组成

窗口一般由标题栏、菜单栏、工具栏、工作区、滚动条、状态栏、窗口边框与窗口手柄等组成，如图 2-16 所示。

① 标题栏。标题栏位于窗口的最上面。在标题栏的左边为控制图标和应用程序的名称、窗口的名称或者文件名。标题栏的右边为窗口控制按钮。

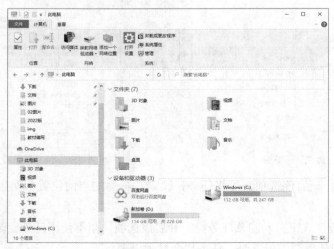

图 2-16　窗口组成

② 菜单栏。菜单栏一般位于标题栏的下方，提供了一些常用的命令，如"计算机"菜单、"查看"菜单等。

③ 工具栏。工具栏以按钮的形式来显示操作命令，这些按钮是与菜单中常用命令对应的一些按钮，单击按钮即可执行相应的命令。

④ 工作区。窗口的主要操作区域为工作区，用于显示当前窗口包含的对象。

⑤ 滚动条。当要显示的内容超过窗口当前范围时，才会出现滚动条，拖动滚动条可显示被隐去的内容。滚动条有垂直滚动条和水平滚动条两种，分别用于进行上下滚动和左右滚动。

⑥ 状态栏。状态栏位于窗口的底部，用于显示当前窗口的信息。

⑦ 窗口边框与窗口手柄。窗口的边框标示着窗口的大小，通过拖动边框线可以调整窗口的大小。大小不可改变的窗口不会出现窗口手柄。

2. 窗口的操作

窗口的基本操作包括打开窗口、改变窗口大小、移动窗口、关闭窗口、切换窗口等。下面详细介绍这些操作。

（1）打开窗口

要显示一个窗口，如显示一个文件、文件夹或者一个应用程序窗口，首先必须将其打开，可以采用下面两种方法打开窗口。

- 双击要打开的文件、文件夹或程序的图标。
- 右击图标，在弹出的快捷菜单中选择"打开"命令。

（2）改变窗口大小

当打开的窗口的大小不符合需要时，可以对其进行调整，改变窗口大小的操作包括窗口的最大化、最小化、还原以及自由调整。窗口的最大化可以使窗口充满整个屏幕，方便对其进行操作；窗口的最小化可以使窗口缩小成一个图标只显示在任务栏上，以方便操作另一个窗口；窗口的还原可以将其还原到最大化前的大小。

① 窗口的最大化。单击窗口右上角的"最大化"按钮；或者右击窗口标题栏，在弹出的快捷菜单中选择"最大化"命令；也可以通过快捷键"Alt+ 空格 +X"最大化窗口。

② 窗口的最小化。单击窗口右上角的"最小化"按钮；或者右击窗口的标题栏，在弹出的快捷菜单中选择"最小化"命令；也可以通过快捷键"Alt+ 空格 +N"最小化窗口。

③ 还原窗口。单击窗口右上角的"向下还原"按钮；或者右击窗口标题栏，在弹出的快捷菜单中选择"还原"命令；也可以通过快捷键"Alt+ 空格 +R"还原窗口。

④ 自由调整。有时需要自定义窗口的大小来进行一些操作，这时可以对窗口进行自由调整。要改变窗口的宽度，可以把鼠标指针放在窗口的垂直边框上，当其变成水平的双向箭头"↔"时，将其拖动到合适位置。要改变窗口的高度时，可以把鼠标指针放在水平边框上，当其变成垂直的双向箭头"↕"时进行拖动。当需要对窗口进行等比缩放时，可以把鼠标指针放在 4 个角上，当其变成斜的双向箭头"↗"或"↘"时进行拖动。将窗口的大小调至满意后，释放鼠标左键。

（3）移动窗口

当窗口处于非最大化或非最小化状态时，可以将其移动到特定的位置。操作步骤如下。

① 将鼠标指针定位在窗口的标题栏上。

② 按住鼠标左键，拖动窗口到所需的位置。

③ 释放鼠标左键，完成移动窗口操作。

（4）关闭窗口

当不使用某窗口时，可以将其关闭。方法有如下几种。

- 单击标题栏的"关闭"按钮。
- 按快捷键"Alt+F4"。
- 双击标题栏的控制图标。
- 选择菜单栏中的"文件"→"关闭"命令。

（5）切换窗口

Windows 10 是一个多任务的系统，可以同时运行多个程序，如可以一边听音乐，一边编辑文档。当前进行操作的窗口称为活动窗口，一个窗口处于活动状态时，其标题栏默认为深蓝色，而不活动的窗口的标题栏则为灰色。处于活动状态的窗口只能有一个，而不活动的窗口可以有多个，但不能直接对不活动的窗口进行操作，需要先激活。因此，实际使用中经常需要进行窗口的切换操作。方法有如下两种。

- 单击任务栏中要激活的窗口的图标。
- 使用"Alt+Tab"组合键或"Alt+Esc"组合键来选择要激活的窗口。

（6）多窗口显示

对于桌面上打开的多个窗口，可以按一定的排列方式来显示，如层叠窗口、堆叠显示窗口、并排显示窗口。层叠式排列可使窗口一层层地叠加在一起，每个窗口的标题栏都可见，方便使用鼠标进行切换。堆叠显示窗口的显示方式，就是把窗口按照横向两列、纵向平均分布的方式堆叠排列起来。并排显示窗口的显示方式，就是把窗口按照纵向、横向平均分布的方式并排排列起来。要设置窗口的排列方式，可以右击任务栏空白处，在弹出的快捷菜单中选择"层叠窗口"命令、"堆叠显示窗口"命令或者"并排显示窗口"命令。

2.2.6 对话框及其操作

Windows 系统为了完成某项任务而需要从用户那里得到更多的信息时，通常会以对话框的形式与用户进行交互。所以，对话框是系统与用户交互的场所，可以将其看成一种特殊类型的窗口。对话框的形状为矩形，大小不能改变，但位置可以改变。在 Windows 10 中，对话框分为模式对话框和非模式对话框。当弹出模式对话框时，其处于屏幕的顶层，只有完成该对话才能对其他窗口进行操作，如"格式"对话框。非模式对话框与模式对话框最大的区别在于，可以在显示前者的情况下操作其他窗口，如"查找"对话框。对话框通常包含文本框、列表框等，如图 2-17 所示。

（1）文本框

文本框主要供用户输入一定的文字或数值信息。

（2）复选框

复选框一般供用户进行多项选择，被选中的矩形框中

图 2-17 "字体"对话框

会出现对号标记，未被选中的矩形框中为空，单击即可勾选需要的项，再次单击可取消勾选。

（3）列表框

列表框用于列出一组可用的选项，其通过一个矩形区域来组织列表项，用户可以从中选择一项或者几项。

（4）下拉列表框

下拉列表框用于防止对话框空间过于拥挤。单击下拉列表框右边的下拉按钮▼，就会弹出一系列选项。

（5）数值微调框

通常我们需要输入数字信息，在对话框中，可以通过数值微调框来进行设置，它有一个减小按钮和一个增大按钮。

（6）选项卡

选项卡类似活页簿，每个选项卡都有一个标签，单击标签即可显示该选项卡的内容。采用选项卡可以把内容按一定的类型进行组织，方便用户操作。

（7）命令按钮

对话框一般都有命令按钮，如"确定"按钮、"取消"按钮。通过命令按钮，可以告诉系统是否应用用户设置的内容。

2.2.7　菜单及其操作

菜单是命令的集合，其中包含了供用户使用的一系列命令，用户可以利用鼠标或键盘进行选择。菜单中包含的命令称为菜单项。

1. 菜单类型

（1）"开始"菜单

"开始"菜单是 Windows 10 中一个重要而特殊的菜单，前面也说过，通过该菜单，用户可以让计算机执行几乎所有任务。

（2）窗口菜单

窗口菜单是集合该窗口所有操作命令的地方。窗口菜单命令按功能可以分成不同的菜单项，如"查看"菜单命令一般用于设置窗口的显示方式。应用程序不同，其菜单栏中的菜单项也各有差异。

（3）快捷菜单

右击对象，即可弹出相应的快捷菜单（见图 2-18）。通过其中的命令，可以方便地对对象进行操作，如显示对象的属性、重命名对象等。

图 2-18　快捷菜单

2. 菜单符号和含义

菜单中的菜单项形式各异，不同的形式代表不同的含义。

（1）暗淡的菜单项

若菜单项的文字为暗淡的灰色，则表示该命令当前无效，不能执行。

（2）层叠菜单项

若菜单项的名称右边带有一个黑色箭头，表示该菜单项为层叠菜单项，其下还有级联菜单。

（3）含有对话框的菜单项

选择名称右边带有"…"的菜单项时，系统将弹出一个对话框，要求用户输入一些必要的信息。

（4）具有快捷键的菜单项

名称右边的字母或字母组合是该命令的快捷键。可以不打开菜单而直接使用快捷键来执行菜单项。

（5）带有选中标记的菜单项

各称左侧带有"√"标记，表示该命令当前有效。

3. 菜单的基本操作

（1）菜单的使用

菜单的使用主要通过键盘选择或鼠标操作，其中鼠标操作是使用菜单更为简便的方法。

① 鼠标操作。单击菜单，鼠标指针指向要选择的菜单项再单击，即可执行相应的操作。

② 键盘选择。按"Alt"键或"F10"键显示菜单栏，用方向键选择菜单和菜单项，然后按"Enter"键即可执行相应的操作；也可以同时按住"Alt"键和菜单栏上提示的字母或数字对应的键快速打开菜单，然后直接按菜单项的快捷键快速执行相应的操作。

（2）菜单的关闭

菜单使用完毕一般会自动关闭，也可以通过单击菜单外的任何区域或者按"Esc"键关闭菜单。

2.3 文件和文件夹管理

2.3.1 文件和文件夹简介

1. 文件和文件夹概念

文件是操作系统中的一个重要概念，是一组按一定格式存储在计算机外存储器中的相关信息的集合。在计算机中，任何程序和数据都以文件形式存储在外存储器中。

计算机中存在着数以万计的文件，为了方便管理，引入了文件夹的概念。文件夹也称目录，可以把一定数目的文件放到同一个文件夹中，另外，文件夹中也可以存放文件夹。例如，在计算机中建立一个文件夹，专门存放 MP3 文件，在该文件夹中，可以根据不同的歌手名建立不同的文件夹，并把相关的音乐文件放到对应的文件夹中。

2. 文件和文件夹命名

在计算机中，每个文件和文件夹都有各自的名称，系统正是通过名称来进行文件和文件夹的操作。在 Windows 10 中，文件和文件夹的命名有一定的要求。

① 文件名或文件夹名中，最多可以有 256 个字符。

② 文件名或文件夹名可以由汉字、字母、数字和部分特殊符号构成，但不能包含 /、\、:、|、*、?、"、< 和 >9 个符号中的任何一个。

③ 文件名由主文件名和扩展名两部分组成，用"."分隔，格式为：主文件名 . 扩展名。

如文件名 test.txt 中，test 为主文件名，而 txt 为扩展名，表示其为文本文件。

文件名和文件夹名中的英文字母不区分大小写，例如，test.txt 和 TEST.TXT 被认为是同名文件。

在同一文件夹下，不可以存在文件或者文件夹同名的情况，而在不同的文件夹下，可以有同名的文件或文件夹。

3. 文件类型

在计算机中，不同类型的文件有着不同的扩展名。文件的扩展名与特定的应用程序有着紧密的关联，双击文件，系统根据扩展名就可以判断需要调用哪个应用程序来打开文件。表 2-1 列出了常用文件扩展名与文件类型的对应关系。

表2-1　常用文件扩展名和文件类型的对应关系

文件扩展名	文 件 类 型	文件扩展名	文 件 类 型
txt	文本文件	pptx	PowerPoint 2016 文件
docx	Word 2016 文件	bmp	位图文件
xlsx	Excel 2016 工作表文件	wav	声音文件
xlcx	Excel 2016 图表文件	exe	可执行文件

要查看文件的扩展名，可以任意打开一个文件夹，在其窗口中单击"查看"菜单，勾选"文件扩展名"复选框（见图 2-19）。

图2-19　显示文件扩展名

4. 驱动器和文件路径

驱动器是通过某个文件系统格式化并带有一个驱动器号的存储区域，一般采用单字母和":"来标识。根据不同的硬件，驱动器可以分为软盘驱动器、硬盘驱动器、光盘驱动器以及网络映射驱动器。打开"此电脑"窗口，即可看到计算机上的驱动器。

计算机中所有的文件和文件夹都存放在驱动器中，驱动器可以被看成最高层的文件夹，即根目录。为了表示一个文件在计算机中的位置，需要采用路径的形式。路径是表示文件层次关系的树形结构。例如，C:\Program Files\Microsoft Office\root\Office16\winword.exe，由此可知，要找到 winword.exe 文件，需要先打开 C 盘，再打开下面的 Program Files 文件夹，再找到 Microsoft Office 文件夹，再进入 root 文件夹，接着进入 Office16 文件夹，最后找到 winword.exe 文件，即从驱动器出发，一层一层地查找，直到找到该文件。

2.3.2 "此电脑"和"文件资源管理器"

计算机中存在着数目庞大的文件，对这些文件进行有效的组织和管理，就是操作系统所要具备的一个重要功能。与以往的版本一样，Windows 10 提供了两个程序来方便用户对文件进行组织和管理，即"此电脑"和"文件资源管理器"。

1. 此电脑

双击桌面的"此电脑"图标即可打开"此电脑"窗口（见图 2-20）。

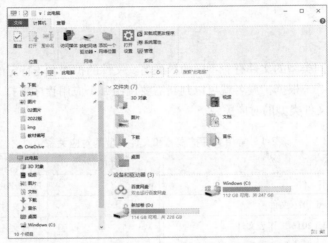

图 2-20 "此电脑"窗口

在"此电脑"窗口中可以看到计算机中的所有磁盘、打开所需的驱动器、查找对应的文件。"此电脑"窗口的左侧为一个窗格，由 4 部分组成：快速访问、OneDrive、此电脑、网络。该窗格为用户操作文件、访问其他位置以及查看对象的详细信息提供了方便。根据所选对象的不同，可能出现特殊的任务栏。

窗口中除了标准的菜单栏之外，还有标准的工具栏按钮，通过它，用户可以更好地进行文件管理和操作。表 2-2 列出了工具栏按钮的功能。

表2-2　工具栏按钮功能

按钮	功能说明
前进及后退	退到浏览过的上一位置或前进到下一位置
向上	返回上一层文件夹
搜索	可以进行文件或文件夹的搜索
位置栏	显示当前位置的路径

2. 文件资源管理器

在 Windows 10 中，"文件资源管理器"与"此电脑"功能相同，都用于管理计算机中的文件。可以采用下面的方法之一打开文件资源管理器。

- 右击"开始"按钮，在弹出的快捷菜单中选择"文件资源管理器"命令。
- 选择"任务栏"→"文件资源管理器"图标。

2.3.3 文件和文件夹操作

1. 打开文件或文件夹

打开文件之前，必须先根据路径找到文件，可以通过"文件资源管理器"或者"此电脑"窗口来查找。要打开一个文件，可以采用下面的方法。

- 双击文件，一般用于打开已经与应用程序建立关联的文件或者可执行文件。
- 右击文件，在弹出的快捷菜单中选择"打开"命令。
- 对于没有与应用程序建立关联的文件，如果知道其运行程序，可以自行打开。右击文件，在弹出的快捷菜单中选择"打开方式"→"选择其他应用"命令，弹出打开方式对话框，从中选择需要的应用程序，如图 2-21 所示。

要打开一个文件夹，只要双击该文件夹即可；也可以右击该文件夹，在弹出的快捷菜单中选择"打开"命令。

图 2-21　打开方式对话框

2. 新建文件或文件夹

（1）新建文件

一般可以采用下面的操作步骤来新建文件。

① 通过"文件资源管理器"或者"此电脑"窗口找到存放文件的文件夹。

② 右击文件夹中任意空白处，在弹出的快捷菜单中选择"新建"命令，然后选择所需的文件类型。

③ 为新建的文件命名，并按"Enter"键进行确认。在文件的命名操作中，一般不改变其默认的扩展名，否则可能出现关联错误。

（2）新建文件夹

新建文件夹的方法与新建文件类似，具体操作步骤如下。

① 通过"文件资源管理器"或者"此电脑"窗口找到存放要新建的文件夹。

② 右击文件夹中任意空白处，在弹出的快捷菜单中选择"新建"→"文件夹"命令。

③ 为新建的文件夹命名，并按"Enter"键进行确认。

3. 重命名文件或文件夹

右击需要重命名的文件或文件夹，在弹出的快捷菜单中选择"重命名"命令，或者选中需要重命名的文件或文件夹，按"F2"键，然后直接输入新名称并按"Enter"键即可。在对文件进行重命名时，若无特殊需要，一般不改变其扩展名。

4. 选择文件或文件夹

（1）选择一个文件或文件夹

单击要选择的文件或文件夹即可。

（2）选择连续的多个文件或文件夹

先选择第一个，然后在按住"Shift"键的同时单击最后一个。

（3）选择不连续的多个文件或文件夹

单击要选择的第一个文件或文件夹，然后在按住"Ctrl"键的同时单击要选择的其他文件或文件夹。

（4）选择所有文件或文件夹

选择"主页"→"全选"命令，或者按快捷键"Ctrl+A"。

（5）取消选择

单击窗口的空白处，即可取消所做的选择。

5. 复制文件或文件夹

复制文件是指制作某文件的一个副本，而复制文件夹是指制作该文件夹以及其中所有文件的副本。通过复制，可以产生多个相同的文件，一般复制的文件与原文件存放在不同的位置。复制文件或文件夹的方法很多，下面具体介绍其中4种。

（1）使用菜单命令进行复制

① 选择要复制的文件或文件夹。

② 选择"主页"→"复制"命令。

③ 打开要存放副本的文件夹。

④ 选择"主页"→"粘贴"命令。

（2）使用快捷键进行复制

① 选择要复制的文件或文件夹。

② 按快捷键"Ctrl+C"。

③ 打开要存放副本的文件夹。

④ 按快捷键"Ctrl+V"。

（3）使用快捷菜单进行复制

① 选择要复制的文件或文件夹。

② 右击，在弹出的快捷菜单中选择"复制"命令。

③ 打开要存放副本的文件夹。

④ 右击文件夹的空白处，在弹出的快捷菜单中选择"粘贴"命令。

（4）拖动复制

① 打开要复制的文件或文件夹窗口，然后在新的窗口中打开要存放副本的目标文件夹。

② 选择要复制的文件或文件夹，按住"Ctrl"键，将其拖动到目标文件夹窗口。如果源文件夹与目标文件夹不在同一个驱动器下，则不用按住"Ctrl"键。

6. 移动文件或文件夹

有时需要把一个文件或者文件夹从一个位置移动到另一个位置。与复制操作不同，移动是把原文件移到别的地方，不制作副本。

移动文件或文件夹的方法很多，下面具体介绍其中4种。

（1）使用命令进行移动

① 选择要移动的文件或文件夹。

② 选择"主页"→"剪切"命令。

③ 打开目标文件夹。

④ 选择"主页"→"粘贴"命令。

（2）使用快捷键进行移动

① 选择要移动的文件或文件夹。

② 按快捷键"Ctrl+X"。

③ 打开目标文件夹。

④ 按快捷键"Ctrl+V"。

（3）使用快捷菜单进行移动

① 选择要移动的文件或文件夹。

② 右击，在弹出的快捷菜单中选择"剪切"命令。

③ 打开目标文件夹。

④ 右击文件夹的空白处，在弹出的快捷菜单中选择"粘贴"命令。

（4）拖动移动

① 打开要移动的文件或文件夹窗口，然后在新的窗口中打开目标文件夹。

② 选择要移动的文件或文件夹，按住"Shift"键，将其拖动到目标文件夹窗口。如果源文件夹与目标文件夹不在同一个驱动器下，则不用按住"Shift"键。

7. 发送文件或文件夹

在 Windows 10 中，用户可以把文件发送到许多位置或应用程序中。例如，可以把文件发送到 U 盘、移动硬盘、Web 服务器、我的文档、共享文档等位置。发送可以看成一种简单的复制操作。

发送文件或文件夹的方法为：先选择要发送的文件或文件夹，右击，在弹出的快捷菜单中选择"发送到"命令，然后选择发送的目的地即可。

8. 删除文件或文件夹

当不需要某文件或者整个文件夹的内容时，可以通过删除操作将其从计算机中清除。进行删除之前，必须找到目标文件或者文件夹。

（1）使用菜单命令进行删除

① 选择要删除的文件或文件夹。

② 选择"组织"→"删除"命令。

③ 在弹出的"删除文件"对话框中，单击"是"按钮。如果想取消删除，可以单击"否"按钮。

（2）使用快捷键进行删除

① 选择要删除的文件或文件夹。

② 按"Delete"键。

③ 在弹出的"删除文件"对话框中，单击"是"按钮。

（3）使用鼠标进行删除

① 选择要删除的文件或文件夹。

② 将选择的文件或文件夹拖动到"回收站"图标上，或者右击文件或文件夹，在弹出的快

捷菜单中选择"删除"命令。

③ 在弹出的"删除文件"对话框中，单击"是"按钮。

使用上面的方法，都可以把删除文件或文件夹存放在回收站中，如果有需要还可以从回收站中将其还原，即进行恢复操作。从回收站中还原被删除的文件或文件夹的操作步骤如下。

① 双击桌面上的"回收站"图标。

② 在"回收站"窗口中选择要还原的文件或文件夹并右击，在弹出的快捷菜单中选择"还原"命令。

被删除的文件同样占用了计算机的空间，如果想释放这部分空间，可以采用永久删除（即文件删除之后不可恢复）的方法。进行永久删除有两种方法。

- 在选择要删除的文件或文件夹时，先按住"Shift"键，再按"Delete"键。
- 从回收站中把文件或文件夹删除。

要把文件或文件夹从回收站中删除，可以采用下面的操作。

① 双击桌面中的"回收站"图标。

② 在"回收站"窗口中选择文件或文件夹并右击，在弹出的快捷菜单中选择"删除"命令。

另外，可以在"回收站"窗口中的空白处右击，在弹出的快捷菜单中选择"清空回收站"命令，将所有文件或文件夹从回收站中删除。

删除文件夹时，该文件夹所包含的文件也一起被删除，因此对文件夹进行删除时要特别小心。

9. 创建文件或文件夹的快捷方式

要打开一个路径比较长的文件时，需要打开较多的文件夹才能看到该文件，如果这个文件经常使用，不断反复操作会比较麻烦。Windows 10 提供了快捷方式来快速打开一个文件或者启动一个程序。快捷方式与文件图标的最大区别在于，快捷方式的左下角有一个小箭头。

（1）利用向导创建快捷方式

① 选择快捷方式的创建位置，如桌面、我的文档等。

② 打开任意窗口，在空白处右击，选择"新建"→"快捷方式"命令，弹出"创建快捷方式"对话框。单击"浏览"按钮，弹出"浏览文件或文件夹"对话框，选择快捷方式的目标位置后单击"确定"按钮，回到"创建快捷方式"对话框，单击"下一步"按钮，如图 2-22 所示。

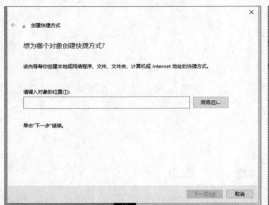

图 2-22　创建快捷方式

③ 输入快捷方式的名称，然后单击"完成"按钮，如图 2-23 所示。

（2）利用快捷菜单创建快捷方式

① 选择需要创建快捷方式的文件或文件夹并右击。

② 在弹出的快捷菜单中选择"创建快捷方式"命令。

③ 把创建的快捷方式移动到需要的位置。

（3）创建桌面快捷方式

选择需要创建快捷方式的文件或文件夹并右击，在弹出的快捷菜单中选择"发送到"→"桌面快捷方式"命令。

10. 查看、设置文件或文件夹属性

（1）查看文件或文件夹属性

通过查看文件或文件夹属性可以知道其名称、大小、位置、创建日期，以及该文件或文件夹是否具有只读、隐藏等属性。右击文件或者文件夹，在弹出的快捷菜单中选择"属性"命令，就可以打开属性对话框，如图 2-24 所示。

图 2-23　输入快捷方式的名称　　　　图 2-24　属性对话框

（2）设置文件或文件夹属性

通过文件或者文件夹的属性对话框可以设置其只读与隐藏属性。

① 只读。勾选"只读"复选框，就只能浏览文件或文件夹而不能修改其内容。

② 隐藏。勾选"隐藏"复选框，该文件或文件夹就被隐藏起来。

2.3.4　搜索文件

对于磁盘上存放的大量文件与文件夹，当不清楚某个文件、某类文件的名称或存放位置时，可以利用搜索功能来查找。Windows 10 在每一个窗口中引入了搜索功能，使得对文件、文件夹、网络计算机等的搜索变得非常容易。

1. 进行简单搜索

进行简单搜索的具体操作步骤如下。

① 双击桌面的"此电脑"图标，在打开的窗口的右上方可以看到搜索框，如图 2-25 所示。

② 在搜索框中输入要搜索的文件名称或文件夹的名称，并单击"搜索"按钮　，即可在整

个计算机的范围内进行搜索，并弹出查找到的一系列文件的列表，如图 2-26 所示。

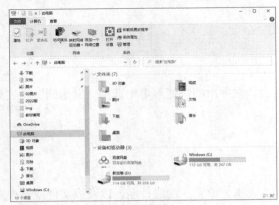

图 2-25　搜索文件

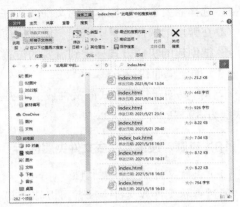

图 2-26　搜索结果列表

2. 使用通配符

通配符是指采用字符"*"或"？"来表示的一个或多个字符。当用户不知道或者不想输入完整名称时，就可以采用通配符来代替一个或多个字符。

字符"*"可代替零个或多个字符，而字符"？"只能代替一个字符。例如，要搜索所有名称以 my 开头的文件，可以输入 my*，搜索结果可能包括 my.txt、mydoc.txt、mypic.jpg 等名称以 my 开头的文件。当然也可以输入扩展名来缩小搜索范围，如输入 my*.txt，那么搜索结果只会是名称以 my 开头的文本文件。如果输入 my?.txt，由于"？"只能代替一个字符，因此搜索结果可能包含 myc.txt、my1.txt，而不会包含 mydoc.txt。

3. 指定搜索条件

Windows 10 为了提高搜索效率和准确性，为用户提供了可以选择的搜索条件，例如，通过"修改日期"命令来指定在某一日期或两个日期之间创建或修改的文件，通过"大小"命令来指定某大小范围内的文件。单击搜索框，选择"搜索"→"优化"→"修改日期"或"大小"命令即可添加需要设置的条件，如图 2-27 所示。另外，可以选择"选项"→"高级选项"→"文件内容"命令来设置包括内容的搜索。

图 2-27　设置搜索条件

2.4　Windows 设置

Windows 设置是调整计算机系统硬件设置和配置系统软件环境的系统工具，可以对窗口、鼠标、计算机时间、打印机、网卡、串/并行接口等硬软件设备的工作环境和配套的工作参数进行设置和修改，也可添加和删除应用程序。

2.4.1 "Windows 设置"窗口

1. 打开"Windows 设置"窗口

打开"Windows 设置"窗口的方法为：选择"开始"菜单→"设置"命令，或者打开"此电脑"窗口，选择"计算机"→"系统"→"打开设置"命令。

2. "Windows 设置"窗口的组成

"Windows 设置"窗口，如图 2-28 所示。按功能的不同，将各种设置分成 13 类，包括"系统""设备""手机""网络和 Internet""个性化""应用""账户""时间和语言""游戏""轻松使用""搜索""隐私""更新和安全"，这样可以方便用户进行设置。

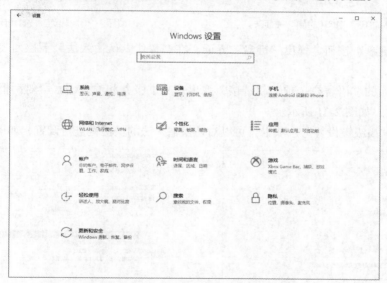

图 2-28 "Windows 设置"窗口

2.4.2 时间和语言设置

不同地区的人不但使用的语言不同，使用的日期和时间也不同，因此，Windows 10 提供了日期和时间、语言设置功能。

1. 设置日期和时间

选择"时间和语言"界面左侧的"日期和时间"选项，就可以设置系统的日期和时间，如图 2-29 所示。

• "自动设置时间"选项用于设置系统是否通过网络时间服务器自动更新日期和时间。如果关闭该选项，可以通过下面的"手动设置日期和时间"选项来更改当前系统的日期和时间。

● "自动设置时区"选项用于设置系统是否自动设置时区。如果关闭该选项，可以通过下面的"时区"下拉列表选择所需的时区。

2. 设置语言

在"语言"选项卡中，可以快速设置 Windows 显示的语言、应用和网站的语言、区域格式设置、键盘设置以及语音设置，如图 2-30 所示，下面介绍输入法的设置。

图 2-29 "日期和时间"选项卡

图 2-30 "语言"选项卡

① 单击"键盘"按钮，弹出"键盘"界面，在"替代默认输入法"下拉列表中选择默认输入法。

② 单击下面的"语言栏选顶"超链接，弹出"文本服务和输入语言"对话框，可以设置语言栏显示的方式，如图 2-31 所示。

③ 切换到"高级键设置"选项卡，可以对切换输入法的快捷键进行设置，如图 2-32 所示。

图 2-31 "文本服务和输入语言"对话框

图 2-32 "高级键设置"选项卡

2.4.3 设置鼠标

在操作计算机时，鼠标的使用为人们提供了很大的方便，只要动一动手指，系统就会帮用户做各种各样的事。许多用户比较习惯用右手操作鼠标，但对惯用左手的用户来说，使用为右手而设置的鼠标是一件很麻烦的事，因此，可以通过"Windows 设置"窗口自定义鼠标的使用方式，还可以设置鼠标的双击速度、鼠标指针图标等。

1. 设置鼠标键

设置鼠标键的具体操作步骤如下。

① 在"Windows 设置"窗口单击"设备"按钮，然后在打开的界面左侧选择"鼠标"选项，切换到"鼠标"选项卡，然后单击"其他鼠标选项"超链接，弹出"鼠标 属性"对话框（见图 2-33 ）。

② 切换到"鼠标键"选项卡（默认）。

③ 在"鼠标键配置"选项区域中，切换右手使用方式和左手使用方式。

④ 在"双击速度"选项区域中，通过拖动滑块来设置双击的速度。

⑤ 在"单击锁定"选项区域中，可以设置是否在单击某一文件或文件夹时进行锁定，使用户不需要按住鼠标左键就可以拖动或突出显示。勾选"启用单击锁定"复选框即锁定，取消勾选"启用单击锁定"复选框即取消锁定。

⑥ 单击"确定"按钮完成设置。

2. 设置鼠标指针图标

除了 Windows 10 默认的鼠标指针之外，用户也可以设置自己喜欢的图标作为鼠标指针。具体操作步骤如下。

① 在"鼠标 属性"对话框中切换到"指针"选项卡，如图 2-34 所示。

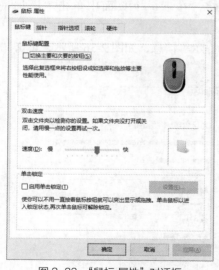

图 2-33 "鼠标 属性"对话框

图 2-34 "指针"选项卡

② 在"方案"下拉列表中选择系统提供的鼠标方案。

③ 如果不喜欢系统提供的图标，可以单击"浏览"按钮，打开"浏览"对话框，选择自己喜欢的图标。

④ 单击"确定"按钮或者"应用"按钮，完成设置。

2.5 用户账户管理

2.5.1 Windows 10 账户简介

Windows 10 作为一个多用户操作系统，允许多个用户共同使用同一台计算机，每位用户通过各自的用户名和密码登录到计算机上。账户就是系统的"出入证"，在 Windows 10 中有两种类型的账户：计算机管理员和普通账户。计算机管理员在系统中拥有最高的权限，而对于普通账户，有些操作会受到限制。

Windows 10 系统的用户账户可以与 Microsoft 账户关联，从而实现跨设备访问应用、文件和 Microsoft 服务。如果多个用户使用同一台计算机，可以创建多个本地用户账户。

2.5.2 创建本地用户账户

1. 创建本地用户账户

① 选择"开始"→"设置"→"账户"，然后选择左侧的"家庭和其他用户"选项。

② 单击右侧的"将其他人添加到这台电脑"按钮，弹出"Microsoft 账户"对话框（见图 2-35）。

③ 单击"我没有这个人的登录信息"超链接，在下一个页面中单击"添加一个没有 Microsoft 账户的用户"超链接。

④ 在下一个页面中输入用户名、密码以及密码提示等信息，如图 2-36 所示，单击"下一步"按钮完成用户添加。

图 2-35 "Microsoft 账户"对话框

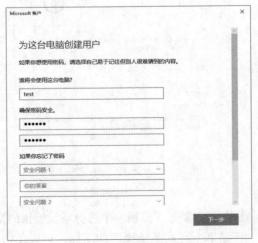

图 2-36 填写账户信息

信息技术应用教程（Windows 10+Office 2016）

2. 设置本地用户为管理员

如果需要，可以把本地用户更改为管理员。单击本地用户，然后单击下面的"更改账户类型"按钮，在弹出的对话框中，选择"账户类型"下拉列表中的"管理员"选项，单击"确定"按钮完成设置。

2.5.3 修改当前账户信息

当用户登录系统之后，就可以对当前的账户信息进行修改，主要包括账户基本信息以及登录选项的修改，如图 2-37 所示。

图 2-37 "账户信息"选项卡

1. 更改账户头像

选择"开始"→"设置"→"账户"，选择左侧的"账户信息"选项，切换到"账户信息"选项卡，通过"创建头像"下面的"摄像头"或"从现有图片中选择"可以为当前账户设置头像。

2. 更改登录密码

选择左侧的"登录选项"选项，然后单击右侧的"密码"，并单击下方出现的"更改"按钮，打开"更改密码"对话框（见图 2-38），输入当前密码后单击"下一页"按钮，接着输入新密码、确认密码和密码提示，然后单击"下一页"按钮，单击"完成"按钮完成密码的更改。

图 2-38 "更改密码"对话框

2.6 文件压缩

当计算机中的文件或文件夹达到一定规模时，会占用较多的硬盘空间，为了节省空间，可以通过一些压缩软件对文件或文件夹进行压缩，把多个文件或文件夹压缩成一个压缩包，方便文件的管理和传送。当一个文件比较大时，可以通过压缩分割，使其变成几个较小的文件，以便存储到 U 盘或者发送电子邮件。

2.6.1 WinRAR 主界面

WinRAR 是一个压缩文件管理工具，能创建和解压 RAR 和 ZIP 格式的压缩文件，程序界面简洁大方，如图 2-39 所示。可以在该工具官网下载其试用版本。

图 2-39 WinRAR 程序界面

WinRAR 程序界面包括菜单栏、工具栏、"向上"按钮和驱动器列表、文件列表。

菜单栏包括"文件"菜单、"命令"菜单、"工具"菜单、"收藏夹"菜单、"选项"菜单、"帮助"菜单，以及相应的级联菜单。

工具栏包括的按钮如下。

① 添加：将文件、文件夹添加到压缩文件中。

② 解压到：将文件解压到指定路径。

③ 测试：对选中的文件进行测试。

④ 查看：查看文件。

⑤ 删除：删除文件。

⑥ 查找：单击该按钮，弹出"查找文件"对话框，输入条件（可以使用通配符 * 与 ? ）后即可查找文件，如图 2-40 所示。

⑦ 向导：单击该按钮，可以根据向导压缩或解压文件，如图 2-41 所示。

⑧ 信息：显示选中的压缩文件的信息。

⑨ 修复。修复选中的被破坏的压缩文件。

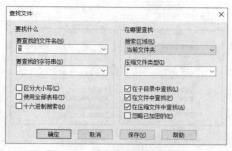

图 2-40　"查找文件"对话框

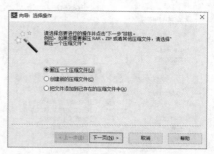

图 2-41　向导

在工具栏下是"向上"按钮和驱动器列表。单击"向上"按钮会切换到上一级文件夹，驱动器列表用于选择磁盘。

文件列表位于"向上"按钮和驱动器列表的下面，显示当前的文件夹。双击某文件夹，则显示该文件夹中的内容；如果双击 WinRAR 压缩文件，则显示压缩文件中包含的内容，包括文件名称、大小、类型和修改时间；如果双击 WinRAR 压缩文件中的文件，则打开相应的文件。

2.6.2　压缩文件

（1）较简捷的压缩文件操作

选中需要压缩的文件或文件夹（可以多选）后右击，在弹出的快捷菜单中选择"添加到'×××.rar'"命令（××× 通常是所选的文件或文件夹的名称），如图 2-42 所示，则自动在当前文件夹下创建压缩文件（见图 2-43）。

图 2-42　较简捷的压缩文件操作

图 2-43　创建压缩文件

（2）较复杂的压缩文件操作

如果在快捷菜单中选择"添加到压缩文件"命令，则弹出"压缩文件名和参数"对话框（见图 2-44），在此可以进行较复杂的设置。

① 创建自解压格式压缩文件。切换到"常规"选项卡，勾选"创建自解压格式压缩文件"复选框，则将文件压缩为自解压可执行文件（以".exe"为扩展名），这样可以在没有安装解压程序（如 WinRAR）的计算机上解压。

② 文件分割压缩。在压缩文件时，可以将文件分割压缩成若干个限定大小的 RAR 压缩文件。切换到"常规"选项卡，单击"切分为分卷，大小"下拉列表，选择或输入限定的大小，如图 2-45 所示，单击"确定"按钮后，将会创建若干个 RAR 压缩文件。如果要解压，只需解压其中一个压缩文件即可。

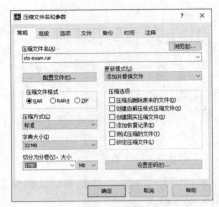

图 2-44 "常规"选项卡

图 2-45 文件分割压缩

③ 设置密码。切换到"常规"选项卡，单击"设置密码"按钮，然后在弹出的"输入密码"对话框中输入密码，如图 2-46 所示。设置密码后，要解压文件就必须输入相应的密码。

图 2-46 "输入密码"对话框

④ 在已存在的压缩文件中添加文件。如果要在已经创建的 RAR 压缩文件里添加文件，最简捷的方法是将后者拖动到前者的图标上。

2.6.3 解压文件

（1）简捷的文件解压操作

选中 RAR 压缩文件并右击，在弹出的快捷菜单中选择"解压到当前文件夹"命令或"解压到×××"命令（"×××"通常是压缩文件的名称，解压时自动创建以"×××"为名称的文件夹），如图 2-47 所示。

（2）解压路径和选项

如果在快捷菜单中选择"解压文件"命令（或者单击工具栏中的"解压到"按钮），则打开"解压路径和选项"对话框，从中可以设置存放解压文件的目标文件夹（如果不存在则自动新建文件夹），如图 2-48 所示。

（3）解压部分文件

如果要解压 RAR 压缩文件中的部分文件，则双击 RAR 压缩文件，在文件列表中选择需要解压的文件，然后单击工具栏中的"解压到"按钮。

图 2-47 简捷的文件解压操作　　　图 2-48 "解压路径和选项"对话框

（4）修复受损的压缩文件

如果解压 RAR 压缩文件时发现某文件受损，则在 WinRAR 主界面选中该文件，再单击工具栏中的"修复"按钮。

（5）消除自解压文件的安全隐患

直接双击 WinRAR 自解压格式（扩展名为".exe"）的压缩文件即可解压。但是由于此类压缩文件可能捆绑了木马病毒，因此对于陌生的 WinRAR 自解压格式的压缩文件，应首先选中并右击，如果弹出的快捷菜单中有"用 WinRAR 打开"命令，则表明该文件是一个自解压文件，此时可以将该文件的扩展名由".exe"改为".rar"，然后用 WinRAR 程序打开，以确保安全。

2.6.4　文件管理器

WinRAR 是一个压缩和解压缩工具，也是一款文件管理器。在其文件列表中所有文件都会被显示出来，包括隐藏的文件、文件的扩展名等，可以像 Windows 系统的"文件资源管理器"一样进行复制、删除、移动、打开文件操作，因此可以利用 WinRAR 手动删除计算机病毒。

2.7　Windows 10 应用实训

本实训所有的素材均在"Windows 10 应用实训"文件夹内。

实训 1　资源编辑

1. 技能掌握要求

① 对文件或文件夹等资源进行编辑，包括新建、重命名、复制、移动、删除等操作。

② 快捷方式的建立、移动、删除等操作。

③ 查看文件等资源的属性。

2. 实训过程

① 将"rename"文件夹中的文件"0101.txt"的属性改为"只读"。

提示　　选中该文件右击，在弹出的快捷菜单中选择"属性"命令，然后在弹出的对话框内勾选"只读"复选框。

② 将"rename"文件夹中的文件"0102.txt"的属性改为"隐藏"。

③ 将"rename"文件夹中的文件"0103.txt"重命名为"new.txt"。

④ 将"rename"文件夹中的文件夹"BB"重命名为"QQ"。

⑤ 将"copy"文件夹中的"0104.txt"文件复制到"paste"文件夹中。

⑥ 将"copy"文件夹中的"0105.txt"文件移动到"paste"文件夹中。

⑦ 删除"delete"文件夹中的文件"0106.txt"。

⑧ 删除"delete"文件夹中的文件夹"AA"。

⑨ 删除"delete"文件夹中的快捷方式"KK"。

⑩ 在"rename"文件夹中新建文件夹"CC"。

⑪ 为"copy"文件夹中的"0104.txt"文件创建快捷方式，放在"paste"文件夹中，并将其命名为"A04"。

⑫ 为"nothing.exe"文件创建快捷方式，重命名为"NULL"，发送到"开始"菜单中的"磁贴"区域。

提示　　选中"nothing.exe"文件后右击，在弹出的快捷菜单中选择"创建快捷方式"命令，创建该文件的快捷方式，将其重命名为"NULL"。然后右击"NULL"快捷方式，在弹出的快捷菜单中选择"固定到开始屏幕"命令。

实训 2　资源搜索

1. 技能掌握要求

① 在本地计算机中快速、准确、有效地搜索文件资源。

② 查看文件的扩展名以及隐藏的文件。

2. 实训过程

① 在"rename"文件夹中搜索包含"气贯长虹"文字的文档，并将搜索到的所有文件复制到"paste"文件夹中。

提示
打开"rename"文件夹,在搜索框中输入"气贯长虹"并单击"搜索"按钮。然后勾选"搜索"→"选项"→"高级选项"→"文件内容"复选框,这样就可以把内容中包括"气贯长虹"的文件搜索出来。

② 将"101"文件夹中含有"广交会"文字的文件复制到"Win"文件夹中。

提示
含有"广交会"文字的文件不一定直接存放在"101"文件夹中,有可能在该文件夹嵌套的子文件夹中,因此需要使用搜索功能,注意勾选"搜索"→"选项"→"高级选项"→"文件内容"复选框。

打开"101"文件夹,在搜索框中输入"广交会"并单击"搜索"按钮,如图2-49所示。

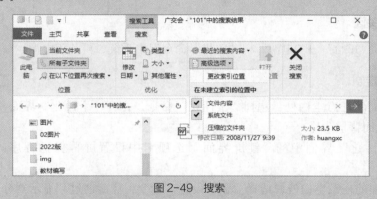

图2-49 搜索

③ 将"101"文件夹中的"102.bmp"文件复制到"Win"文件夹中。

提示
在文件夹中查看文件时,可能没有显示扩展名,或者文件本身就是隐藏的。这时需要将隐藏的文件和文件的扩展名显示出来,以便准确选中文件。

打开"101"文件夹,勾选"查看"→"显示/隐藏"→"文件扩展名"复选框和"隐藏的项目"复选框(见图2-50)。

图2-50 显示文件的扩展名和隐藏的文件

④ 在"Windows"文件夹中查找 JPG 文件,并将其复制到"102"文件夹中。

提示 要注意审题。例如题目要求搜索（查找）JPG 文件，实际上指的是要求搜索 JPG 类型的文件，而不是文件名为 JPG 的文件。应在搜索框中输入"*.jpg"。

本章小结

我们日常使用计算机时普遍使用 Windows 10 操作系统，熟练掌握资源管理、系统配置以及各种工具的使用方法，能帮助我们大大地提高工作的效率。

1. 启动与关闭

注意先选择"开始"→"电源"→"关机"命令退出系统，再关闭电源。

2. 个性化定制

① 右击桌面的任意空白处，选择"个性化"命令，打开"个性化"界面，然后在"背景"选项卡中设置桌面背景图片。

② 在"个性化"界面中的"锁屏界面"选项卡中设置屏幕保护程序，并设置文字或密码。

③ 右击桌面的任意空白处，选择"显示设置"命令，然后通过"显示器分辨率"下拉列表框设置分辨率参数，在"高级显示设置"界面设置显示器的刷新率。

④ 选择任务栏中的"开始"→"所有程序"可以查找需要启动的程序；通过任务栏的快速启动栏，可以设置一些常用的软件，以方便使用；右击任务栏的窗口图标按钮列表的空白区域，可以选择排列窗口的方式。

3. 文件管理

"文件资源管理器"方便用户对文件进行管理。

① 选择需要进行操作的文件，可按快捷键"Ctrl+C"复制，按快捷键"Ctrl+X"剪切，按快捷键"Ctrl+V"粘贴。

② 在选择多个文件时，可以按住"Shift"键来选择连续的多个文件，可以按住"Ctrl"键来选择多个不连续的文件。

③ 勾选"查看"→"显示 / 隐藏"→"文件扩展名"复选框和"隐藏的项目"复选框，可设置显示文件的扩展名、显示隐藏的文件。

④ 文件的搜索功能可以帮助用户快速地搜索需要的文件。打开要进行搜索的文件夹，在搜索框中输入搜索内容即可。搜索的文件名称或者部分文件名称中可以使用 *（代替零个或多个字符）和 ?（代替一个字符）；选中"文件夹和搜索选项"中的"始终搜索文件名和内容（此过程可能需要几分钟）"时，可以搜索文件中内容所包含的关键字。为了提高查找速度，可以指定搜索的条件。

⑤ 需要对文件进行压缩操作时，可以右击文件或者文件夹，在弹出的快捷菜单中选择"添加到'×××.rar'"（××× 为压缩文件的名称）；如果需要设置压缩参数，可以在弹出的快捷菜单中选择"添加到压缩文件"；如果需要解压一个压缩文件，可以右击压缩文件并选择"解压到当前文件夹"或"解压到×××"，注意后者在解压后会自动以该压缩文件的名称建立一个文件夹。

4. Windows 设置

① 选择"开始"→"设置"命令，打开"Windows 设置"窗口，选择"时间和语言"，切换到"日期和时间"选项卡来设置时间、日期；切换到"语言"选项卡来设置系统语言及输入法等。

② 选择"开始"→"设置"命令，并在"Windows 设置"窗口中选择"设备"，切换到"鼠标"选项卡，在"鼠标 属性"对话框中可以配置鼠标使用方式、双击速度、指针图标等。

③ 选择"开始"→"设置"命令，选择"账户"，可以对账户进行管理。

第3章

Word 2016文档处理

03

本章介绍Word 2016的应用，要求读者在学习完本章后掌握以下技能。

职业能力目标

① 输入并保存文档内容。

② 对文档进行编辑、排版。

③ 在文档中制作表格、插入图形。

④ 使用邮件合并等高级功能。

3.1　Word 2016 概述

3.1.1　功能简介

　　Word 2016 是微软公司开发的 Office 2016 办公软件之一，是目前应用广泛的文字处理软件，其最大的特点是与 Windows 10、微软 OneDrive 个人存储空间及 Office 365 深度整合。它的常规功能主要有文档的输入和编辑、文本的查找和替换、表格的制作和处理、文档的分栏和分页、设置页眉和页脚、为文本加脚注或批注、图文混排、艺术字体的使用、修饰文档的外观、文档的保存和管理、制作 Web 页等。此外，相比于之前的版本，它还具有一些新的特点。

　　① 全新的界面设计。Word 2016 采用与 Windows 10 界面相匹配的设计，在触控和手写操作时更容易操作。

　　② 全新的阅读模式。Word 2016 新增了阅读模式，提供更容易阅读文件的界面，对于传统键盘鼠标操作和触摸操作进行了优化，支持手写笔和多重触控，在支持触屏的设备上，使用 Word 2016 可利用手指触控实现换页、页面缩放等，也可以利用手写笔输入批注等信息。

　　③ 云端功能。Word 2016 增强了云端功能的支持，该功能需要登录账号才能使用。在 Word 2016 中，默认将文档存储至云空间 OneDrive，这样我们在平板电脑、智能手机或其他计算

机设备上登录账号，即可访问保存的文档，实现文件云端共享、编辑。

④ 便捷的 PDF 文件保存。Word 2016 新增编辑 PDF 文件的功能，可以在 Word 2016 中编辑文件，无须安装任何插件，可以将文件转换成 PDF 格式。另外，可以在保存时进行选项设置，对 PDF 文件使用密码进行加密，实现更安全地传输文档。

⑤ 联机图片与视频。在 Word 2016 中，剪贴画升级为联机图片。在"插入"选项卡中，可使用"联机图片"或"联机视频"按钮，便捷地搜索网络中的图片或视频，或直接粘贴嵌入代码以实现从网站插入视频。

⑥ 新增墨迹公式功能。可利用鼠标输入复杂公式，输入的公式将自动转化为文本，方便、快捷，提高工作效率。

3.1.2　启动与关闭程序

1. 启动程序

可以通过以下任意一种方法启动 Word 2016 应用程序。

- 通常桌面上会有"Word 2016"快捷方式，双击即可打开。这是最常用的方法。
- 选择"开始"→"所有程序"→"Microsoft Office"→"Word 2016"命令。
- 单击"开始"按钮，在"搜索程序和文件"框内输入"Word"后按"Enter"键确认。

2. 关闭程序

退出 Word 2016 的方法有很多，最常用的就是单击窗口右上角的"关闭"按钮▨或选择"文件"菜单中的"退出"命令来关闭程序。

3.1.3　界面简介

启动 Word 2016 程序，其操作界面如图 3-1 所示。

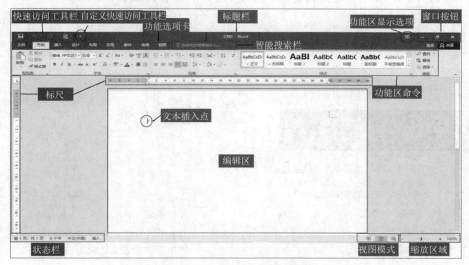

图 3-1　Word　2016 操作界面

1．选项卡操作

（1）切换当前选项卡

除了保留一个"文件"菜单外，Word 2016 将所有功能以选项卡中的按钮形式呈现，方便用户操作，根据功能相似性将它们分布到不同选项卡，可根据当前操作随时切换选项卡。一般情况下默认显示"开始"选项卡（见图 3-2），这里集中了常用的功能。此外还有"插入""设计""布局""引用""邮件""审阅""视图""帮助"选项卡。"插入"选项卡和"布局"选项卡界面如图 3-3、图 3-4 所示。选定对象，可能会出现"格式"选项卡，它是专门用于补充设置选定对象的格式的，因此它的功能会随着选定对象的不同而不同。

图 3-2 "开始"选项卡

图 3-3 "插入"选项卡

图 3-4 "布局"选项卡

（2）自定义功能区

通过自定义设置可以根据需要对操作界面的一部分功能区进行个性化设置。用户可以创建包含常用命令的自定义选项卡和自定义组，自定义功能区的方法为右击功能区并选择"自定义功能区"命令（见图 3-5），在"自定义功能区"选项卡中进行设置，如图 3-6 所示。

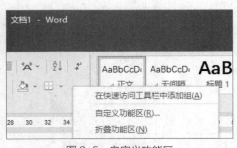

图 3-5 自定义功能区

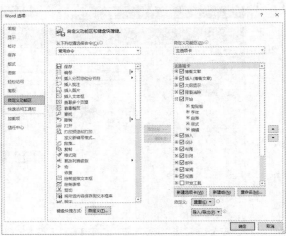

图 3-6 "自定义功能区"选项卡

信息技术应用教程（Windows 10+Office 2016）

2. 选项卡的显示与隐藏

用户有时可能觉得 Word 2016 的编辑区太小，不方便操作，此时可以隐藏选项卡，方法为按快捷键"Ctrl+F1"，或者单击 Word 2016 窗口右上角的 ⌃ 按钮。

3.2 文档操作

3.2.1 文档制作的一般步骤

文档制作的一般步骤如下。

① 新建文档。

② 文档内容输入，包括中英文及其他语言的文字、特殊字符、图形、图像及表格等的输入。

③ 文档编辑，在输入文档内容的过程中需要进行各种编辑操作，包括选中、插入、删除、修改、查找、替换、复制、剪切、粘贴、文档合并等。

④ 文档排版，即格式化输入的内容，包括字符格式化、段落格式化、页面格式化、图形格式化、表格格式化等。

⑤ 文档保存。

⑥ 文档打印。

步骤①～⑤有时交替反复进行。

3.2.2 新建文档

启动 Word 2016 后，会出现一个空白的文档窗口，标题栏文字为"文档 1"，这是一个临时的文档名。如果需要建立其他新的文档，则选择"文件"→"新建"→"空白文档"，单击"创建"按钮，此时新建立的文档窗口标题栏文字为"文档 2"，以此类推。在 Word 2016 中可同时建立多个文档，这些文档通过"视图"选项卡中的"切换窗口"按钮进行切换，如图 3-7 所示。

图 3-7　多文档切换

3.2.3 输入内容

1. 切换输入法

根据输入的内容和输入习惯按快捷键"Ctrl+Shift"切换到要使用的输入法，如拼音、五笔等。

通常用户需要在自己惯用的中、英文输入法之间转换，转换的快捷键是"Ctrl+空格"。

2. 输入文本

输入文档内容时须注意以下事项。

① 在输入中文时，中文格式一般是首行缩进两个字符。可以输入部分文字后，再设置段落格式，然后继续输入。

② 每行输入到右边界时会自动换行，不到段落结束时建议不要按"Enter"键，只有在段落结束处才需要按"Enter"键，此时产生一个段落标识符↵。不管有多少文字，Word 中的段落是以此符号识别的。乱按"Enter"键，在排版时将遇到许多麻烦。

③ 如果标题文字需要居中，不要通过按空格键的方式实现，应顶格输入标题文字，然后单击"开始"选项卡中的"居中"按钮 ≡ 实现，如图 3-8 所示。

图 3-8　标题居中

🔒 **注意**　　Word 文档中的内容和格式互相独立，但通常是先输入内容，再设置格式，如图 3-9 和图 3-10 所示。

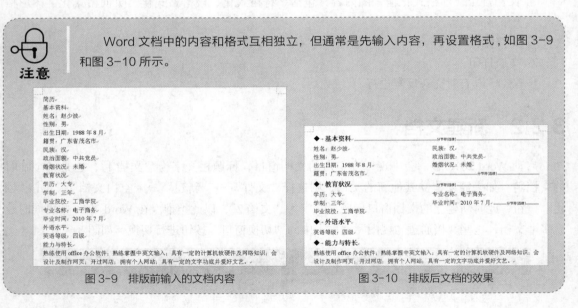

图 3-9　排版前输入的文档内容　　　　　图 3-10　排版后文档的效果

3. 输入特殊字符

输入特殊字符有如下两种方法。

● 使用软键盘：单击中文输入法工具条中的"键盘"按钮并选择"软键盘"，再选择符号类型，最后选择要输入的符号，如图 3-11 所示。

● 单击"插入"选项卡的符号组中的"符号"按钮 Ω符号▾，再选择要输入的符号，如图 3-12 所示。

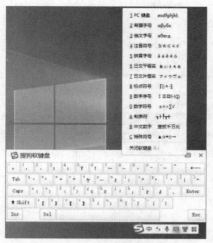

图 3-11　软键盘　　　　　　　　　图 3-12　插入特殊字符

3.2.4　保存文档

1. 常规保存

若要保存文档，单击 Word 2016 左上角的快速访问工具栏中的 "保存" 按钮 ，或者选择 "文件" → "保存" 命令，又或者按快捷键 "Ctrl+S"。如果文档尚未保存，则会弹出 "另存为" 对话框（见图 3-13），设置文件名和保存的位置即可，保存类型一般为 "Word 文档"；如果文档已经保存过，则会按原文件名快速保存。

2. 换名或换位置保存

方法为选择 "文件" → "另存为" 命令。

3. 设置自动保存

设置自动保存的操作步骤如下。

① 选择 "文件" → "选项" 命令，然后在打开的 "Word 选项" 对话框中切换到 "保存" 选项卡（见图 3-14）。

② 勾选 "保存自动恢复信息时间间隔" 复选框。

③ 在 "分钟" 数值微调框中输入要保存文件的时间间隔。文件处于打开状态时，若发生断电或类似情况，保存越频繁，文件可恢复的信息也就越多。

注意　　自动恢复不能代替正常的文件保存。打开恢复的文件后，如果选择不保存相应文件，则恢复文件会被删除，未保存的更改也相应丢失；如果保存恢复文件，其会取代原文件（除非指定新的文件名）。

图 3-13　保存文档　　　　　　　　　　　图 3-14　"保存"选项卡

3.2.5　打开文档

打开文档有两种操作方法。

- 在计算机中找到要打开的文档，然后双击，如图 3-15 所示。
- 选择"文件"→"打开"命令打开文档，如图 3-16 所示。

图 3-15　双击文件图标打开文档　　　　　　图 3-16　使用命令打开文档

3.2.6　打印文档

文档经过反复排版，打印预览效果令人满意后，就可以打印出来了。

选择"文件"→"打印"命令可对当前文档进行定制打印，如指定打印的页数（即页码范围）、打印份数、设置为手动双面打印等，如图 3-17 所示。

3.2.7　文档视图和缩放文档

1．文档视图

文档视图是文档呈现的方式，同一内容的文档可以以不同的视　　图 3-17　"打印"选项卡
图呈现出来，设置方法有如下两种。

- 切换到"视图"选项卡，从中可以选择"页面视图""阅读视图""Web 版式视图""大纲"

"草稿"等不同视图形式，如图 3-18 所示。对于每种视图的效果，读者可分别选择后自行体会。

· 选择"文件"→"打印"命令查看打印预览效果。

在文档编辑、排版阶段一般选择"页面视图"状态；想看打印效果时切换到"打印预览"状态。

2. 缩放文档

缩放文档功能用于将文档放大来浏览，或将文档缩小来查看更多的页面，操作方法有如下两种。

① 单击"视图"选项卡中的"缩放"按钮，弹出"缩放"对话框（见图 3-19），选择所需的显示比例。

图 3-18 文档视图

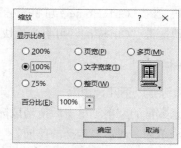

图 3-19 显示比例

② 按住"Ctrl"键的同时滚动鼠标滚轮。

3. 显示或隐藏格式标记

文档中的格式标记只起到控制作用，不会在纸上打印出来。如果不想显示这些格式标记，可将其设置为隐藏，方法为：单击"开始"选项卡中的"显示/隐藏编辑标记"按钮（见图 3-20）。

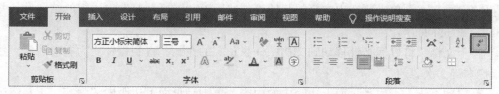

图 3-20 "显示/隐藏编辑标记"按钮

一般来说，在编辑文档时要显示这些标记，以便查看文档使用了什么格式。

3.3 文本编辑

3.3.1 定位光标和选中

定位光标和选中是两个非常重要的功能，几乎所有的编辑、排版操作都以此为基础，即

Word 中的操作都具有先选中内容（定位光标）后执行命令的特点。

1. 定位光标

（1）鼠标方式

在文档中单击即可将光标定位到相应处，如果要定位的位置不在当前屏幕，可先滚动屏幕至相应位置。

（2）键盘方式

① 按"↑"键、"↓"键、"←"键、"→"键可分别将光标向上、下、左、右移动一行或一字。

② 按"Home"键可将光标快速定位到本行首。

③ 按"End"键可将光标快速定位到本行末。

④ 按快捷键"Ctrl+Home"可将光标快速定位到文档首。

⑤ 按快捷键"Ctrl+End"可将光标快速定位到文档末。

2. 选中

选中操作有以下几种情况。

① 任意数量的文本：单击后拖动鼠标，框选相应文本。

② 一个单词：双击要选择的单词。

③ 一行文本：将鼠标指针移动到要选择的行的左侧，直到鼠标指针变为向右的箭头，然后单击。

④ 一个句子：按住"Ctrl"键，然后单击该句中的任意位置。

⑤ 一个段落：将鼠标指针移动到要选择的段落的左侧，直到指针变为向右的箭头，然后双击；或者在该段落中的任意位置连续按鼠标左键 3 次。

⑥ 多个段落：将鼠标指针移动到要选择的段落的左侧，直到指针变为向右的箭头，然后单击并向上或向下拖动鼠标。

⑦ 一大块文本：单击要选中内容的起始处，然后滚动屏幕至要选中内容的结尾处，并在按住"Shift"键的同时单击。

⑧ 整个文档：将鼠标指针移动到文档中任意正文的左侧，直到指针变为右向箭头，然后连续按鼠标左键 3 次。

⑨ 页眉和页脚：页眉是页面上边距中的内容，页脚是页面下边距中的内容，正常情况下只能选择正文，选不到页眉、页脚，要想选择它们，最简单的方法是先双击它们，使之变成可编辑状态，再选定。

用键盘结合鼠标快速选中文本的方法为：连续选定时按住"Shift"键再单击结束处；不连续选定时按住"Ctrl"键再选中其他文本。

3.3.2 删除

在 Word 中删除文本的方法有以下 3 种。

• 定位光标至要删除内容的位置，按"Delete"键逐个删除光标右边内容，按"Backspace"键逐个删除光标左边内容。

- 先选中要删除的内容，再按"Delete"键。
- 先选中要删除的内容，再单击"开始"选项卡的剪贴板组中的"剪切"按钮，或者直接按快捷键"Ctrl+X"。

3.3.3 插入

先将光标定位到要插入内容的位置，然后在"插入"状态下输入新的内容。

注意 Word 有两种编辑状态，即插入状态和改写状态。从插入状态切换到改写状态可通过单击状态栏的"改写"按钮或按"Insert"键实现。插入 / 改写状态直接显示在状态栏，如图 3-21 所示，一般情况下应确保 Word 处于插入状态，以免光标后的内容被新输入的内容所替代。

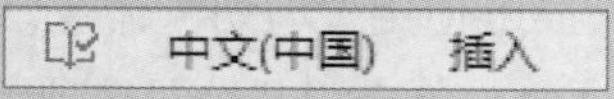

中文(中国)　　插入

图 3-21 状态栏

3.3.4 修改

文档中的内容有误则需要修改，方法有如下两种。
- 先输入正确的内容，再删除错误的内容。
- 先选中错误的内容，再输入正确的内容进行替换。

3.3.5 段落合并与拆分

在 Word 中，段落标识符 ↵ 出现就表示段落结束，段落的合并与拆分就是删除或插入段落标识符。

（1）段落合并

删除前一段的段落标识符。段落标识符的删除和普通文字一样，可以按"Delete"键或"Backspace"键。

（2）段落拆分

在拆分处按"Enter"键即产生段落标识符。

3.3.6 复制

文档中重复出现的内容可通过复制操作来提高效率，操作步骤如下。

① 选中要复制的内容，如果是整个段落一起复制，则应选中段落标识符。

② 使用"复制"命令，可用方式如下。
- 单击"开始"选项卡的剪贴板组中的"复制"按钮 复制 。
- 按快捷键"Ctrl+C"。
- 在选定文字上右击并选择"复制"命令。

③ 将光标定位至要复制到的位置。

④ 使用"粘贴"命令，可用方式如下。

- 单击"开始"选项卡的剪贴板组中的"粘贴"按钮。

- 按快捷键"Ctrl+V"。

- 在光标的位置右击并选择"粘贴"命令。

3.3.7 移动

文档中输入的内容放错了位置，可通过移动操作来调整，方法与复制操作相似。

① 先选中要移动的内容，如果是整个段落一起移动，则应选中段落标识符。

② 使用"剪切"命令，可用方式如下。

- 单击"开始"选项卡的剪贴板组中的"剪切"按钮。

- 按快捷键"Ctrl+X"。

- 在选定文字上右击并选择"剪切"命令。

③ 将光标定位至要移动到的位置。

④ 使用"粘贴"命令，可用方式如下。

- 单击"开始"选项卡的剪贴板组中的"粘贴"按钮。

- 按快捷键"Ctrl+V"。

- 在光标的位置右击并选择"粘贴"命令。

3.3.8 查找 / 替换

如果文档中同样的内容不规则地出现在多个地方，而这些内容都需要进行相同的操作，则可以使用查找 / 替换功能快速实现。查找功能只找到位置，需要手动操作；替换功能可以把找到的内容自动替换，功能强大。下面以替换为例介绍操作步骤。

① 单击"开始"选项卡的编辑组中的"替换"按钮。

② 在"查找内容"文本框内输入要搜索的文字。

③ 在"替换为"文本框内输入替换文字。

④ 选择其他所需选项。

⑤ 单击"查找下一处"按钮、"替换"按钮或者"全部替换"按钮。

例如，将文档中所有的"手提电脑"文本替换为"笔记本"文本，如图 3-22 所示。

按"Esc"键可取消正在进行的搜索。

> **注意**　还可以单击"查找和替换"对话框中的"更多"按钮，打开更多搜索选项，进行更高级的查找和替换。

例如，将文档中所有的"手提电脑"文本替换为红色的"笔记本"文本，如图 3-23 所示。

图 3-22　简单替换　　　　　　　　　图 3-23　高级替换

3.3.9　撤销／重复

在 Word 中，误操作可通过"撤销／重复"命令进行更正，该命令是对已经执行过的命令序列进行操作，"撤销"指往后的回滚操作，"重复"指往前的继续操作。

撤销误操作的步骤如下。

① 在快速访问工具栏中，单击"撤销"下拉按钮 ，Word 将显示最近执行的可撤销操作的列表，如图 3-24 所示。

② 选择要撤销的操作。如果要撤销的操作不可见，则滚动列表。

图 3-24　撤销操作

撤销某项操作的同时，也将撤销列表中该项操作之上的所有操作。如果过后又不想撤销该操作了，可单击快速访问工具栏中的"重复"按钮 。

3.3.10　修订

Word 具有自动标记修订过的文本内容的功能。也就是说，Word 可以将文档中插入、删除、修改过的文本以特殊的颜色显示或加上一些特殊标记，便于以后审阅修订过的内容。

① 打开修订功能：单击"审阅"选项卡的修订组中的"修订"按钮 （见图 3-25）即可打开 Word 的修订功能。

② 关闭修订功能：再次单击"审阅"选项卡的修订组中的"修订"按钮 。

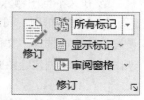

图 3-25　修订组

③ 显示最终修订标记：单击"审阅"选项卡的修订组中的"最终状态"按钮 旁的下拉按钮 ，选择"最终：显示标记"。

④ 不显示最终修订标记：单击"审阅"选项卡的修订组中的"最终状态"按钮 旁的下拉按钮 ，选择"最终状态"。

⑤ 显示原始修订标记：单击"审阅"选项卡的修订组中的"最终状态"按钮 旁的下拉按钮，选择"原始：显示标记"。

⑥ 不显示原始修订标记：单击"审阅"选项卡的更改组中的"最终状态"按钮 旁的下拉按钮，选择"原始状态"。

⑦ 接受修订：单击"审阅"选项卡的更改组中的"接受"下拉按钮，选择接受方式。

⑧ 拒绝修订：单击"审阅"选项卡的更改组中的"拒绝"下拉按钮，选择拒绝方式。

Word 的修订功能只针对单个文档，也就是说一个文档打开了修订功能，不会影响其他文档，其他文档要打开修订功能还得按照上面的操作步骤来进行。

3.3.11　合并文档

可通过合并文档操作将两个或多个文档合并成一个文档，这在由多人分工输入一篇长文档时经常用到。合并两个文档的操作步骤如下。

① 打开第一个文档。

② 将光标移动到文档末尾并按"Enter"键换行。

③ 打开第二个文档，按快捷键"Ctrl+A"全选，再按快捷键"Ctrl+C"复制。

④ 将光标定位在文档末尾，然后按快捷键"Ctrl+V"粘贴到第一个文档末尾。

使用同样的方法可以合并更多文档。

3.3.12　使用文本框

文本框是一种可移动、可调大小的文字或图形容器，能够放在文档中的各种内容基本都可以放进文本框中。使用文本框，可以在一页上放置数个文字块，或使文字框中文字与文档中其他文字的排列方向不同，制造所需的版面效果，在版报排版中尤为常用。

插入文本框的操作步骤如下。

① 单击"插入"选项卡的文本组中的"文本框"按钮，根据需要选择"绘制横排文本框"或"绘制竖排文本框"。

② 在文档中需要插入文本框的位置单击后拖动鼠标画出文本框。

③ 在文本框中输入内容。

插入文本框时，可能会自动插入一个画布，也可能没有画布，这取决于 Word 的选项设置。设置方法为：选择"文件"→"选项"命令，切换到"高级"选项卡，勾选或取消勾选"插入自选图形时自动创建绘图画布"复选框。

3.3.13　文档中文字下画线的含义

如果没有对文本设置下画线格式，屏幕上却出现了下画线，可能有以下原因。

（1）红色或绿色波形下画线

当自动检查拼写和语法时，Word 用红色波形下画线表示可能的拼写错误，用绿色波形下画线表示可能的语法错误。

信息技术应用教程（Windows 10+Office 2016）

（2）电子邮件标题的红色波形下画线

Word 会自动检查电子邮件标题中的姓名，将其与"通讯录"中的名字相比较。如果有多个名字与输入的名字相匹配，则会在输入的名字下出现红色波形下画线，提示用户必须选择一个名字。

（3）蓝色波形下画线

Word 使用蓝色波形下画线标明可能格式不一致的实例。

（4）紫色波形下画线（在页边距中也可能显示紫色垂直线）

在 XML 文档中，Word 使用紫色波形垂直线和下画线来提示不符合文档所附加的 XML 架构的 XML 结构。

（5）蓝色或其他颜色的下画线

默认情况下，超链接显示为带蓝色下画线的文本。

（6）紫色或其他颜色的下画线

默认情况下，使用过的超链接显示为带紫色下画线的文本。

（7）红色或其他颜色的单下画线或双下画线（在左页边距或右页边距中可能显示竖线）

默认情况下，使用修订功能后，新插入的文本将带有下画线。竖线（用于标记"修订行"）可能会显示在包含修订文本的行的左侧或右侧。

（8）紫色点下画线

智能标记以紫色点下画线的样式出现在文本的下方。在 Word 中可以使用智能标记来执行操作，这些操作通常需要打开其他程序来执行。

3.4　文档排版

3.4.1　字符格式设置

Word 文档中字符的格式包括中西文字体、字号、字形（加粗、倾斜、常规等）、字体颜色、着重号、效果（如上标、下标、删除线、空心等）、字符间距、文字动态效果等。

① 选中要设置格式的文字。

② 选择相关命令进行字符格式设置，方式有如下两种。

● 选项卡方式：适用于设置常用的字符格式，如字体、字号、字形、字体颜色等，单击"开始"选项卡的字体组中的相应命令按钮进行设置。

● 对话框方式：适用于设置所有字符格式，单击"开始"选项卡的字体组右下角的按钮 ，在弹出的"字体"对话框中进行设置，如图 3-26 所示。

对话框方式由于执行起来没有选项卡方式方便，一般仅用于设置不太常用的字符格式，如在"字体"对话框的"高级"选项卡中设置字符间距。

③ 设置文字效果，单击"字体"对话框底部的"文字效果"按钮，在弹出的"设置文本效果格式"对话框中进行设置，如图 3-27 所示。

当设置的格式单位与对话框中默认的单位不同时，要自行输入单位名称，如"厘米"。

图 3-26 "字体"对话框

图 3-27 文字效果设置

3.4.2 段落格式设置

1. Word 中的段落格式

Word 中的段落格式有以下几种。

① 对齐方式：控制段落在页面水平方向的位置，包括左对齐、右对齐、居中、分散对齐和两端对齐。

② 缩进：控制整段文字距离页面左、右边距的距离，包括左缩进和右缩进。

③ 特殊格式：控制段落第一行的缩进方式，包括首行缩进、悬挂缩进等。中文文档通常设置首行缩进两个字符。

④ 间距：控制段落之间的距离，包括段前间距和段后间距。

⑤ 行距：控制段落内行与行之间的距离，可以设置单倍行距、多倍行距、固定值行距等。

2. 段落格式设置步骤

段落格式的设置步骤如下。

① 选中段落，如果只设置一个段落，只需将光标定位到该段落中即可（选中整个段落也可以）。

② 与设置字体格式相似，设置段落格式也有两种方式。

• 选项卡方式：适用于设置常用的段落格式，如对齐方式、缩进、间距等，单击"开始"选项卡的段落组中的相应命令按钮进行对齐方式设置；单击"布局"选项卡的段落组中的相应命令按钮进行段落缩进或间距设置。

• 对话框方式：适用于设置所有段落格式，单击"开始"选项卡的段落组右下角的按钮，在弹出的"段落"对话框中进行设置，如图 3-28 所示。

3.4.3 页面格式设置

1. 页面格式

常用的页面格式设置内容如下。

① 页边距：控制文档中的所有文字距离页面上、下、左、右的距离，即页面四周的空白范围。

② 装订线：设置装订线及装订线位置。

③ 纸张方向：分纵向和横向两种，默认为纵向。

④ 纸张大小：控制打印用纸的类型，一般可从列表中选择，亦可自定义。

⑤ 布局：一般在此设置页眉 / 页脚的位置、页面垂直对齐方式等。

⑥ 文档网格：一般在此定义每页的行列数、页面文字的排列方向。

⑦ 文字方向：可以设置文字沿水平或者垂直两个方向排列。

2. 页面格式设置

页面格式设置方式有如下两种。

• 选项卡方式：适用于设置常用的页面格式，如文字方向、页边距、纸张方向、纸张大小等，单击"页面布局"选项卡的页面设置组中的相应命令按钮进行设置。

• 对话框方式：适用于设置所有页面格式，单击"页面布局"选项卡的页面设置组右下角的按钮，在弹出的"页面设置"对话框中进行设置，如图 3-29 ～图 3-31 所示。

图 3-28 段落格式设置

图 3-29 页面格式设置

图 3-30 纸张大小设置

图 3-31 布局设置

3.4.4　格式刷

格式刷的功能是复制格式，包括字符格式和段落格式，操作步骤如下。

① 选中已经设置好格式的文字或段落。

② 单击或双击"开始"选项卡剪贴板组中的"格式刷"按钮 。（注意，单击只能复制一次，双击可连续复制多次。）

③ 拖动鼠标，刷过目标文字或段落，如图 3-32 和图 3-33 所示。

图 3-32　正在使用格式刷

图 3-33　使用格式刷后的效果

取消格式刷的方法为：再次双击"格式刷"按钮或直接按"Esc"键。

3.4.5　样式

样式是应用于文档中的文本、表格等的一套格式编排组合，能迅速改变文档的格式。在一个简单的任务中应用一组格式，能保证相同层次内容格式的一致性。应用样式与使用格式刷都可以实现格式一致，二者的不同点在于一旦格式需要修改，使用格式刷的地方还得重新再刷一遍，而应用样式的地方则可以自动同步更新。

用户可以创建或应用两种类型的样式：段落样式控制段落外观的所有方面，如文本的对齐方式、制表位、行距、边框以及字符格式等；字符样式影响段落内选中文字的外观，如字体、字号、加粗及倾斜等格式。

Word 中内置了一套标准样式，如标题 1、标题 2、正文等，输入的文字默认为正文样式。用户可以对内置样式（见图 3-34）进行应用、修改，亦可以自定义样式。

图 3-34　内置样式

1. 样式的建立

建立样式有两种方法。方法一如下。

① 单击"开始"选项卡的样式组右下角的按钮 ，单击"样式"窗格左下角的"新建样式"按钮 （见图 3-35）。

② 弹出"根据格式化创建新样式"对话框，在"名称"文本框中输入样式的名称。

③ 在"样式类型"下拉列表框中，选择"段落""字符""表格"或"列表"选项来指定所创建的样式类型，如图 3-36 所示。

④ 单击"格式"按钮设置样式包含的各种字体、段落及其他内容的格式。

⑤ 单击"确定"按钮完成样式建立。

方法二：先设置好文字的字体、段落格式，然后选定文字，执行"将所选内容保存为新快速样式"命令。

图 3-35 "样式"窗格

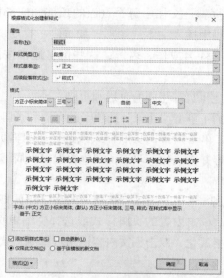

图 3-36 新建样式

2. 样式的应用

① 选中要应用样式的文字或段落。

② 单击"开始"选项卡的样式组样式列表框的下拉按钮 ，展开样式列表（见图 3-37），单击要应用的样式的名称。

3. 样式的修改

① 单击"开始"选项卡的样式组右下角的按钮 。

② 在"样式"对话框中单击要修改的样式。

③ 单击相应的下拉按钮 。

④ 选择"修改"命令，如图 3-38 所示。

⑤ 在"修改样式"对话框中进行格式修改。

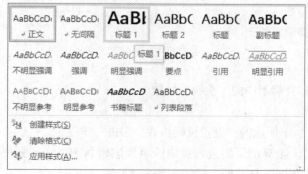

图 3-37 应用样式

图 3-38 修改样式

3.4.6 其他格式设置

1. 页眉和页脚

　　页眉和页脚是文档中每个页面的顶部和底部区域。可以在页眉和页脚中插入文本或图形，如页码、日期、公司徽标、文档标题、文件名或作者名等，这些信息通常按设置打印在纸上。

　　（1）创建每页都相同的页眉和页脚

　　创建页眉：单击"插入"选项卡的页眉和页脚组中的"页眉"按钮，单击内置的页眉样式或选择"编辑页眉"命令，输入页眉内容并格式化，双击正文内容退出页眉编辑状态，如图 3-39 所示。

　　创建页脚：单击"插入"选项卡的页眉和页脚组中的"页脚"按钮，单击内置的页脚样式或选择"编辑页脚"，输入页脚内容并格式化，双击正文内容退出页脚编辑状态。

图 3-39　创建页眉

 注意　　处于页眉或页脚编辑状态时，功能区中会出现一个专门针对页眉、页脚操作的"页眉和页脚"选项卡，可在其中进行设置。

　　（2）为奇偶页创建不同的页眉或页脚

　　① 在图 3-40 所示的"页眉和页脚"选项卡中勾选"奇偶页不同"复选框。

　　② 分别在奇数页和偶数页创建页眉和页脚。

图 3-40　"页眉和页脚"选项卡

　　（3）页眉、页脚的修改与删除

　　① 双击要修改的页眉或页脚。

　　② 进行修改和删除。

　　③ 双击正文内容退出页眉或页脚编辑状态。

2. 设置页码

　　① 单击"插入"选项卡的页眉和页脚组中的"页码"按钮。

　　② 选择页码的位置及样式。

　　③ 设置好页码后还可以利用图 3-41 所示的"设置页码格式"来进一步设置。

　　④ 如果不希望页码出现在首页，先双击页码进入页眉或页脚编辑状态，在"页眉和页脚"选项卡中勾选"选项"组中的"首页不同"复选框。

3. 分栏

Word 文档默认显示为一栏，可通过分栏操作将页面显示为多栏，操作步骤如下。

① 选择需要分栏的内容，如果要对全文分栏，则无须选中。

② 单击"页面布局"选项卡的页面设置组中的"分栏"按钮 ，选择"更多栏"命令。

③ 在弹出的对话框中设置栏数、宽度、分隔线等选项（见图 3-42）。

④ 单击"确定"按钮。

图 3-41 设置页码

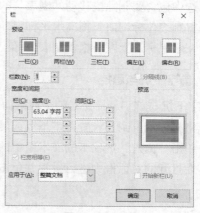

图 3-42 分栏

在"栏"对话框中选择"一栏"，即可恢复不分栏时的效果。

> **注意**　分栏后文本会优先排满左边的栏，再排右边的栏。如果内容不足以填满右边的栏，就会出现分栏后两边内容不对称的情况，如图 3-43 所示。解决该问题的方法是在分栏前先在文本末尾插入一个连续的分节符（见图 3-44）。

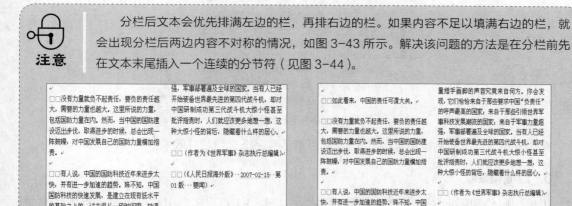

图 3-43 不对称分栏　　　　　　　　　　　图 3-44 对称分栏

4. 制表位

制表位可以实现无须画表格而使文本工整对齐的效果，实质上也属于段落格式的一种。使用时，先设置好制表位，再按"Tab"键使光标到达制表位后输入内容。

（1）设置制表位

① 单击 Word 窗口左上角的"左对齐式制表符"，直到其更改为其他所需制表符类型，如"右对齐式制表符""居中式制表符""小数点对齐式制表符""竖线对齐式制表符"。

② 在水平标尺上单击要插入制表符的位置。

（2）输入内容项

① 按"Tab"键输入一项内容。

② 在行末按"Enter"键，则下一行会继承上一
行的制表位（见图3-45）。

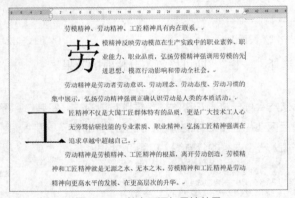

图3-45　制表位

（3）删除或移动制表位

① 选中包含要删除或移动的制表位的段落。

② 将制表位标记向下拖离水平标尺即可删除制表位。

③ 在水平标尺上左右拖动制表位标记即可移动制表位。

5. 首字下沉与悬挂

首字下沉与首字悬挂是对整个段落而言的，效果如图3-46所示，操作步骤如下。

① 将光标定位到要设置首字下沉或悬挂的段落。

② 单击"插入"选项卡的文本组中的"首字下沉"按钮，选择"首字下沉选项"命令。

③ 在打开的对话框中进行设置并单击"确定"按钮，如图3-47所示。

图3-46　首字下沉与悬挂效果

在"首字下沉"对话框中选择"无"，则可取消首字下沉与悬挂效果。

6. 边框和底纹

边框、底纹和图形填充能增加读者对文档的兴趣和注意程度。用户可以把边框加到页面、
文本、表格及其单元格、图形对象、图片和Web框架中，也可以为段落和文本添加底纹，还可
以为图形对象应用颜色或纹理填充。添加边框和添加底纹方法相同，下面以添加边框为例进行
说明。

（1）为图片、表格或文本添加边框

① 选择需要添加边框的文本、图片或表格。

如果要为特定单元格添加边框，须选中单元格，包括单元格结束标记。

② 添加边框有两种方式。

• 直接选择框线方式：单击"开始"选项卡的段落组中的"边框和底纹"按钮（此按
钮图标根据当前选择的内容可能会变成诸如的样子），选取所需的边框样式（如"所有框线"）。
这种方式中，当选定内容不包括段落标记符时，边框自动应用于文字；当选定内容包括段落

标记符↵ 时，边框自动应用于段落。

● 对话框方式：单击"开始"选项卡的段落组中的"边框和底纹"按钮🔲 ﹀，选择"边框和底纹"命令，弹出"边框和底纹"对话框，设置边框选项，如图 3-48 所示。这种方式比较灵活，能够指定将边框应用于文字或段落。

图 3-47　设置首字下沉与悬挂

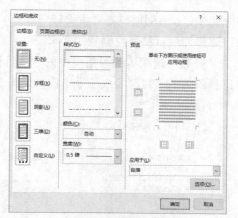

图 3-48　设置边框

（2）为页面添加边框

① 进入页面边框设置对话框的途径有两种。

● 单击"开始"选项卡的段落组中的"边框和底纹"按钮🔲 ﹀，选择"边框和底纹"命令，弹出"边框和底纹"对话框，切换到"页面边框"选项卡。

● 单击"布局"选项卡的页面背景组中的"页面边框"按钮🔲 。

② 在"设置"选项区域单击一种边框选项。

③ 若要使边框只显示在页面的指定边缘（如顶部边缘），则单击"设置"选项区域的"自定义"按钮，然后在"预览"选项区域单击显示边框的位置。

④ 若要将边框应用于特定的页面或节，在"应用于"下拉列表中选择所需选项。

⑤ 若要指定边框在页面中的精确位置，单击"选项"按钮，再设置所需选项。

⑥ 若要指定艺术边框，可以选择"艺术型"选项区域的选项。

（3）删除边框

在"边框和底纹"对话框中"边框"选项卡的"设置"选项区域选择"无"。

7. 项目符号和编号

Word 可以在输入内容的同时自动创建项目符号、编号及多级编号，也可以在文本的原有行中添加项目符号、编号及多级编号，设置了项目符号和编号的文字效果如图 3-49 所示。

（1）在输入内容的同时自动创建项目符号和编号列表

① 输入"*"（星号）开始一个项目符号列表或输入"1."开始一个编号列表，然后按空格键或"Tab"键。

② 输入所需的任意文本。

③ 按"Enter"键添加下一个列表项，Word 会自动插入下一个项目符号或编号。

④ 按"Enter"键两次，或通过按"Backspace"键删除列表中的最后一个项目符号或编号来结束该列表。

注意 如果项目符号或编号不能自动应用，则选择"文件"→"选项"命令，在弹出的"Word 选项"对话框中切换到"校对"选项卡，单击"自动更正选项"按钮，单击"输入时自动套用格式"标签，勾选"自动项目符号列表"或"自动编号列表"复选框。

（2）为原有文本添加项目符号或编号

① 选中要添加项目符号或编号的文本。

② 单击"开始"选项卡的段落组中的"项目符号"按钮 ⊟ 、"编号"按钮 ⊟ 或"多级列表"按钮 ⊟ ，选择所需的项目符号或编号格式，如图 3-50 所示。

图 3-49　项目符号和编号效果

图 3-50　设置项目符号

说明
- 用户可以使整个列表向左或向右移动。单击列表中的第一个编号并将其拖到一个新的位置，整个列表会随着用户的拖动而移动，但列表中的编号级别不变。

- 通过更改列表中项目的层次级别，可将原有的列表转换为多级符号列表。单击列表中除了第一个编码以外的其他编码，然后按"Tab"键或快捷键"Shift+Tab"，或单击"开始"选项卡的段落组中的"增加缩进量"按钮 ⊟ 或"减少缩进量"按钮 ⊟ 即可。

8. 手动分页

当文字或图形填满一页时，Word 会自动插入一个分页符并开始新的一页。要在特定位置插入分页符，可手动进行设置。例如，可强制插入分页符以确认章节标题总在新的一页开始。

① 单击新页的起始位置。

② 单击"布局"选项卡的页面设置组中的"分隔符"按钮 ⊟ ，选择"分页符"，如图 3-51 所示。

9. 插入分节符

可用"节"在一页之内或两页之间改变文档的布局。只需插入分节符即可将文档分成若干"节"，然后根据需要设置每"节"的格式。例如，可将报告内容提要一节的格式设置为一栏，将报告正文部分的一节设置成两栏。

① 单击需要插入分节符的位置。

② 单击"布局"选项卡的页面设置组中的"分隔符"按钮🗏，选择所需的分节符类型，如图 3-51 所示。

10. 文字方向

用户可以更改文档或图形对象（如文本框、图形、标注或表格单元格）中的文字方向，使文字垂直或水平显示，操作步骤如下。

① 选中文本，或者单击包含要更改的文字的图形对象或表格单元格。

② 单击"布局"选项卡的页面设置组中的"文字方向"按钮▥，打开下拉菜单，如图 3-52 所示。

图 3-51　插入分隔符　　　　　　图 3-52　设置文字方向

③ 如果需要更详细地设置文字方向，可选择图 3-52 所示的"文字方向选项"命令，在弹出的"文字方向"对话框中详细设置。

3.4.7　打印预览

选择"文件"→"打印"命令，在出现的"打印"界面中可以调整预览比例、上下翻页，按"Esc"键退出预览状态，如图 3-53 所示。

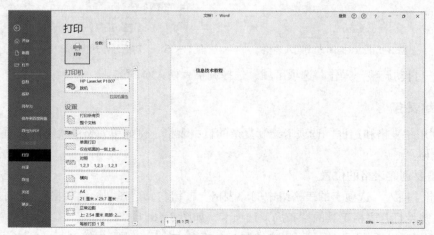

图 3-53　打印预览

3.5 制作表格

3.5.1 插入表格

表格由单元格组成，可以在单元格中输入文字和插入图片，通常用来组织和显示信息。使用时一般先画表格再填内容，Word 提供了几种创建表格的方法，其适用情况与用户工作的方式以及所需表格的复杂程度有关。

1. 以拖动方式绘制表格

① 单击要创建表格的位置。

② 单击"插入"选项卡的表格组中的"表格"按钮▦。

③ 拖动鼠标，选中所需的行数和列数，如图 3-54 所示。

2. 以对话框方式绘制表格

使用该方式可以在将表格插入文档之前选择表格的大小和格式。

① 单击要创建表格的位置。

② 单击"插入"选项卡的表格组中的"表格"按钮▦，选择"插入表格"。

③ 在"表格尺寸"选项区域，设置所需的行数和列数，如图 3-55 所示。

信息技术应用教程（Windows 10+Office 2016）

图 3-54 以拖动方式插入表格　　　图 3-55 以对话框方式插入表格

④ 在"'自动调整'操作"选项区域，选择调整表格大小的选项。

3. 手绘表格

可以利用"表格和边框"选项卡绘制复杂的自由表格，例如单元格高度不同或每行包含的列数不同的表格。

① 单击要创建表格的位置。

② 单击"插入"选项卡的表格组中的"表格"按钮▦，选择"绘制表格"，此时鼠标指针变为笔形✐，并且打开表格工具的"布局"选项卡，如图 3-56 所示。

③ 要绘制表格的外围边框，可以先绘制一个矩形，然后在矩形内绘制行、列边框。

④ 若要清除一条或一组线，可单击"布局"选项卡中的"橡皮擦"按钮，再单击需要擦除的线；要继续绘制表格线则单击"绘制表格"按钮。

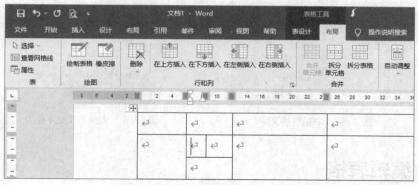

图 3-56　手绘表格

3.5.2　转换表格和文字

1. 将文本转换成表格

将文本转换成表格时，使用逗号、制表符或其他分隔符标记新列开始的位置。在要划分列的位置插入所需的分隔符。例如，在一行有两个字的列表中，在第一个字后插入逗号或制表符，从而创建一个两列的表格。

下面举例说明将文本转换成表格的操作步骤。

① 选择要转换的文本。

② 单击"插入"选项卡的表格组中的"表格"按钮，选择"文本转换成表格"。

③ 在"文字分隔位置"选项区域，选择所需的分隔符或输入其他字符并单击"确定"按钮，如图 3-57 所示，结果如图 3-58 所示。

图 3-57　文字转换表格

学号	姓名	性别	语文	数学	英语	总分
2021001	张三	男	99	100	135	
2021006	李四	男	92	45	88	
2021007	张飞	女	127	47	86	

图 3-58　文字转换表格结果

2. 将表格转换成文本

可以将整个表格或表格的部分行转换成文字，下面举例说明将表格转换成文本的操作步骤。

① 选择要转换为段落的行或表格。

② 单击"布局"选项卡的数据组中的"转换为文本"按钮。

③ 在"文字分隔符"选项区域，选择所需的字符或输入其他字符，作为替代列边框的分隔

符，并单击"确定"按钮，如图 3-59 所示，结果如图 3-60 所示。

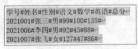

图 3-59　表格转换文字　　　　　　　　图 3-60　表格转换文字结果

3.5.3　编辑表格

快速绘制出表格后，往往还需要通过编辑的方法使之变成我们需要的样子，编辑表格命令集中放在"布局"选项卡中。

1. 表格中的选中操作

（1）选中行

将鼠标指针移动至表格左端，当其变成一个向右的箭头时单击某行的左侧即可选中该行，按住鼠标左键拖动可连续选中多行，按住"Ctrl"键再单击可选中不连续的多行，如图 3-61 所示。

（2）选中列

单击该列顶端的边框即可选中该列，如图 3-62 所示。

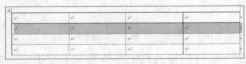

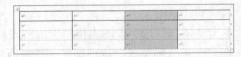

图 3-61　选中表格行　　　　　　　　　　图 3-62　选中表格列

（3）选中任意单元格

按住"Ctrl"键，当鼠标指针变成箭头时，单击需要选中的单元格，如图 3-63 所示。

（4）选中整个表格

单击表格的移动手柄，或框选整个表格，如图 3-64 所示。

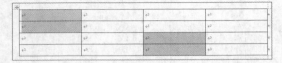

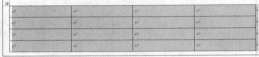

图 3-63　选中表格任意单元格　　　　　　图 3-64　选中整个表格

2. 合并单元格

合并单元格是指将所选中的多个单元格合并成一个单元格，方法为：选中要合并的单元格→在选定内容上右击→在弹出的快捷菜单中选择"合并单元格"命令，如图 3-65 所示。

有时右键方式比较简便，如果想用按钮方式，则在"布局"选项卡中单击相应的命令按钮即可。

信息技术应用教程（Windows 10+Office 2016）

3. 拆分单元格

拆分单元格是指将选中的一个或多个单元格重新平均拆分成多个单元格，方法为：选中要拆分的单元格（一个或多个）→在选定内容上右击→在弹出的快捷菜单中选择"拆分单元格"命令，最后输入拆分后的行数和列数并单击"确定"按钮，如图3-66所示。

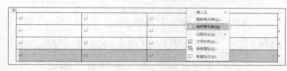

图3-65　合并单元格

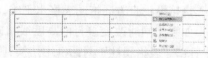

图3-66　拆分单元格

4. 插入行、列、单元格

选中要插入行、列、单元格的位置→在选定内容上右击→在弹出的快捷菜单中选择"插入"命令→选择要插入的位置，如图3-67所示。

5. 删除行、列、单元格

选中要删除的行、列、单元格→在选定内容上右击→在弹出的快捷菜单中选择"删除列"命令、"删除行"命令或"删除单元格"命令，如图3-68所示。

图3-67　插入列

图3-68　删除行

6. 复制行、列、单元格

表格的行、列、单元格和普通文本一样可以复制，具体方法同文本的复制：选中对象→选择"复制"命令→移动光标到目标位置→选择"粘贴"命令。

7. 移动行、列、单元格

表格的行、列、单元格和普通文本一样可以移动，具体方法同文本的移动：选中对象→选择"剪切"命令→移动光标到目标位置→选择"粘贴"命令。

8. 在表格前插入标题

有时只画表格，没有输入表格标题，可按下面方法处理。

① 选定表格首行。

② 单击"布局"选项卡的合并组中的"拆分表格"按钮，表格前空出一行。

③ 在空行中输入表格标题内容。

3.5.4 格式化表格

编辑表格命令集中放在"布局"选项卡中。

1. 改变行高

- 直接沿垂直方向拖动表格水平线，可改变行的高度，如图 3-69 所示。
- 如果想同时改变多行的高度或精确设置行高，可先选中行→右击→选择"表格属性"命令，然后在"表格属性"对话框中切换到"行"选项卡，最后输入高度并单击"确定"按钮，如图 3-70 所示。

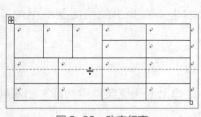

图 3-69　改变行高

图 3-70　精确设置行高

2. 改变列宽

- 拖动列边框可改变其左右两侧单元的宽度，表格总宽度不变。
- 按住"Shift"键拖动列边框可改变其左侧单元的宽度，表格总宽度随之改变，如图 3-71 所示。
- 如果想同时改变多列的宽度，或精确设置列宽，可先选中列→右击→选择"表格属性"命令，然后在"表格属性"对话框中切换到"列"选项卡，最后输入宽度并单击"确定"按钮。

3. 平均分布行和列

平均分布行和列操作会将选中的行或列重新设置成相同的高度或宽度，操作方法为：选中行或列→右击→根据情况选择"平均分布各行"命令或"平均分布各列"命令，如图 3-72 所示。

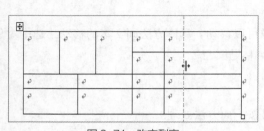

图 3-71　改变列宽

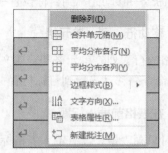

图 3-72　平均分布行和列

4. 设置单元格内容的字体格式

先选中单元格，再设置字体格式，方法与文档中普通内容的字体格式设置相同。

5. 设置单元格内容的对齐方式

单元格内容的对齐方式包括水平对齐方式和垂直对齐方式两大类，通常利用快捷菜单设置对齐方式，操作方法为：选中单元格→右击→选择"单元格对齐方式"命令→选择所需的对齐方式，如图 3-73 所示。

6. 设置表格的对齐方式

表格的对齐方式是指整个表格在页面中的水平对齐方式。设置表格的对齐方式的操作方法为：选中表格→右击→选择"表格属性"命令→在对话框中选择所需的对齐方式，如图 3-74 所示。

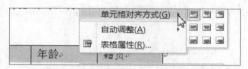

图 3-73　设置表格单元格内容的对齐方式　　　　图 3-74　设置表格对齐方式

7. 设置表格边框和底纹

选中要设置边框和底纹的单元格→右击→选择"边框样式"命令，如图 3-75 所示，然后在出现的"边框和底纹"对话框中进行设置，如图 3-76 所示。

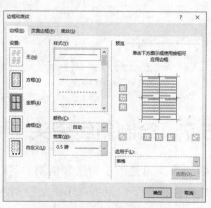

图 3-75　"边框样式"命令　　　　图 3-76　"边框和底纹"对话框

3.5.5　公式应用

（1）计算行或列中数值的总和

① 单击要放置求和结果的单元格。

② 单击"布局"选项卡的数据组中的"公式"按钮*fx*。

③ 如果选中的单元格位于一列数值的底端，Word 2016 将建议采用公式 =SUM(ABOVE) 进行计算。如果该公式正确，单击"确定"按钮。

图 3-77　在表格中使用公式

如果选中的单元格位于一行数值的右端，Word 2016 将建议采用公式 =SUM(LEFT) 进行计算，如图 3-77 所示。如果该公式正确，单击"确定"按钮。

（2）其他计算公式

在"公式"对话框中的"粘贴函数"下拉列表中可选择其他公式。

3.5.6　表格排序

下面说明表格排序的操作步骤。

① 选中要排序的表格。

② 单击"布局"选项卡的数据组中的"排序"按钮 ⤵。

③ 在"排序"对话框中选择所需的排序选项并单击"确定"按钮，如图 3-78 所示。结果如图 3-79 所示。

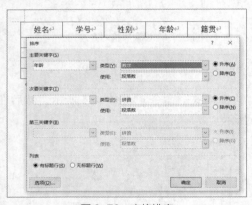
图 3-78　表格排序

姓名	学号	性别	年龄	籍贯
王五	20160103	男	18	湖南
赵六	20160104	女	19	广东
李四	20160102	女	20	广西
张三	20160101	男	21	广东

图 3-79　排序结果

3.5.7　绘制斜线表头

斜线表头总是位于所选表格第一行、第一列的第一个单元格中。Word 2016 不再直接为绘制斜线表头提供命令，但可以用手动绘制的方法达到同样效果。

① 单击要添加斜线表头的单元格。

② 单击"插入"选项卡的插图组中的"形状"按钮 ⬚，选择"线条"中的"直线"。

③ 在单元格中画出斜线表头形状。

④ 结合空格键和"Enter"键将光标移动至合适位置并输入文字内容，如图 3-80 所示。

图 3-80　绘制斜线表头

Q 说明

添加斜线表头的单元格要调整到足够大，太小的话放不下需要输入的内容。

3.6　插入图片

3.6.1　Word 2016 中的图形

可以使用图形对象和图片两种基本类型的图形来增强 Word 2016 文档的效果。图形对象包括各种形状、图表、SmartArt 和艺术字等，图片是由其他软件创建的图形，包括位图、屏幕截图及剪贴画。这些对象都是 Word 文档的一部分。使用图片工具的"格式"选项卡可以更改这些对象的颜色、图案、边框和其他效果。

在 Word 中插入一个图形对象时，该对象的周围会出现一块画布，用来帮助用户在文档中安排图形的位置。绘图画布帮助用户将图形中的各部分整合在一起，当图形对象包括几个图形时这个功能会很有帮助。绘图画布还在图形和文档的其他部分之间提供一条类似图文框的边界。

插入图片命令按钮在"插入"选项卡中（见图 3-81），插入图形时可能会自动插入一个画布，也可能没有画布，取决于 Word 的选项设置，设置方法为：选择"文件"→"选项"命令，切换到"高级"选项卡，勾选或取消勾选"插入自选图形时自动创建绘图画布"复选框。

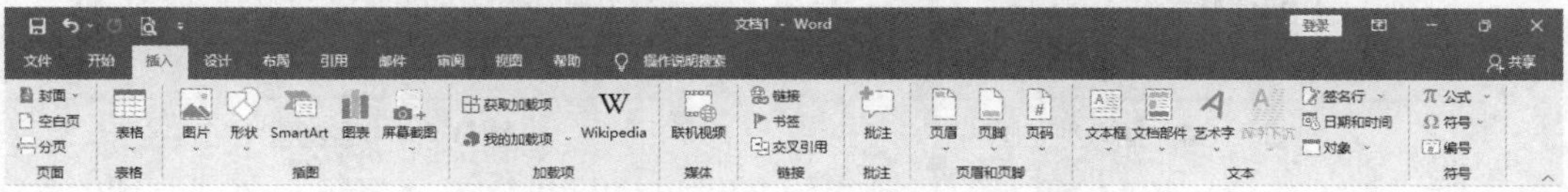

图 3-81　"插入"选项卡

插入图片的操作步骤一般是先插入图片，再进行编辑及格式化。针对图片，Word 提供了"设计""格式"两个选项卡，针对不同的图片，选项卡中的命令也有所不同。

3.6.2　插入图形

1. 插入联机图片

① 单击"插入"选项卡的插图组中的"图片"按钮🖼，选择"联机图片"命令，弹出"插入图片"对话框，如图 3-82 所示。

② 可在"必应图像搜索"右侧的搜索框中输入要查找的剪贴画的名称或关键字，单击"搜索"按钮；也可以使用微软 OneDrive 个人云存储空间中的图片。

③ 在搜索结果列表中，将显示与搜索名称或关键字相关的剪贴画，如图 3-83 所示，选中所

需的图片，单击"插入"按钮，即可将图片插入文档指定位置，如图 3-84 所示。

图 3-82 "插入图片"对话框

图 3-83 搜索结果

2. 插入图片

① 单击要插入图片的位置。

② 单击"插入"选项卡的插图组中的"图片"按钮，选择"此设备"命令。

③ 找到要插入的图片。

④ 双击需要插入的图片，效果如图 3-85 所示。

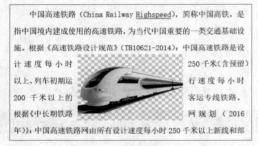

图 3-84 插入剪贴画

图 3-85 插入图片

3. 插入艺术字

有时有些文字需要呈现一定的效果，而这种效果是无法通过设置字体格式达到的，就可以使用艺术字。下面介绍插入艺术字的操作步骤。

① 单击"插入"选项卡的文本组中的"艺术字"按钮，如图 3-86 所示。

② 输入所需的文字，如"中国铁路简介"。

③ 选定艺术字后，在功能区将出现绘图工具的"形状格式"选项卡。

• 若要更改字体格式，可单击"开始"选项卡的字体组中的相关命令按钮。

图 3-86 选择艺术字样式

• 若要更改艺术字样式，如样式、文本填充、文本轮廓、文本效果，单击"形状格式"选项卡的艺术字样式组中的相关命令按钮，如图 3-87 所示。

更改结果如图 3-88 所示。

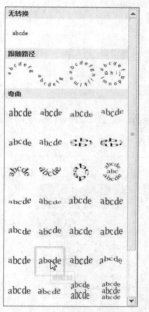

图 3-87　设置艺术字文本"转换"效果

中国铁路简介

　中国高速铁路（China Railway Highspeed），简称中国高铁，是指中国境内建成使用的高速铁路，为当代中国重要的一类交通基础设施。根据《高速铁路设计规范》（TB10621-2014）：中国高速铁路是设计速度每小时 250 千米（含预留）

图 3-88　艺术字效果

4. 插入形状

可以在文档中添加一个形状，或者合并多个形状以生成一个更为复杂的形状。可用的形状包括线条、基本几何形状、箭头、公式形状、流程图形状、星、旗帜和标注。

添加一个或多个形状后，可以在其中添加文字、项目符号、编号和快速样式。

① 单击"插入"选项卡的插图组中的"形状"按钮 📷，再单击所需的形状，如图 3-89 所示。

② 在文档适当位置画出形状。

5. 插入 SmartArt 图形

SmartArt 图形是信息和观点的视觉表现形式，可以从多种不同布局中进行选择，从而快速、轻松地创建所需的 SmartArt 图形，以便有效地传达信息或观点。创建 SmartArt 图形时，系统将提示用户选择一种 SmartArt 图形类型，例如"列表""流程""循环""层次结构""关系"等。类型类似 SmartArt 图形类别，而且每种类型包含几个不同的布局。

由于可以快速、轻松地切换布局，因此可以尝试不同类型的布局，直至找到一个最适合对信息进行图解的布局。可选择的 SmartArt 图形类型有如下几种。

① 显示无序信息，使用"列表"。

② 在流程或日程表中显示步骤，使用"流程"。

③ 显示连续的流程，使用"循环"。

④ 显示决策树，使用"层次结构"。

⑤ 创建组织结构图，使用"层次结构"。

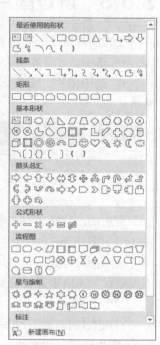

图 3-89　插入形状命令

⑥ 显示各部分的关系，使用"关系"。

⑦ 显示各部分如何与整体关联，使用"矩阵"。

⑧ 显示与顶部或底部最大部分的比例关系，使用"棱锥图"。

⑨ 绘制带图片的族谱，使用"图片"。

插入 SmartArt 图形的方法如下。

① 单击"插入"选项卡的插图组中的"SmartArt"按钮，在弹出的对话框中选择所需的类型和布局，如图 3-90 所示。

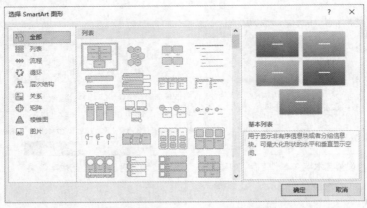

图 3-90　"选择 SmartArt 图形"对话框

② 编辑和格式化插入的 SmartArt 图形。在 SmartArt 工具的"SmartArt 设计"和"格式"选项卡中可以直观进行操作。

3.6.3　设置图片格式

设置图片格式的方法有两种。

- 选中图片并右击，在弹出的快捷菜单中选择"大小和位置"或"设置图片格式"命令。
- 选中图片，切换到图片工具的"图片格式"选项卡，单击相关按钮进行设置，如图 3-91 所示。

图 3-91　"图片格式"选项卡

常用的图片格式有 3 个方面。

（1）图片样式

应用图片样式、设置边框的颜色和线型等，可在图片工具的"图片格式"选项卡或者"设置图片格式"窗格中进行设置，如图 3-91 和图 3-92 所示。

（2）大小

可以直接拖动图片尺寸控点随意改变图片大小，也可在图片工具的"图片格式"选项卡或者"设置图片格式"所示的"布局"对话框进行设置，如图 3-91 和图 3-92 所示。

图 3-92 "设置图片格式"窗格

注意

如果勾选图 3-93 所示的"布局"对话框中的"锁定纵横比"复选框，则图片的宽高比例固定，改变宽度，高度也会自动改变；改变高度，宽度也会自动改变。如果想自由改变宽度和高度，则需取消勾选该复选框。

图 3-93 "布局"对话框

（3）文字环绕

文字环绕指图形存在的方式，主要有嵌入型和浮动型两大类。嵌入型指图形嵌入文本中，与文本处于同一层，此时图形只是一个特殊的文字，还可以设置图形与文字之间的关系，包括四周型、紧密型、穿越型、上下型等。浮动型指图形与文档中的文本处于不同的层，可以设置它"浮于文字上方"，相当于插图效果；也可以设置它"衬于文字下方"，相当于背景效果。

文字环绕设置在图片"布局"对话框的"文字环绕"选项卡中进行，如图 3-94 所示，或者选择图片工具的"图片格式"选项卡的排列组中的"自动换行"按钮中的选项进行设置。

图 3-94 "文字环绕"选项卡

3.7.1 拼写和语法

在默认情况下，Word 2016 在用户输入内容的同时自动进行拼写检查。用红色波形下画线表示可能的拼写问题，用绿色波形下画线表示可能的语法问题。

在 Word 2016 中，也可以通过命令检查拼写和语法错误。

① 单击"审阅"选项卡的校对组中的"拼写和语法"按钮 。

② 当 Word 发现可能的拼写和语法问题时，用户需在"拼写和语法"窗格中进行更正，如图 3-95 所示。有些情况下，Word 给出的建议不一定正确，可以忽略。

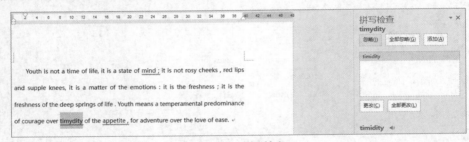

图 3-95　拼写检查

3.7.2 字数统计

若要了解整个文档或选中的文字中包含的字数，可用 Word 进行统计。Word 也可统计文档中的页数、段落数、行数，以及包含或不包含空格的字符数。

方法为：选定文字，单击"审阅"选项卡的校对组的"字数统计"按钮 ，弹出"字数统计"对话框，从中可看到字数统计信息，如图 3-96 所示。

图 3-96　字数统计

3.7.3 邮件合并

邮件合并是将两个文档合并成一个文档的操作。录取通知书、成绩通知书、会议通知、招聘面试通知等合并后生成的文档由多页组成，每一页的大部分文字是相同的，仅少数位置的文字不同。例如招聘通知的姓名、面试时间、面试地点等项目因人而异，通知中的其他文字、格式完全相同，为避免重复输入，保证格式统一，采用邮件合并方法是最佳方案，将其中重复的文字设置好格式放在一个单独的 Word 文档中，称为主文档；因人而异的信息以表格方式放在另一个单独的 Word 文档中，称为数据源。所谓的邮件合并实质上就是将数据源合并到主文档。下面以招聘通知为例，介绍邮件合并操作步骤。

① 建立主文档和数据源。在 Word 中建立主文档，设置好格式，并保存为"面试通知 .docx"

文件（见图3-97）。在 Word 中建立一个表格，输入因人而异的信息，并保存为"面试名单 .docx"文件（见图3-98）。

面试通知

　　您好，经过本公司对你应聘资料的认真审核，很高兴邀请您于参加第二轮面试，时间、地点在本公司。如果您因故未能如期参加面试，请提前告知，联系电话：电话 87877888，Email：job@id.com，地址：广州市沙大路 2022 号。

广州力达科技有限公司人力资源部

2021 年 7 月 28 日

图 3-97　主文档

姓名	日期	时间	地点
张三	2021年8月5日	9点00分	办公楼1106室
李四	2021年8月5日	9点00分	办公楼1108室
王五	2021年8月5日	10点	办公楼1106室
刘六	2021年8月5日	10点	办公楼1108室
邓七	2021年8月6日	9点00分	办公楼1106室
赵八	2021年8月6日	9点00分	办公楼1108室
杨九	2021年8月6日	10点	办公楼1106室

图 3-98　数据源

② 打开主文档。打开主文档文件"面试通知 .docx"（数据源无须打开）。

③ 选择邮件合并类型。单击"邮件"选项卡的开始邮件合并组中的"开始邮件合并"按钮，选择"信函"（见图3-99）。

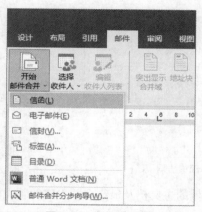

图 3-99　"信函"命令

④ 选择收件人。单击"邮件"选项卡的开始邮件合并组的"选择收件人"按钮，选择"使用现有列表"（见图3-100），在弹出的"选取数据源"对话框中选取数据源文件"面试名单 .docx"。

此时可以发现预览结果组中的记录数由原来的灰色变为 1，说明主文档与数据源对接上了，如图 3-101 所示。

图 3-100　"使用现有列表"命令

图 3-101　预览结果组

⑤ 插入合并域。先定位光标至缺少内容的位置，然后单击"邮件"选项卡的编写和插入域组的"插入合并域"按钮，选择所需的域，如"姓名""日期"（见图3-102），一处处完成，最终的效果如图 3-103 所示。

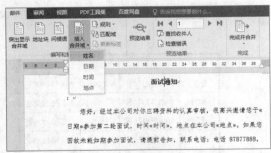

图 3-102 "插入合并域"按钮

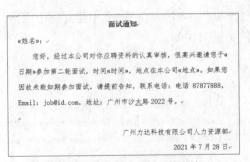

图 3-103 插入合并域后的文档

⑥ 预览结果。单击"邮件"选项卡的预览结果组的"预览结果"按钮 ，进行信函预览，单击该选项卡中的 按钮、 按钮、 按钮、 按钮分别进行前、后翻页查看结果，如图 3-104 所示。

⑦ 合并到新文件。预览结果无误后，单击"邮件"选项卡的完成组的"完成并合并"按钮 ，选择"编辑单个文档"，在"合并到新文档"对话框中选择"全部"并单击"确定"按钮，如图 3-105 所示。

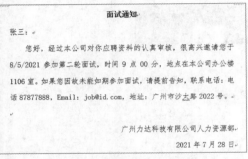

图 3-104 预览结果

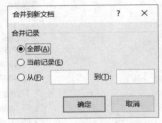

图 3-105 合并到新文档

⑧ 保存文件。将包含合并域的主文档及最终合并生成的新文档另存起来，如图 3-106 所示。

图 3-106 邮件合并结果

3.7.4　编制目录

编制目录最简单的方法之一是使用内置的大纲级别格式或标题样式对文档中的标题进行排版。如果已经使用了内置的大纲级别格式或标题样式，按下列步骤编制目录。

① 单击要插入目录的位置。

② 单击"引用"选项卡的目录组的"预览结果"按钮 📄，选择"插入目录"。

③ 在"目录"对话框中切换到"目录"选项卡（见图 3-107）。根据需要，对其中的选项进行设置，最后单击"确定"按钮生成目录。

生成目录后，如果目录项或者页码发生改变，可通过更新目录的方法刷新目录：在目录上右击，选择"更新域"命令，在出现的"更新目录"对话框中选择"只更新页码"或"更新整个目录"并单击"确定"按钮，如图 3-108 所示。

图 3-107　"目录"对话框

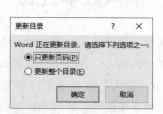

图 3-108　"更新目录"对话框

3.7.5　脚注和尾注

脚注和尾注用于为文档中的文本提供解释、批注以及相关的参考资料。可用脚注对文档内容进行注释，用尾注说明引用的文献。脚注或尾注由两个互相链接的部分组成，即注释引用标记和与其对应的注释文本。

插入脚注和尾注的操作步骤如下。

① 在页面视图中，单击要插入注释引用标记的位置。

② 单击"引用"选项卡的脚注组中的"插入脚注"按钮 AB¹ 或者"插入尾注"按钮 📄，在插入的脚注、尾注处输入脚注、尾注的内容。

更详细的插入脚注、尾注的操作方法为单击"引用"选项卡中脚注组右下角的按钮 ⬒，在"脚注和尾注"对话框中进行详细设置，如图 3-109 所示。

图 3-109　"脚注和尾注"对话框

在默认情况下，Word 将脚注放在每页的结尾处而将尾注放在文档的结尾处。在"脚注"或"尾注"下拉列表中可以更改脚注或尾注的位置。

说明

3.7.6　插入批注

使用 Word 批注可以很方便地对 Word 文档进行注解，批注一般出现于文档右侧。插入批注的方法为：单击"审阅"选项卡中批注组的"新建批注"按钮 ，输入批注内容，如图 3-110 所示。

第1章　**B2C**

lyq 几秒以前
是指企业与消费者之间通过 Internet 网进行商务活动的电子商务模式

答复　解决

图 3-110　批注

插入批注后，可以选定它直接进行编辑，也可以右击并选择"删除批注"命令。

3.7.7　插入数学公式

对于复杂的数学公式，如 $f(x) = a_0 + \sum_{n=1}^{\infty} (a_n \cos \frac{n\pi x}{L} + b_n \sin \frac{n\pi x}{L})$，我们无法直接通过键盘输入，需要用到插入公式操作，方法如下：

① 单击"插入"选项卡中符号组的"公式"下拉按钮 ，在出现的"内置"列表中如果有所需的公式则直接选择，否则选择下面的"插入新公式"插入空白的公式框，如图 3-111 所示。

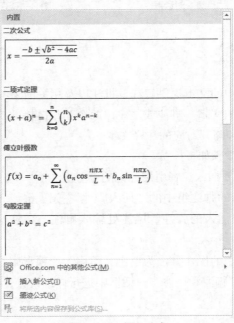

图 3-111　插入公式

② 利用公式工具的"公式"选项卡中的命令按钮对公式进行编辑，如图 3-112 所示。

图 3-112 编辑公式

除此之外，还可以通过 Word 自带的"墨迹公式"使用鼠标来写公式，方法如下。

单击"插入"选项卡中符号组的"公式"下拉按钮 ，选择"墨迹公式"，如图 3-113 所示。

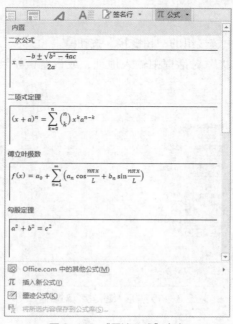

图 3-113 "墨迹公式"命令

在"墨迹公式"对话框中，利用鼠标在黄色区域（Write math here）进行公式输入，输入的公式会在预览区（Preview here）进行显示。在输入过程中，可使用下方的写入（Write）、擦除（Erase）、选择和更正（Select and Correct）、清除（Clear）等按钮进行修改操作，如图 3-114 所示。

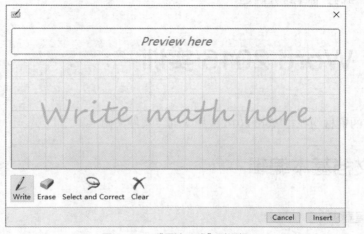

图 3-114 "墨迹公式"对话框

3.7.8 超链接

超链接是带有颜色和下画线的文字或图形，单击后可以转向万维网中的文件、文件的位置或网页，或者 Internet 上的网页。

（1）自动创建超链接

当在文档中输入一个现有网页地址时，如果超链接自动格式设置尚未关闭，Word 将创建一个超链接。

（2）创建自定义超链接

① 选中超链接文字。

② 单击"插入"选项卡中链接组的"超链接"按钮。

③ 在出现的"插入超链接"对话框中输入地址，或设置链接到的其他目标，单击"确定"按钮，如图 3-115 所示。

图 3-115　"插入超链接"对话框

（3）取消超链接

右击要取消的超链接，在弹出的快捷菜单中选择"取消超链接"命令。

（4）更改超链接的目标

① 右击要更改的超链接，在弹出的快捷菜单中选择"编辑超链接"命令。

② 输入一个新的目标地址并确定。

3.8　Word 2016 实训

本实训所有的素材均在"Word 2016 应用实训"文件夹内。

实训 1　文档基本编辑

1. 技能掌握要求

① 在文档中插入、删除字符或文本。

② 设置常用的字体、段落格式，分栏。

③ 插入页码、页眉、页脚、水印等。

④ 对页面进行格式设置。

2. 实训过程

打开"凤凰古城"文档，进行以下操作，完成后以原文件名保存。

① 将标题"凤凰古城"设置为一号、蓝色、黑体。

提示　字体颜色必须准确选取，将鼠标指针移至字体颜色的样本上时，会显示颜色名称。打开"字体"对话框的快捷键是"Ctrl+D"。

② 将标题"凤凰古城"的字符间距设置为加宽 0.8mm，字符缩放比例设置为 120%。

③ 将标题"凤凰古城"设置为居中对齐。

④ 为标题"凤凰古城"添加绿色底纹，仅应用于文字。

⑤ 将文档中除标题"凤凰古城"外的其他文字设置为楷体，字号为 13 磅。

提示　在"字号"下拉列表中没有"13"的选项，可以直接输入数值"13"，然后按"Enter"键。

⑥ 将文档中除标题"凤凰古城"外的其他文本设置为首行缩进 2 字符。

⑦ 将文档所有文本的段落行距设置为固定值 32 磅，将段前间距和段后间距均设置为 0.5 行。

提示　设置行距为固定值 32 磅的方法为在"段落"对话框内的"行距"下拉列表中选择"固定值"，在"设置值"数值微调框中输入数值"32"（该设置值的单位已经默认为"磅"）。切勿选择"多倍行距"后输入"32"。

⑧ 将文档第二段文字（碧绿的沱江边……）设置为首字下沉 2 行。

提示　首字下沉与首字悬挂均可以通过单击"插入"选项卡中文本组的"首字下沉"按钮进行设置。文档的段落是按段落标识符划分的，本文档中，标题文字"凤凰古城"为第一段。

⑨ 将文档第三段文字（清早的沱江……）设置为首字悬挂，字体为隶书，下沉 3 行。

⑩ 将文档第四段文字（3 日上午……）分为偏左的两栏，有分隔线。

选中要分栏的段落，单击"布局"选项卡中页面设置组的"栏"按钮。

⑪ 将文档第五段文字（船过东门城楼……）的对齐方式设置为右对齐，左缩进 0.3 英寸，右缩进 18 磅，首行缩进 0.7mm。

在设置字号、间距、缩进量等数值时，如果其单位与下拉列表内显示的单位不同，则可以直接输入所需的单位。例如，要以"磅"为单位，则可直接输入数值及"磅"字，系统会自动转换。

⑫ 为文档插入页码，位于页脚中间，首页显示页码，其数字格式为罗马数字"Ⅰ、Ⅱ、Ⅲ……"。

⑬ 插入文字水印"游记"两字。

单击"设计"选项卡中页面背景组的"水印"按钮，选择"自定义水印"命令，在弹出的"水印"对话框中进行设置，如图 3-116 所示。

图 3-116 "水印"对话框

⑭ 插入页眉"行走边城山水间"，居中对齐。

⑮ 设置页面边框为红色气球（见图 3-117），宽度为 12 磅，页边距均为 20 磅。

图 3-117 页面边框

提示

在"边框和底纹"对话框中切换到"页面边框"选项卡。选择艺术型为气球的边框，宽度设为 12 磅，如图 3-118 所示。单击"选项"按钮，在打开的"边框和底纹选项"对话框中设置页边距均为 20 磅，如图 3-119 所示。

图 3-118 设置艺术型边框

图 3-119 "边框和底纹选项"对话框

⑯ 设置整篇文档的背景填充效果为"白色大理石"纹理。

提示

单击"设计"选项卡中页面背景组的"页面颜色"按钮，选择"填充效果"，在"填充效果"对话框内切换到"纹理"选项卡，然后选择"白色大理石"纹理（"纹理"列表内有纹理的名称提示），如图 3-120 所示。

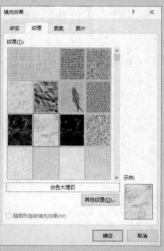

图 3-120 "填充效果"对话框

⑰ 自定义纸张大小，设置宽度为 450 磅，高度为 600 磅。

⑱ 设置页面的页边距，上为 23.5mm，下为 25.3mm，左为 50 磅，右为 50 磅，装订线为 0.5 英

寸，页眉距边界 25.4mm，页脚距边界 26.85mm。

实训 2 文档编辑技巧

1. 技能掌握要求

① 在文档中查找内容，统一替换文档的内容。

② 给文档内容添加自动项目符号和编号。

③ 给文档内容设置不同样式。

④ 统计文档字数。

⑤ 插入书签、标注、脚注和尾注。

⑥ 插入目录。

⑦ 使用修订功能。

2. 实训过程

打开"南粤大地"文档，进行以下操作，完成后以原文件名保存。

① 将主标题"南粤大地"设置为"标题一"样式，居中对齐。

② 新建一个样式，命名为"小标题"，字体格式为三号、黑体，段落格式为左对齐，大纲级别为 2 级，段前间距和段后间距均为 0.5 行。

③ 为文档中的"广东概况""广州简介""广东气候""南粤河流""部分行政区域""部分城市电话区号"应用"小标题"样式。

提示

单击"开始"选项卡中样式组右下角的按钮 ⌐，单击"样式"窗格左下角的"新建样式"按钮，在弹出的对话框中输入名称，然后单击左下角的"格式"按钮，如图 3-121 所示，分别选择"字体"与"段落"进行设置，图 3-122 所示为"段落"对话框。

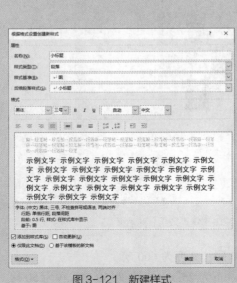

图 3-121 新建样式

图 3-122 "段落"对话框

④ 查找文档中的"洪奇沥"文字，在该文本之后插入书签，书签名设为"洪奇沥"。将文章的小标题"南粤河流"链接到"洪奇沥"书签上。

提示

单击"开始"选项卡的编辑组中的"查找"按钮，在弹出的"查找和替换"对话框中切换到"查找"选项卡，输入查找内容"洪奇沥"，单击"查找下一处"按钮，即可找到"洪奇沥"文字的位置。

将光标移至文本"洪奇沥"之后，单击"插入"选项卡的链接组中的"书签"按钮，在弹出的"书签"对话框中输入书签名为"洪奇沥"，单击"添加"按钮，即可在该位置插入书签，如图3-123所示。

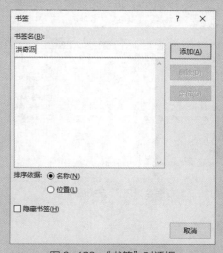

图3-123 "书签"对话框

选中小标题"南粤河流"文本后右击，在弹出的快捷菜单中选择"超链接"命令，在打开的"插入超链接"对话框中，选择"本文档中的位置"选项，再选择文档中名称为"洪奇沥"的书签，如图3-124所示。

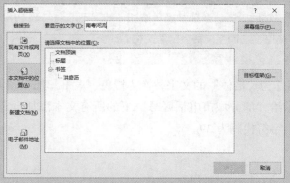

图3-124 插入超链接

可以按快捷键"Ctrl+F"（或"Ctrl+H"）打开"查找和替换"对话框。

⑤ 在文档中查找"珠江"文字，并全部替换为浅绿色、楷体。

信息技术应用教程（Windows 10+Office 2016）

按快捷键"Ctrl+H"打开"查找和替换"对话框，确保当前在"替换"选项卡，在"查找内容"和"替换为"下拉列表框中输入内容，务必选中"替换为"下拉列表框内的内容，然后单击"格式"按钮设置格式。如果没有选中"替换为"下拉列表框内的内容，则很可能会对"查找内容"下拉列表框内的内容设置格式。如果设置有误，可以单击"不限定格式"按钮清除已设置的格式，如图 3-125 所示。

图 3-125　查找和替换

⑥ 清除文档中的所有空格。

为了将全角空格与半角空格显示出来，需要显示所有编辑标记，方法为：单击"开始"选项卡中段落组的"显示 / 隐藏编辑标记"按钮。

清除所有空格的方法为在"查找和替换"对话框的"查找内容"下拉列表框内输入一个空格，"替换为"下拉列表框内不输入内容，单击"高级"按钮，取消勾选"区分全 / 半角"复选框，然后单击"全部替换"按钮。如果不取消勾选"区分全 / 半角"复选框，则只能替换半角空格，而不能替换全角空格。

⑦ 将文档中所有字体为"楷体"的文字替换为橙色、隶书、加粗倾斜的"气温"文字。

⑧ 按以下样文所示给"部分城市电话区号"下的所有文本添加自定义项目符号，项目符号字体为"Wingdings 2"，字符代码为 39。

☎广州：020

☎深圳：0755

☎珠海：0756

☎汕头：0754

☎佛山：0757

☎韶关：0751

☎惠州：0752

☎清远：0763

提示

　　首先选中相应文本，单击"开始"选项卡的段落组中的"项目符号"下拉按钮 ▾，选择"定义新项目符号"，如图 3-126 所示。

　　然后在弹出的"定义新项目符号"对话框中单击"符号"按钮（见图 3-127）。之后在弹出的"符号"对话框中设置字体为"Wingdings 2"，在"字符代码"文本框内输入"39"，则选中符号"☎"，单击"确定"按钮，如图 3-128 所示。

图 3-126　"定义新项目符号"命令

图 3-127　"定义新项目符号"对话框

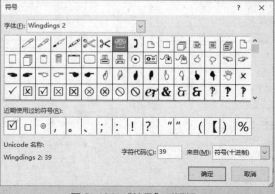

图 3-128　"符号"对话框

　　⑨ 对"部分行政区域"下的文本按图 3-129 所示进行编号设置。自定义多级编号，级别 1 编号对齐方式设为：左对齐，对齐位置设为 0 厘米，文本缩进位置设为 0.75 厘米；级别 2 编号对齐方式设为：左对齐，对齐位置设为 0.75 厘米，文本缩进位置设为 1.75 厘米。（注意：没有说明的选项请勿更改。）

提示

　　单击"开始"选项卡的段落组中的"多级列表"下拉按钮 ▾，选择"定义新的多级列表"（见图 3-130）。

| I. 广州市 |
| A. 荔湾区 |
| B. 白云区 |
| C. 黄埔区 |
| II. 韶关市 |
| A. 武江区 |
| B. 曲江区 |
| III. 惠州市 |
| A. 惠城区 |
| B. 惠阳区 |
| IV. 清远市 |
| A. 清城区 |

图 3-129　多级编号

图 3-130　定义新的多级列表

在"定义新多级列表"对话框中，选择级别"1"，设置编号对齐方式为"左对齐"，对齐位置为"0 厘米"，文本缩进位置为"0.75 厘米"，如图 3-131 所示。再选择级别"2"进行相应设置（见图 3-132）。

图 3-131　自定义多级编号的第 1 级

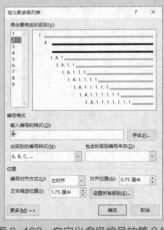

图 3-132　自定义多级编号的第 2 级

如果要修改编号样式，例如将第 1 级的编号改为从"XI"开始，则单击左下角的"更多"按钮打开更多选项，选择"编号样式"与"起始编号"进行设置，如图 3-133所示。

完成自定义多级编号设置后，先选中需要设置的文本，应用该多级编号。此时所有文本均为第 1 级，如果需要将某一行文本设置为第 2 级，则先将光标移至该行文本的开始处，然后按"Tab"键将其降为第 2 级。

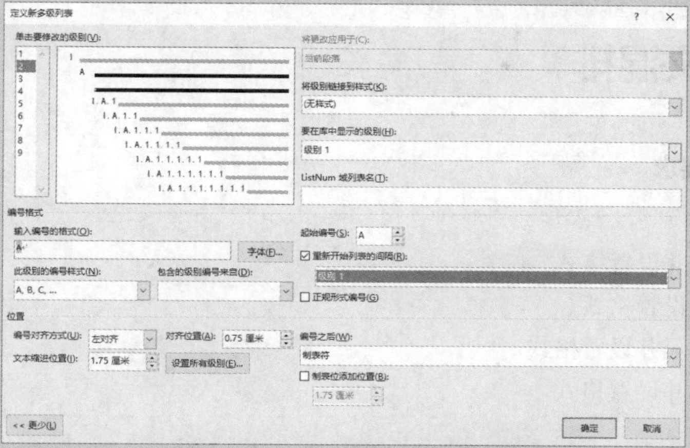

图 3-133 自定义多级编号的起始编号

⑩ 选中最后的文字"完"插入批注，批注内容为本文档的字符数（不计空格，不包括脚注和尾注）。

提示　先统计文档字数再插入批注。

⑪ 插入"下一页"分节符，将"部分城市电话区号"及之后的页面方向设置为横向。

提示　将光标移至"部分城市电话区号"前面，单击"布局"选项卡的页面设置组中的"分隔符"按钮，选择"下一页"，则在分节符之后的文本等内容会移到新分出来的一页上。插入分节符后，再将纸张方向设置为"横向"。

⑫ 为主标题"南粤大地"插入脚注，脚注文字为"资料来自互联网"，位于页脚，编号为 1。

⑬ 在页脚插入页码，内容与格式为"page x-y"，其中 x 为当前页码（x 随页面变化而变化），y 为总页数。

提示　单击"插入"选项卡的页眉和页脚组中的"页码"按钮，选择"页面底端"→"加粗显示的数字 2"，再通过编辑页脚达到所需效果。

⑭ 在主标题"南粤大地"后面插入目录，采用正式格式，只显示 2 级大纲级别。

提示　定位光标到"南粤大地"后面，单击"引用"选项卡的目录组中的"目录"按钮。

⑮ 打开修订功能，在文档最后的"完"字上一行输入"2010年3月"，之后关闭修订功能。

实训3 图文混排

1. 技能掌握要求

① 插入文件。
② 插入文本框并设置格式。
③ 插入图片并设置格式。
④ 插入自选图形并设置格式。
⑤ 插入艺术字并设置格式。
⑥ 插入公式。

2. 实训过程

打开"黄金分割"文档，进行以下操作，完成后以原文件名保存。

① 在该文档的第一个空行处（即"其比值是"的下一行）输入以下公式。

$$\frac{\sqrt{5}-1}{2}$$

提示　定位好光标，单击"插入"选项卡的符号组中的"公式"按钮，文档中出现一个公式框，显示"在此处输入公式"，接着在公式工具的"公式"选项卡中进行公式的输入。还可以通过墨迹公式功能进行手写输入。

② 在该文档的第二个空行处输入以下公式（"n"及"$n+1$"为下标，所有字符倾斜）。

$$f_n/f_{n+1} \to 0.618$$

③ 取消勾选"插入自选图形时自动创建绘图画布"复选框。

④ 在文档的左下角插入一个正五角星，线条设为无颜色，填充颜色设为金色，不透明度设为50%，宽度设为5cm。在图形内添加文字"五角星"，文字颜色设为红色，字体设为黑体，字号设为五号，对齐方式设为居中对齐，如图3-134所示。

⑤ 插入图片文件"黄金分割.jpg"，设置其宽度为8cm，环绕方式为"紧密型"，在文本中间右对齐。

⑥ 在文档中右下方插入一个竖排文本框，并在文本框内插入文本文件"身体的黄金分割.txt"。设置文本框填充颜色为黄色、线条为红色，并将其高度、宽度调整到合适大小，恰好显示所有文字。

五角星

图3-134　五角星

⑦ 将标题"黄金分割"设置为艺术字，字体设为黑体，字号设为48磅，样式设为第三行第一列的样式，环绕方式设为"上下型"，对齐方式设为水平居中对齐，字符间距为稀疏。

⑧ 在文档中画一个直径为5cm，线条宽度为3.5磅的红色圆圈，并在里面插入艺术字，将其

环绕方式设为"衬于文字下方",并移至文本中。

⑨ 制作桌牌。在日常会议中,通常要在桌上放置桌牌,桌牌呈三角形支放,两面都写有文字。利用 Word 在 A4 纸上打印两个相对的"演讲人"文字,以便折叠后做成桌牌(见图 3-135)。以"桌牌.doc"为文件名进行保存。

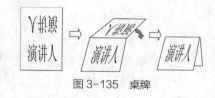

图 3-135 桌牌

提示

方法一:插入两个相同的艺术字,然后将其中一个旋转 180°。

方法二:插入一个 1×2 的表格,在每个单元格内分别输入文本,然后设置为对倒的文字方向。

方法三:插入两个文本框,输入相同的文字后,设置对倒的文字方向。

方法四:将文字选择性粘贴为图片,然后将图片设置为非嵌入式,再旋转 180°。

实训 4 企业报纸排版

1. 情景介绍

现代企业日益注重企业文化的传播,而企业的内部报纸是传播企业文化的媒介。使用 Word 编辑报纸十分便捷。

2. 能力运用

① 图文混排技巧运用。

② Word 综合应用。

3. 任务要求

自行确定主题,收集资料、制作图片、采写文章,编排一份报纸。

报纸的内容要求主题健康,还要注意尊重知识产权,如果转载他人作品,要求注明作者和出处。要想编排一份美观、大方的报纸,平时要多留意优秀报纸的编排方法,从模仿开始学习。

排版步骤如下。

① 如果是多人合作,则需要分工(分别负责文字格式设置、标题制作、装饰图形制作、图像处理等工作)。

② 选择合适的纸张(常用 A3 大小的纸张),并设置合适的页边距,一般为 1cm 左右。

③ 划版(估算各篇文章的篇幅、图片占位符的大小等)。

④ 在草稿纸上画草图,进行布局,大概地编排各部分内容的位置,设计好报头的内容与编排。报头包括报名、编辑姓名、日期。

⑤ 通过 Word 进行详细排版。

⑥ 编排完成后,通过打印预览功能观察图片是否移位。

⑦ 初稿完成后,要仔细检查,反复改进。

⑧ 保存文件。

4. 实训过程

（1）布局

为了便于编辑，将文档设置为页面视图，并显示文档中的所有格式标记。

① 使用分栏布局。

可以利用分栏来分隔文字，一般分为 2 ～ 3 栏。

② 利用文本框布局。

根据需要调整文本框的内部边距，使文字紧凑，如图 3-136 所示。

图 3-136　设置文本框内部边距

在文本框内插入的图片，是无法改变版式中的文字环绕方式的，只能是"嵌入型"。这是使用文本框布局的缺陷。解决的办法是，调整文本段落缩进量，空出位置，然后在空位上插入文本框，用于放置图片。

通过拖动也可以调整文本框，按住"Ctrl"键后，按"↑"键、"↓"键、"←"键、"→"键则可以对文本框进行精细调整。

③ 使用表格布局。

可以通过表格来设置版面。排版完成后，将表格的边框设为"无"。

在单元格内输入内容，要调整内容与单元格边框之间的距离，可以选中单元格并右击，在弹出的快捷菜单中选择"表格属性"命令。在弹出的"表格属性"对话框中切换到"单元格"选项卡，然后单击"选项"按钮，在弹出的"单元格选项"对话框内，取消勾选"与整张表格相同"复选框，这样即可输入合适的单元格边距，如图 3-137 所示。

（2）格式

① 设置文字格式。

报纸文字的字体要统一风格，正文字号通常选用小五，内文字体为宋体，报头字体为楷体。

② 设置段落格式。

中文的段落需要首行缩进 2 个字符，建议不要用空格进行缩进。

取消勾选"如果定义了文档网络，则对齐到网格"复选框，这样可以精细调整行距，如图 3-138 所示。

图 3-137　设置单元格边距　　　　图 3-138　"段落"对话框

（3）分隔

为了区分报纸版面各部分内容，需要通过线条来分隔，例如在报头下面可以使用横线与内文区分开来。

可以使用自选图形中的直线作为分隔线。手动绘制分隔线有时很难把握线条的长度，可以运用以下技巧。

连续输入 3 个或 3 个以上的"="，然后按"Enter"键，可以得到一条双直线；连续输入 3 个或 3 个以上的"～"，然后按"Enter"键即可得到一条波浪线；连续输入 3 个或 3 个以上的"*"，然后按"Enter"键即可得到一条虚线；连续输入 3 个或 3 个以上的"－"，然后按"Enter"键即可得到一条细直线；连续输入 3 个或 3 个以上的"#"，然后按"Enter"键即可得到一条实心线。如果不希望得到分隔线，而只希望得到 3 个连续的符号，则在出现分隔线后按快捷键"Ctrl+Z"即可。

（4）报名与标题

报名通常位于左上角，起着画龙点睛的作用。标题要醒目、多样化。可以利用以下方式制作报名和标题。

① 设置字体格式。

可以使用快捷键来调整文字的字号。

- "Ctrl+Shift+>"：增大字号。
- "Ctrl+Shift+<"：减小字号。
- "Ctrl+]"：逐磅增大字号。
- "Ctrl+["：逐磅减小字号。

② 设置艺术字。

可以为艺术字添加阴影，如图 3-139 所示。

也可以给艺术字添加三维效果，如图 3-140 所示。

图 3-139　带阴影的艺术字

图 3-140　带三维效果的艺术字

③ 为形状添加文字。

选中形状并右击，在弹出的快捷菜单中选择"添加文字"命令，即可在自选图形中加入文字，如图 3-141 所示。

④ 设置表格。

在单元格内输入文字，并设置为居中对齐，再通过设置边框与底纹来美化文字，如图 3-142 所示。

图 3-141　添加了文字的自选图形

⑤ 设置中文版式。

利用中文版式可以添加中文的排版效果。单击"开始"选项卡中字体组的"带圈字符"按钮⑨，可以选择不同的效果，如"带圈字符"等，如图 3-143 所示。

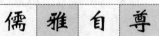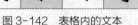

图 3-142　表格内的文本

图 3-143　中文版式的文本

（5）图文混排

① 版式设置。

在文档中插入图片，可以使文档显得生动活泼。

建议将图片的文字环绕方式设为"四周型"，文字环绕在图片周围；或者是"紧密型""穿越型"版式，文字环绕在图片周围且插入图片的空白处。

设置图片的位置，建议在"水平"和"垂直"选项区域均选择"绝对位置"，如图 3-144 所示。

图 3-144　设置图片位置

图片的版式有以下几种设置。

- 在"选项"选项区域，如果勾选"对象随文字移动"复选框，则图片随其所属段落一起移动。

- 如果勾选"锁定标记"复选框，则图片的锚点锁定在当前所属的段落上；如果不勾选"锁定标记"复选框，当垂直移动对象时，其锚点亦会跟着移动，并归属到其他的段落。对于锁定的图片，如果删除图片所属的段落（包括段落标识符），不管图片放置在何处，都将一并被删除。拖动锚点，可以改变图片从属的段落，但图片锁定后，就不能再拖动锚点了。

- 勾选"允许重叠"复选框，可以使有相同（或相近）文字环绕方式的图片重叠。一般不需要将图片重叠，因此建议取消勾选此复选框。

设置图片版式后，要通过打印预览来检查图片位置是否正确。

② 图片调整。

在调整图片位置时，按住"Ctrl"键后，按"↑"键、"↓"键、"←"键、"→"键可以进行精细调整。

在按住"Shift"键的同时，逐一选中需要组合的上述对象，再右击，选择"组合"→"组合"命令，即可将选中的对象一次性组合在一起。这些对象可以是图片、文本框等。需要注意的是，参与组合的图片必须是非"嵌入型"文字环绕方式。

通过图片工具的"图片格式"选项卡可以对图片进行简单处理，例如，进行适当的裁剪、调整亮度或对比度、设置其中的某种颜色为透明色等。如果报纸是黑白印刷，则需要将图片颜色转化为"灰度"（注意，不要选为"黑白"）。如果能用图像处理软件事先对图片进行处理则效果更好。

图片宽度一般取 6 ～ 8cm，如果是含有人像的图片，注意不要变形，需要锁定图片的纵横比。对于四周颜色较浅的图片要加细边框，边框的宽度一般取 0.25 磅。

③ 插入剪贴画。

单击"插入"选项卡中的"图片"按钮，选择"联机图片"命令进行图片素材或剪贴画搜索，充分点缀报纸。插入的剪贴画要与报纸的主题、内容相关。例如，一份关于"计算机"的报纸中可以插入以"计算机"为主题的剪贴画。

一张剪贴画是由多个部分组合起来的，用户可以只选择需要的部分。选中剪贴画，设置为非"嵌入型"的文字环绕方式，然后选中图片并右击，在弹出的快捷菜单中选择"组合"→"取消组合"命令，将其转换为图形对象，这样即可根据需要去掉多余的部分，最后将剩下的部分重新组合，如图 3-145 所示。

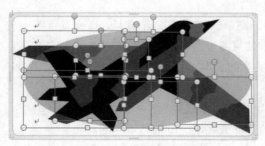

图 3-145 剪贴画取消组合

④ 插入形状。

利用自选图形可以创作有个性的图案。

（6）表格

表格可以简练地表示数据，在创建表格的过程中需要注意如下内容。

① 设置对齐方式。

如果需要对齐单元格内容，不要使用空格，可以选中单元格后右击，在弹出的快捷菜单中选择"单元格对齐方式"命令。

② 设置竖排文字。

如果需要竖排单元格内的文字，不要使用"Enter"键将文本分行，可以右击单元格，在弹出的快捷菜单中选择"文字方向"命令，在弹出的对话框内选择文字竖排方向。

本章小结

Word 是处理文档的软件，可以在文档中输入文字、图片、表格等内容，并可以对输入的内容进行格式设置，对文档进行排版编辑。

1. 字体格式设置

① 当完成了文档的文字输入后，单击"开始"选项卡的字体组中的命令按钮，可以设置字体、字型（斜体、加粗等）、字号、颜色、下画线、着重号等，可以按一定比例设置字符的宽度以及字符间距。

② 在设置字号时，可以在文本框内直接输入数值。

③ 可以将文本设置为上标、下标。

2. 段落格式设置

① 单击"开始"选项卡的段落组中的命令按钮，可以将段落的对齐方式设置为左（右）对齐、居中或分散对齐等，中文段落需要设置为首行缩进 2 个字符的特殊格式。可以改变段落的行距、段前（后）间距（其单位可以是"行"，或者是"磅"，可以直接输入数值和单位）、段落的左（右）缩进量。

② 如果要将段落的首字下沉，则单击"插入"选项卡的文本组中的"首字下沉"按钮，注意设置首字悬挂也单击这个按钮。

③ 如果要将段落分栏，则单击"布局"选项卡的页面设置组中的"栏"按钮。需注意，选中需要分栏的段落时，最末处只需包括一个段落标识符，不要多选。

④ 对于一些具有并列关系的文本，可以在文本前面设置项目符号或者编号。相关按钮在"开始"选项卡的段落组中。

⑤ 还可以给段落或文字设置边框或底纹，但是要注意选择应用于"段落"还是"文字"，因为应用对象不同，所设置的边框或底纹的范围是不同的。

⑥ 字体与段落等的特定格式称为样式。用户可以命名样式，当修改样式的字体、段落等格式后，运用了该样式的文字将统一更改。

3. 页面格式设置

① 单击"布局"选项卡的页面设置组中的命令按钮，可以设置页面的格式，如纸张的大小、纸张方向以及页边距等。

② 单击"设计"选项卡的页面背景组中的命令按钮，可以为页面添加图片或文字水印；单击"页面颜色"按钮，可以为页面插入图片和纹理效果等。

4. 文字输入技巧

① Word 是文字处理软件，除了输入常规的文字，还可以输入一些特殊的字符。

② 如果要统一替换多处相同的文字，可使用替换操作。

③ 对于需要添加序号（或符号）的段落，可以选择"段落"→"项目符号"或"编号"命令进行添加。

④ 文档中可以插入批注、脚注、尾注等说明性内容。启用修订功能能够清楚了解修改过哪些内容。

5. 图文混排

Word 文档中除了文字外，还可以插入图片、各种形状、SmartArt 图形、剪贴画等对象，增强文档的生动性及表现力，一般做法是先插入图片，再对其进行编辑及格式化。

6. 表格制作

制作表格时，一般先绘制一个规则表格，再通过编辑操作把表格变成所需要的形状，通过格式化操作美化表格。

7. 邮件合并

一些要批量编辑、打印的文档，如通知等，其中大部分内容相同，只需要改变同一位置的个别文本，可以使用邮件合并操作。将相同的内容编辑成主文档，将不同的内容编辑成 Word 表格（也可以使用 Excel 工作表）作为数据源。

第4章

Excel 2016电子表格处理

04

本章介绍电子表格软件Excel 2016的应用，要求读者在学习完本章后掌握以下技能。

职业能力目标

① 编辑电子表格，设置电子表格及数据格式。
② 运用公式对数据进行统计，利用函数处理数据。
③ 对数据进行排序、筛选、汇总统计等分析处理。
④ 制作图表来直观地展示数据。

4.1 Excel 2016 概述

4.1.1 功能简介

Excel 2016 是微软公司推出的电子表格软件，其主要功能如下。

数据编辑：记录数据，设置格式。

数据计算：利用公式以及函数对数据进行各种运算。

数据分析：对数据进行排序、筛选、分类汇总等多种分析处理。

图表展示：利用图表直观地展现数据。

在 Word 2016 中也可以进行表格制作，与 Excel 2016 相比，后者的计算、数据分析的能力更强大。

Excel 2016 包含旧版的所有功能和特性，还增加了一些新功能：创建了 6 种新图表类型用于可视化的数据统计；增加了一键式预测功能，可快速创建数据系列的预测可视化效果；改进了透视表的功能，使透视表字段列表支持搜索功能，当数据源字段数量较多时要查找某些字段就方便多了。

4.1.2　启动与关闭程序

1.　启动程序

可以通过以下任意一种方法启动 Excel 2016 应用程序。

- 通常桌面上会有"Excel 2016"快捷方式，双击即可打开。这是最常用的方法。
- 选择"开始"→"所有程序"→"Microsoft Office"→"Excel 2016"命令。
- 单击"开始"按钮，在"搜索程序和文件"框内输入"Excel"后按"Enter"键确认。

2.　关闭程序

退出 Excel 2016 的方法有很多，最常用的就是单击窗口右上角的"关闭"按钮或选择"文件"菜单中的"退出"命令来关闭程序。

4.1.3　界面简介

启动 Excel 2016 程序，其操作界面如图 4-1 所示。

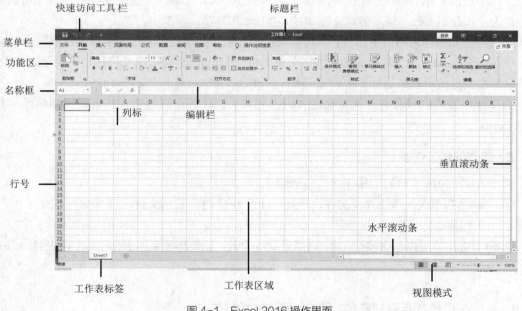

图 4-1　Excel 2016 操作界面

Excel 2016 的操作界面与 Word 2016 的操作界面有类似之处，都由标题栏、菜单栏、功能区等组成，下面主要介绍 Excel 2016 与 Word 2016 不同的部分及相关的概念。

1.　名称框

名称框通常显示当前单元格的地址，可以通过名称框给单元格或单元格区域定义一个名称。如果在名称框内输入单元格地址或名称，则选中相应的单元格；如果在名称框内输入单元格区域的名称，则选定相应的单元格区域。

单击名称框的下拉按钮,可以选择工作表内定义的名称。

2. 编辑栏

编辑栏内显示的是当前单元格的内容,但不一定完全相同,单元格内显示的通常是计算、设置格式后的结果,而编辑栏内显示"实质"的内容。例如,如果单元格的内容是一个公式,则单元格显示公式的结果,而编辑栏显示的是公式。可以在编辑栏内输入当前单元格的内容。

在编辑栏的左侧有 ×、✓、f_x 3 个命令按钮,分别为"取消"命令按钮、"输入"命令按钮与"插入函数"命令按钮,单击"插入函数"命令按钮,则弹出"插入函数"对话框。

3. 行号、列标

工作表内的行依次使用阿拉伯数字标记"行号",从"1"到"1048576";工作表内的列依次使用大写英文字母标记"列标",从"A"到"Z",接着是"AA"……最后是"XFD",共 16384 列。

4. 工作表区域

工作表区域由单元格组成,用户可以对任意单元格进行操作。

① 单元格。组成工作表的最小单位就是单元格(也称为单元)。单元格的地址用列标和行号表示,例如当前工作表第 A 列第 1 行的单元格地址为"A1"。如果是其他工作表的单元格,则表示方式为"工作表名称!单元格地址",例如"Sheet2!D17"。

选定的单元格称为当前单元格,其边框显示为加粗,其地址或名称显示在名称框内。

② 单元格区域。呈矩形区域的连续多个单元格称为单元格区域,单元格区域的表示方法为"单元格区域左上角的单元格地址:单元格区域右下角的单元格地址",如"A1:B5"。

可以给单元格区域命名,例如选定 A1:B5 区域后,在名称框内输入"area",则该区域的名称为"area"。

5. 工作簿和工作表

一个 Excel 2016 文件可以由多个工作表组成。

① 工作簿指的是一个 Excel 文件,新建一个工作簿时,默认文件名依次为"工作簿 1""工作簿 2""工作簿 3"……。

② 一个工作簿可以包含多个工作表,默认为 3 个,在工作表标签上分别显示工作表名称"Sheet 1""Sheet 2""Sheet 3"。

4.1.4 工作簿和工作表的基本操作

1. 新建和保存工作簿

通常情况下,启动 Excel 2016 后,系统会默认新建一个名称为"工作簿 1"的空白工作簿。如果要创建新的工作簿,可选择"文件"→"新建"命令,双击"空白工作簿"选项,新建一个空白工作簿。

为避免数据丢失,用户可将新建的工作簿保存在计算机中。单击快速访问工具栏中的"保存"

按钮▣，单击"浏览"按钮，弹出"另存为"对话框，选择保存位置，在"文件名"文本框中输入工作簿名称，单击"保存"按钮即可保存新建的工作簿。

执行"文件"→"保存"或"另存为"命令，或者按快捷键"Ctrl+S"，也可对工作簿进行保存。

2. 选定工作表

① 选定单张工作表。单击工作表标签，如果看不到所需的标签，那么单击标签滚动按钮以显示出所需的标签，然后单击。

② 选定两张或多张相邻的工作表。先单击第一张工作表的标签，再按住"Shift"键单击最后一张工作表的标签。

③ 选定两张或多张不相邻的工作表。先单击第一张工作表的标签，再按住"Ctrl"键单击其他工作表的标签。

④ 选定工作簿中的所有工作表。右击工作表标签，选择快捷菜单中的"选定全部工作表"命令。

⑤ 取消对多张工作表的选取。若要取消对工作簿中多张工作表的选取，单击工作簿中任意一个未选取的工作表标签。若未选取的工作表标签不可见，可右击某个被选取的工作表的标签，选择快捷菜单中的"取消组合工作表"命令。

3. 切换当前工作表

单击工作表标签，可以将工作表设为当前工作表。

通过快捷键进行切换，按快捷键"Ctrl+PgUp"可以切换到左边的工作表，按快捷键"Ctrl+PgDn"则切换到右边的工作表。

4. 插入工作表

单击工作表标签右侧的"新工作表"按钮⊕，如图4-2所示，可在工作簿中插入一张新的工作表，并使其成为当前工作表。或者右击工作表标签，选择快捷菜单中的"插入"命令，在弹出的"插入"对话框的"常用"选项卡中选择"工作表"，如图4-3所示。

图4-2 "新工作表"按钮

也可以单击"开始"选项卡的单元格组中的"插入"按钮 插入 ，选择"插入工作表"，在当前工作表之前插入新建的工作表。

插入新工作表的快捷键是"Shift+F11"。

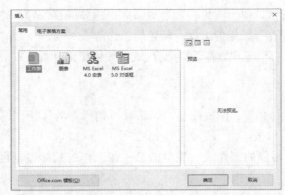

图 4-3 "插入"对话框

5. 删除工作表

如果不再需要某张工作表，可选中要删除的工作表标签，然后右击，在弹出的快捷菜单中选择"删除"命令。

也可以单击"开始"选项卡的单元格组中的"删除"按钮 ，选择"删除工作表"来删除选中的工作表。

6. 修改工作表名称

双击工作表标签，即可修改工作表名称；或者右击工作表标签，选择快捷菜单中的"重命名"命令。

7. 设置工作表标签颜色

为了便于区分不同的工作表，可以给工作表标签设置不同的颜色。右击工作表标签，在弹出的快捷菜单中选择"工作表标签颜色"命令，然后在子菜单中选择所需的颜色。

8. 移动、复制工作表

选定需要移动的工作表，然后拖动，可以将工作表移动到工作簿的其他位置，也可移动到已经打开的其他工作簿里。按住"Ctrl"键进行拖动，则可以复制工作表。或者右击工作表标签，选择快捷菜单中的"移动或复制工作表"命令，在弹出的"移动或复制工作表"对话框中选择需要移动到的目标工作簿与工作表位置。如果勾选"建立副本"复选框，则复制工作表，否则移动工作表，如图 4-4 所示。

9. 隐藏或显示工作表

为了防止别人查看工作表中的数据，用户可以隐藏工作表，使其不可见。右击要隐藏的工作表的标签，在弹出的快捷菜单中选择"隐藏"命令。

如果要显示隐藏的工作表，可在任意一个工作表标签上右击，在弹出的快捷菜单中选择"取消隐藏"命令，在弹出的"取消隐藏"对话框中选择需要取消隐藏的工作表，如图 4-5 所示。

图 4-4　移动或复制工作表

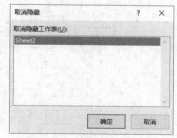

图 4-5　"取消隐藏"对话框

10. 拆分工作表窗口

为了方便浏览，可以通过拆分窗口将工作表区域分为多个部分。单击"视图"选项卡的窗口组中的"拆分"按钮 拆分 ，产生两条拆分条，共分为 4 个窗口，拖动拆分条可以调整窗口的大小（见图 4-6）。

图 4-6　拆分窗口

要取消拆分窗口，使用以下方法的其中一种即可。

- 再次单击"视图"选项卡的窗口组中的"拆分"按钮。
- 双击拆分条。

11. 冻结窗格

为了在滚动浏览时，使前面的若干行与若干列始终保持可见，可以冻结窗格。

选定待冻结处右下角相邻的单元格，例如，希望冻结第 A、B 列与第 1、2、3 行，则选定 C4 单元格，然后单击"视图"选项卡的窗口组中的"冻结窗格"按钮 冻结窗格 （见图 4-7）。

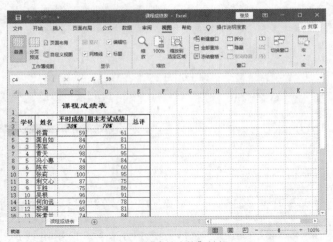

图 4-7 "冻结窗格"按钮

其下拉列表中的"冻结首行"命令表示滚动浏览工作表时保持首行可见,"冻结首列"命令表示滚动浏览工作表时保持首列可见。

12. 保护工作表

为了防止工作表的某些数据被他人改动,可以将这些单元格保护起来,用户可以通过设置密码来防止他人随意更改表格内容。单击"审阅"选项卡的更改组中的"保护工作表"按钮 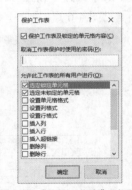,打开"保护工作表"对话框(见图4-8),在文本框中输入要设置的密码,接着在列表框中选择允许所有用户执行的操作,勾选的选项表示用户可以执行的操作,单击"确定"按钮,弹出"确认密码"对话框,重新输入密码,再单击"确定"按钮。

此后,在工作表中修改数据时,就会弹出"禁止操作提示"对话框(见图4-9),禁止相应的修改操作。

图 4-8 "保护工作表"对话框

图 4-9 "禁止操作提示"对话框

如果要编辑处于保护状态的工作表,需要先取消工作表的保护。单击"审阅"选项卡的更改组中的"撤消工作表保护"按钮 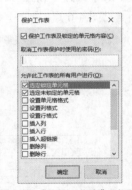,在弹出的对话框中输入正确的密码,单击"确定"按钮即可取消工作表的保护。

4.1.5 单元格的基本操作

1. 选定单元格

当鼠标指针在工作表区域里移动,显示为空心十字"⊹"时单击,可以选定单元格。如果目标单元格不在当前屏幕，可先通过滚动条滚动屏幕寻找。

选定不连续的单元格的方法：按住"Ctrl"键后逐个选定单元格。

2. 选定单元格区域

可以使用以下方法选定单元格区域。

- 在需要选定的区域上拖动鼠标（常用）。
- 如果区域较大，则可以首先选定区域左上角的单元格，然后按住"Shift"键，选定右下角的单元格。
- 在名称框中输入区域地址。如果要选定的区域已经命名，则也可以输入名称。
- 如果要选定当前单元格的所在区域（以空白行、列为界），只需按快捷键"Ctrl+Shift+*"。
- 如果要选取某一行或某一列的单元格，只需单击对应的行号或列标。
- 若要选择整个工作表的单元格，则只需单击工作表左上角的"全选"按钮（在行号与列标的交汇处），或按快捷键"Ctrl+A"。

3. 插入和删除单元格

如果要在工作表中指定的位置插入空白单元格，可单击"开始"选项卡的单元格组中的"插入"按钮，选择"插入单元格"，打开"插入"对话框（见图 4-10），然后选择适当的插入方式。或者选定单元格后右击，在弹出的快捷菜单中选择"插入"命令。

删除单元格和插入单元格类似，可单击"开始"选项卡的单元格组中的"删除"按钮，选择"删除单元格"，打开"删除"对话框（见图 4-11），选择适当的删除方式。

图 4-10　插入单元格

图 4-11　删除单元格

4. 合并和拆分单元格

合并单元格是指将位于同行或同列的两个或两个以上的单元格合并为一个单元格。单击"开始"选项卡的对齐方式组中的"合并后居中"按钮，即可实现合并单元格的操作。

选中已经合并的单元格，单击"开始"选项卡的对齐方式组中的"合并后居中"下拉按钮，选择"取消单元格合并"，即可将其拆分。

4.1.6　页面设置

1. 页面设置

Excel 2016 的页面设置，如设置纸张大小、纸张方向、页边距等，与 Word 2016 大体相同。

设置页面的方法如下。

图 4-12 页面设置组

- 切换到"页面布局"选项卡，在页面设置组中单击对应的按钮进行设置，如图 4-12 所示。
- 单击页面设置组中的对话框启动器按钮，弹出"页面设置"对话框进行设置。

2. 添加页眉和页脚

每张工作表上可以设置一种自定义页眉和页脚。如果创建了新的自定义页眉和页脚，它将替换工作表上的其他自定义页眉和页脚。

① 在"页面设置"对话框中切换到"页眉/页脚"选项卡（见图 4-13）。

② 若要根据已有的页眉或页脚来创建页眉或页脚，可在"页眉"或"页脚"下拉列表中选择所需的页眉或页脚选项。

③ 若要创建自定义页眉或页脚，单击"自定义页眉"或"自定义页脚"按钮，再在弹出的对话框中单击"左部""中部"或"右部"文本框，然后在所需的位置输入相应的页眉或页脚内容，或直接单击中间一排按钮插入页码、日期、时间等预定义项。

3. 设置打印区域

设置打印区域是指在工作表中标记出要打印在纸张上的特定工作表区域，用于不需要打印整张工作表内容的情况。设置打印区域有两种方法。

- 在工作表中选择要打印的区域，然后单击"页面布局"选项卡的页面设置组中的"打印区域"按钮，选择"设置打印区域"。
- 在"页面设置"对话框中切换到"工作表"选项卡，在"打印区域"文本框中设置要打印的单元格区域，如图 4-14 所示。

图 4-13 设置页眉和页脚

图 4-14 设置打印区域

4. 打印标题

在打印时，很多时候需要为每页的表格打印相同的标题，那么，可以在"页面设置"对话框中选择"工作表"选项卡，然后在"顶端标题行"与"左端标题列"文本框中进行设置。

4.2 编辑数据

4.2.1 输入数据

1. 输入数据的一般方法

先选定目标单元格，再输入数据，或者在编辑栏中输入。输入完毕后按"Enter"键，或者切换当前单元格。中途放弃则按"Esc"键。每个单元格最多可存放 32767 个字符。

如果希望数据在单元格内分多行显示，可以按快捷键"Alt+Enter"强制换行。

2. 数据类型

在 Excel 2016 工作表的单元格里输入的是数据，数据的类型分为字符型、数值型、逻辑型 3 种。

（1）字符型

字符型又称为文本型、文字型。字符型数据默认的对齐方式为左对齐。

字符型数据只是一种标记，无数量概念，包括字符串、结果为字符串的函数或公式。

字符串可由任意字符组成，如 2021 级、计算机、A01。

许多时候需要输入一些数值，这些数值不需要数学运算，例如电话号码、邮政编码；有时数值的位数较多，例如身份证号码，如果直接输入则会显示为科学记数法格式，不能显示所有数字；对于由"0"开头的编号，如果把它当数值处理，将失去左边的"0"。这些数据就需要作为字符型数据输入。方法是在输入数字之前加 '，也可以先将该单元格格式设为文本类型，再输入数字。注意 ' 是半角的单引号。

（2）数值型

数值型又称为数字型。数值型数据默认的对齐方式为右对齐。

数值型数据具有数量概念，包括数值常数、结果为数值的函数和公式。其中数值常数须以 0 ～ 9、+（正）、-（负）、$ 或 ¥（货币符号）开头且后面只能跟数字组合（如数字、小数点、E、e、% 等），数字间不能有空格，最多可出现一个小数点。

输入分数：首先输入"0"及一个空格，接着输入带"/"符号的分数，例如输入"0 3/5"，单元格显示分数"3/5"。如果直接输入带"/"符号的分数，Excel 会将其处理为日期或文本。例如输入"3/5"，单元格显示"3 月 5 日"，其值为当年的 3 月 5 日序列号；输入"13/14"，则将"13/14"视为文本。

输入负数：有两种输入方式，通常直接在单元格中输入带负号"-"的数值，例如"-26"；也可以使用英文括号表示负数，例如输入"(26)"与输入"-26"等价。但不能同时使用以上两种方式，例如输入"(-26)"，Excel 会将此数据处理为文本。

输入太大或太小的数值后，会自动转为科学记数法显示，太长的数据还会简约处理。例如输入"12345678901234567890"，则单元格中显示为"1.23457E+19"，即 1.23457×10^{19}，在编辑栏可以看到该数据被简约为 12345678901234500000。

合法的数值输入如 1、2.3、12%、2000、2,000、$4、8e+4；非法的数值输入如 2.564.45、34 厘米、二十五。

日期与时间也使用数值型数据表示。日期是一个整数的序列号，规定 1900 年 1 月 1 日的序列号为"1"，1900 年 1 月 2 日的序列号为"2"，以此类推。例如 2021 年 10 月 15 日的序列号为"44300"。

根据"Microsoft Excel 帮助"：Excel 将日期存储为可用于计算的日期序列号，1900 年 1 月 1 日的日期序列号为 1，而 2010 年 1 月 1 日的序列号为 40179，这是因为它距 1900 年 1 月 1 日有 40178 天。

在单元格输入数值"60"，然后右击，在弹出的快捷菜单中选择"设置单元格格式"命令，将该单元格的数字格式设置为"日期"，我们会发现单元格显示为"1900-2-29"，也就是说，日期序列号"60"对应 1900 年 2 月 29 日。然而，这一天并不存在，因为 1900 年不是闰年，这一年的 2 月没有 29 日。

在公历纪年法中，判定闰年遵循的一般规律为：四年一闰，百年不闰，四百年再闰。也就是说，那些能被 100 整除而不能被 400 整除的不是闰年，例如 1900 年。可以查阅各种万年历图书，或者权威网站的万年历来验证。

因此，Excel 的日期序列号从 1900 年 3 月开始是错误的，均多计了 1。

时间是一个大于或等于 0 且小于 1 的数值，零点对应"0"，每增加 1 小时则对应增加 1/24。例如上午 6:00 使用"0.25"表示。

如果要输入日期，可采用"年 / 月 / 日"或"年 - 月 - 日"格式。如果省略年份，则默认为系统时钟的年份。如果要输入时间，可采用"时：分：秒"格式；如果要输入日期与时间，则日期与时间以空格相隔，例如 2021-6-21 20:30。如果输入日期、时间后显示的形式不是日期、时间的表示方式，则需要设置合适的单元格格式。

（3）逻辑型

逻辑型数据只有两个值，即 TRUE、FALSE，分别表示"真""假"，"成立""不成立"，"对""错"，"是""否"等非此即彼的意思。逻辑型数据默认的对齐方式为居中对齐。

3. 单元格（或单元格区域）的移动与复制

（1）通过鼠标拖动操作

当前选定的单元格（或单元格区域）的边框显示为粗线，将鼠标指针移动到粗线上，则鼠标指针显示为十字箭头"✦"。此时拖动鼠标，可以移动单元格（或单元格区域）的内容。需要注意的是，在移动单元格（或单元格区域）时，将替换目标区域中的数据。如果按住"Ctrl"键进行上述操作，则复制单元格（或单元格区域）的内容。

（2）利用命令操作

①选定要移动（或复制）的单元格（或单元格区域）。

②单击"开始"选项卡的剪贴板组中的"剪切"按钮 ✂（或"复制"按钮 ▤），或者按快捷键"Ctrl+X"（或"Ctrl+C"）。

③选择目标单元格（或单元格区域的左上角单元格）。

④单击"开始"选项卡的剪贴板组中的"粘贴"按钮 ▤，或者按快捷键"Ctrl+V"。

需要说明的是，如果通过拖动鼠标或执行命令来复制单元格，将复制整个单元格，包括其中的公式及其结果、批注和格式。

如果选定的复制区域中包含隐藏单元格，将同时复制其中的隐藏单元格。如果在粘贴区域中包含隐藏的行或列，则需要显示其中的隐藏内容，才可以见到全部的复制单元格。

（3）选择性粘贴

复制的操作不但可以复制整个单元格（或单元格区域），而且可以复制单元格（或单元格区域）中的指定内容。

在进行粘贴操作后，粘贴区域右下角会出现"粘贴选项"命令按钮 📋，单击该按钮，可以选择合适的粘贴选项。

图 4-15　选择性粘贴

或者在单击"开始"选项卡的剪贴板组中的"剪切"按钮后，再单击"开始"选项卡的剪贴板组中的"粘贴"按钮，选择"选择性粘贴"，此时会弹出"选择性粘贴"对话框，可以选择需要的粘贴选项进行粘贴，如图 4-15 所示。

其中，"转置"的含义是，原本纵向（或横向）排列的数据，粘贴后变成横向（或纵向）。

4．填充

通过填充操作，可以方便地复制大量单元格，或者填充序列。数值型的数据序列分为等差序列和等比序列。

（1）通过鼠标拖动操作

当前选定的单元格（或单元格区域）的边框显示为粗线，仔细观察可以发现右下角有一个点，该点称为填充柄。将鼠标指针移动到填充柄，则鼠标指针显示为实心十字"＋"。此时拖动鼠标（不限方向），然后单击填充区域右下角出现的"自动填充选项"命令按钮 📋 并选择合适的自动填充选项，可以复制或填充序列。

等差序列的填充：首先输入前面两个单元格的值，再选定此两个单元格后拖动填充柄。需要注意的是，等比序列不能通过这种方法填充。

如果需要复制或填充序列的单元格相邻列不是空白的，则可以直接双击填充柄，自动向下复制或填充序列，直至相邻列为空白。

【例 4-1】如图 4-16 所示，选定 A2:A3 区域后双击填充柄，则在 A4:A13 区域会填充步长为 1 的等差序列。

（2）利用命令操作填充序列

① 在序列开始的单元格输入初值。

② 单击"开始"选项卡的编辑组中的"填充"按钮 ↓，选择"序列"，在弹出的"序列"对话框中选择序列产生在行还是列，在"类型"选项区域中选择"等差序列"，再输入步长值与序列的终止值，最后单击"确定"按钮（见图 4-17）。

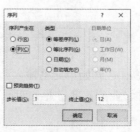

图 4-16　自动填充　　　　　图 4-17　填充序列

也可以在序列开始的单元格输入初值，然后选定需要填充序列的区域，再单击"开始"选项卡的编辑组中的"填充"按钮，选择"序列"进行以上所述的操作，此时就不必输入序列的终止值。

（3）自定义序列

Excel有预设的序列，例如"日、一、二、三、四、五、六"等，如果要输入的序列不在预设的序列中，可以自定义序列。

【例4-2】自定义序列"业务一部、业务二部、业务三部、业务四部"进行填充。

① 选择"文件"→"选项"命令，打开"Excel选项"对话框，切换到"高级"选项卡，向下拖动滚动条至"常规"部分，单击其中的"编辑自定义列表"按钮，如图4-18所示。

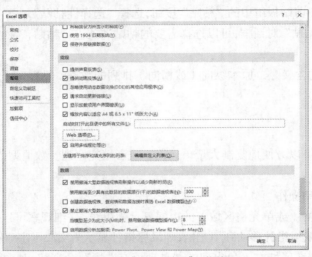

图4-18 "Excel选项"对话框

② 打开"自定义序列"对话框，在"输入序列"列表框中依次输入序列所含的数据项，单击"添加"按钮后，可在"自定义序列"列表框的底部看见添加的自定义序列，单击"确定"按钮，如图4-19所示。

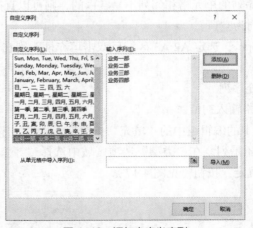

图4-19 添加自定义序列

③ 返回工作表，在开始单元格输入"业务一部"并填充，会在目标单元格区域重复出现"业务一部、业务二部、业务三部、业务四部"序列。

5. 数据验证

数据验证可以控制输入单元格的数据类型和数值的范围，还可以设置对应的提示信息和警告信息，操作如下。

【例4-3】在图4-20所示的工作表中，要设定D3:D22区域内的日期必须在2021年9月内，当输入的日期不在2021年9月内时，提示"日期输入错误"。

	A	B	C	D	E
1	智诚公司9月份订单一览表				
2	订单编号	业务员	部门	签单日期	订单金额
3	202109001	郝一辉	业务一部	2021年9月3日	¥12,000
4	202109002	赵军	业务三部	2021年9月6日	¥43,000
5	202109003	陈红月	业务一部	2021年9月6日	¥17,000
6	202109004	贺小龙	业务二部	2021年9月8日	¥34,000
7	202109005	温伟	业务四部	2021年9月9日	¥16,000
8	202109006	龙易伦	业务四部	2021年9月12日	¥16,000
9	202109007	陈红月	业务一部	2021年9月15日	¥69,800
10	202109008	李思娜	业务二部	2021年9月16日	¥15,000
11	202109009	张菲	业务二部	2021年9月17日	¥18,500
12	202109010	刘娟	业务四部	2021年9月18日	¥47,000
13	202109011	金明	业务三部	2021年9月18日	¥38,000
14	202109012	温伟	业务四部	2021年9月20日	¥54,000
15	202109013	刘娟	业务四部	2021年9月22日	¥40,000
16	202109014	胡英	业务一部	2021年9月22日	¥38,000
17	202109015	张菲	业务二部	2021年9月23日	¥68,700
18	202109016	王小琪	业务三部	2021年9月25日	¥42,000
19	202109017	贺小龙	业务二部	2021年9月25日	¥37,000
20	202109018	龙易伦	业务四部	2021年9月26日	¥35,600
21	202109019	郝一辉	业务一部	2021年9月29日	¥57,000
22	202109020	赵军	业务三部	2021年9月30日	¥74,300

图4-20 工作表

① 选择单元格区域D3:D22，单击"数据"选项卡的数据工具组中的"数据验证"按钮，打开"数据验证"对话框。

② 在"设置"选项卡中设置有效性条件允许的数据类型和数值范围，如图4-21所示。

③ 切换到"出错警告"选项卡，在"标题"文本框中输入"日期输入错误"，在"错误信息"文本框中输入"签单日期必须在2021年9月内"，如图4-22所示，最后单击"确定"按钮。

图4-21 设置日期范围

图4-22 设置出错警告

④ 若在单元格区域D3:D22输入的日期不在2021年9月内，则会弹出警告对话框。

6. 清除单元格

清除单元格指的是仅清除单元格的内容（公式和数据）、格式（包括数据格式、条件格式、底纹和边框）或批注，但是空白单元格仍然保留在工作表中。

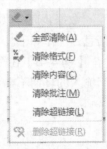

单击"开始"选项卡的编辑组中"清除"按钮 ，在下拉列表中选择不同的命令即可清除不同的内容，如图 4-23 所示。

如果按"Delete"键、"Backspace"键，则仅清除单元格中的内容，而保留其中的批注或单元格格式。

图 4-23　清除单元格

4.2.2　错误提示

在处理数据时，如果操作不当会产生错误，相应的单元格会出现以"#"开头的错误信息提示。主要的错误提示及原因如表 4-1 所示。

表4-1　主要的错误提示及原因

提示	错误原因
#####	列宽不够，或者使用了负数的日期或时间
#DIV/0!	公式或函数被零或空单元格除
#NAME?	公式中的文本不可识别
#N/A	数值对函数或公式不可用
#NULL!	出现空单元格
#NUM!	公式或函数中使用无效数值
#REF!	单元格引用无效

单击出现错误提示信息的单元格（##### 除外），将出现一个黄色菱形包裹的感叹号，单击该感叹号，会出现用于检查、修正错误的操作命令，如图 4-24 所示。

如果单元格左上角有一个绿色的小三角符号，则是提示该单元格可能有错误，也可能没有错误。单击该单元格，会出现一个黄色菱形包裹的感叹号，单击该感叹号，将出现错误信息的说明与修正的操作方法。如果没有错误，则选择"忽略错误"，可以消除绿色小三角符号。例如字符型数值单元格，虽然提示可能有错误，但可以根据实际情况忽略错误，如图 4-25 所示。

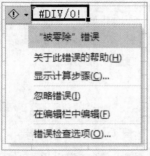

图 4-24　"被零除"错误信息

图 4-25　字符型数值提示信息

信息技术应用教程（Windows 10+Office 2016）

4.2.3　设置单元格格式

1. 设置行高、列宽

选定需要设置的行（或列），或者该行（或列）中的单元格，单击"开始"选项卡的单元格组中的"格式"按钮，在下拉列表中选择"行高"（或"列宽"）命令，在弹出的"行高"（或"列宽"）对话框中设置合适的数值。需要注意的是行高与列宽的单位不相同。

将鼠标指针移至行号（或列标）的交界处，此时鼠标指针呈（或）状，拖动可以调整鼠标指针上方的行高（或左侧的列宽）。

如果要统一设置相同的行高（或列宽），可以先选定需要调整的若干行（或列），然后将鼠标指针移至某一行的行号（或列标）的交界处调整，此时所有选定的行（或列）会调整为相同的行高（或列宽）。

2. 设置合适的行高、列宽

如果希望行高（或列宽）恰好能完全显示单元格内容，则可以选定需要设置的行（或列），单击"开始"选项卡的单元格组中的"格式"按钮，在下拉列表中选择"自动调整行高"（或"自动调整列宽"）命令。

也可以在需要调整的行的上方（或列的左边）交界处双击，实现调整行高（或列宽）。

如果要同时为若干行（或列）设置最适合的行高（或最适合的列宽），则选定这几行（或列），双击其中某一行的上方（或列的左侧）交界处，这样这几行（或列）都会同时设置为最适合的行高（或最适合的列宽）。

如果单元格的内容显示为"######"，则表明单元格的列宽不够，需要加大列宽才能显示单元格的内容。

3. 隐藏行或列

为了显示的需要，可以将某几行（或列）隐藏起来。选定需要隐藏的行（或列），或者该行（或列）中的单元格，单击"开始"选项卡的单元格组中的"格式"按钮，在下拉列表中选择"隐藏和取消隐藏"→"隐藏行"（或"隐藏列"）。该行（或列）隐藏后，行号（或列标）也将隐藏起来。

也可以通过调整行高（或列宽）达到隐藏的效果。

如果要取消隐藏，则选择已隐藏的行（或列）两侧的行（或列），选择"格式"→"隐藏和取消隐藏"→"取消隐藏行"（或"取消隐藏列"）命令，也可以将鼠标指针移至被隐藏的行的下方（或列的右侧），在鼠标指针呈状时拖动来恢复。

4. 字体格式

选定需要设置的单元格或单元格内的文本，在"开始"选项卡的字体组中设置字体的格式。

也可以单击字体组中的对话框启动器按钮，打开"设置单元格格式"对话框（或者右击单元格，在弹出的快捷菜单中选择"设置单元格格式"命令），切换到"字体"选项卡，然后进行设置，如图 4-26 所示。

5. 底纹

选定需要设置的单元格或单元格区域，单击"开始"选项卡的字体组中的"填充颜色"按钮 ，选择一种颜色即可。

另外，选定需要设置的单元格或单元格区域，单击字体组中的对话框启动器按钮 ，打开"设置单元格格式"对话框（或者右击单元格，在弹出的快捷菜单中选择"设置单元格格式"命令），切换到"填充"选项卡，选择"背景色"列表中相应的颜色，并设置"图案颜色"与"图案样式"选项，如图 4-27 所示。

图 4-26　设置单元格字体格式

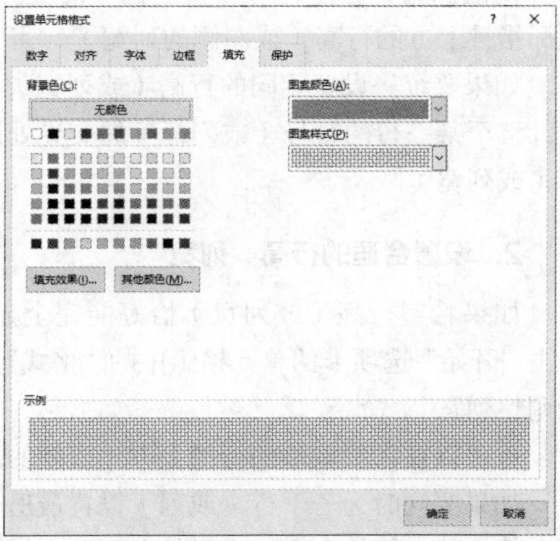

图 4-27　设置单元格底纹

6. 边框

选定需要设置边框格式的单元格或单元格区域，单击"开始"选项卡的字体组中的"边框"按钮 ，选择所需的选项即可，如图 4-28 所示。

也可以选择单元格或单元格区域，右击并在弹出的快捷菜单中选择"设置单元格格式"命令，切换到"边框"选项卡，在"样式"列表框中选择合适的线条样式，单击"颜色"下拉按钮选择所需的颜色，然后选择"外边框"或者"内部"，依次对内、外边框进行设置，通过"边框"的选项，可以添加或删减边框，如图 4-29 所示。

图 4-28　"边框"按钮

图 4-29　设置单元格边框

信息技术应用教程（Windows 10+Office 2016）

7. 对齐方式

选定需要设置对齐方式的单元格（或单元格区域、行、列），单击"开始"选项卡对齐方式组中的对话框启动器按钮 ，打开"设置单元格格式"对话框（或者右击单元格，在弹出的快捷菜单中选择"设置单元格格式"命令），切换到"对齐"选项卡，然后进行设置。

① 单元格中水平方向的靠左、靠右或居中对齐方式，也可以通过单击"开始"选项卡对齐方式组中的"左对齐"按钮 、"居中"按钮 、"右对齐"按钮 来设置。

② 分散对齐。单元格的内容在水平方向均匀分布。

③ 跨列居中。如果某单元格的内容太多，需要跨越其他列才能完全显示，则以该单元格为最左侧的单元格，选定需要跨越的其他单元格，选择"水平对齐"下拉列表中的"跨列居中"。

④ 设置文字方向。如果要设置单元格的内容沿垂直方向显示，则选择竖排的"文本"方向，如图 4-30 所示，如果要设置单元格的内容旋转一定角度，则拖动文本方向的指针，调整为需要的角度。

也可以单击"开始"选项卡的对齐方式组中的"方向"按钮 ，在下拉列表中选择文字的角度和方向（见图 4-31）。

图 4-30　设置单元格对齐方式

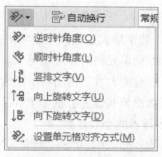

图 4-31　文字方向命令

⑤ 自动换行。如果允许同一单元格的内容分多行显示，则勾选"自动换行"复选框。

⑥ 缩小字体填充。如果希望将单元格内的字体缩小至能容纳得下所有内容，则勾选"缩小字体填充"复选框。

⑦ 合并单元格。将多个单元合并为一个单元格。首先选定需要合并的单元格，然后勾选"合并单元格"复选框。也可以通过单击"开始"选项卡的对齐方式组中的"合并后居中"按钮完成。

8. 数值的不同显示格式

数值在单元格中可以有不同的显示形式，但值是相同的，单元格中真实的值显示于编辑栏中。Excel 2016 为用户提供了内置的数字格式，包括常规、数值、货币、会计专用、日期、时间、百分比、分数、科学记数、文本等类型。选择单元格或单元格区域，单击"开始"选项卡的数字组中的"数字格式"按钮，在下拉列表中选择合适的数字格式，并设置数字的小数位数等样式，如图 4-32 所示。

也可以选中单元格或单元格区域，右击，在弹出的快捷菜单中选择"设置单元格格式"命令，在弹出的"设置单元格格式"对话框中切换到"数字"选项卡进行设置。其中，"特殊"分类包括邮政编码和中文大小写数字的格式。各分类的选项则显示在"分类"列表框的右边。在左边的"分类"列表框中将显示所有的格式，其中包括"会计专用""日期""时间""分数""科学记数""文本"等，如图 4-33 所示。

图 4-32　内置数字格式

图 4-33　设置单元格数值显示格式

"常规"数字格式是默认的数字格式。大多数情况下，"常规"数字格式不包含任何特定的格式。但是，如果单元格的宽度不足以显示整个数字，则"常规"格式将对含有小数点的数字进行四舍五入，并对较大数字使用科学记数法。

常用的数字格式设置方法如下。

① 更改显示的小数位数。

在"分类"列表中，单击"数值""货币""会计专用""百分比"或"科学记数"，然后在"小数位数"数值微调框中，输入要显示的小数位数。

也可以单击"开始"选项卡的数字组中的"增加小数位数"命令按钮 或"减少小数位数"命令按钮 。

② 改变负数的显示格式。

可将负数显示为带括号、红色、红色带括号等。如果输入数据是简单数字，则在"分类"列表中单击"数值"，如果输入数据代表货币，则在"分类"列表中单击"货币"，然后在"负数"列表框中选择负数的显示样式。

③ 显示或隐藏千位分隔符。

有时为了方便读数，数值从小数点开始往左每隔 3 位添加一个千位分隔符（,），添加（或去除）的方法是：单击"分类"列表中的"数值"选项，勾选（或取消勾选）"使用千位分隔符（,）"复选框。

也可以单击"开始"选项卡的数字组中的"千位分隔样式"按钮 设置千位分隔符。

④ 以分数或百分比形式显示数字。

若要将数字以分数形式显示，单击"分类"列表中的"分数"，然后单击要使用的分数类型。若要将数字以百分比形式显示，单击"分类"列表中的"百分比"，并在"小数位数"数值微调框中，输入要显示的小数位数。

也可以单击"开始"选项卡的数字组中的"百分比样式"按钮■设置百分比格式。

⑤ 以科学记数法显示数字。

在"分类"列表中单击"科学记数"。在"小数位数"数值微调框中，输入要显示的小数位数。

⑥ 改变日期或时间格式。

单击"分类"列表中的"日期"或"时间"，然后选择所需的格式。

⑦ 添加或删除货币符号。

在"分类"列表中单击"货币"选项，如果要添加货币符号，从中选择所需的选项；如果要删除货币符号，单击"无"选项。

也可以单击"开始"选项卡的数字组中的"会计数字格式"按钮■·设置货币符号。

⑧ 将数字设置成文本格式。

如果要将单元格预设置成文本格式，则在"分类"列表中单击"文本"，再单击"确定"按钮。

9. 自动套用格式

Excel 2016 提供了多种预定义的单元格样式和表格样式，使用自动套用格式可以实现快速美化表格外观。

选定需要美化的单元格或单元格区域，单击"开始"选项卡的样式组中的"套用表格格式"按钮■（见图 4-34）或"单元格样式"按钮■（见图 4-35），在下拉列表中选择一种预定义样式，可以快速设置单元格格式。

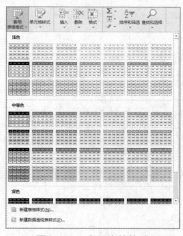

图 4-34　套用表格格式

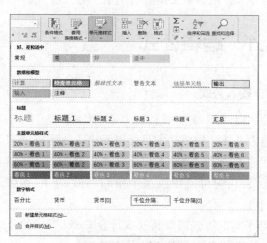

图 4-35　单元格样式

如果要将表格转换为普通的区域，单击"表设计"选项卡的工具组中的"转换为区域"按钮■，在弹出的对话框中单击"是"按钮。

10. 条件格式

使用条件格式可以根据条件使用数据条、色阶和图标集，以突出显示相关单元格、强调异常值，以及实现数据的可视化效果。

选择要设置的数据区域,单击"开始"选项卡的样式组中的"条件格式"按钮 ，在下拉列表中选择设置的条件，如图 4-36 所示。

① 选择"突出显示单元格规则"命令，可以快速显示特定区间的特定数据，从而提高工作效率。可以突出显示大于、等于、小于某个值的数据的单元格，或突出显示包含某文本、日期的数据所在的单元格，满足指定条件的单元格可以设置填充底色、改变文本颜色或边框颜色。

② 选择"最前 / 最后规则"命令，可以选取最大的 N 项或 N% 项，也可选取高于或低于平均值的项目，然后突出显示其所在单元格。

③ 选择"数据条"命令可以查看表格中各单元格数据值之间的对比关系，数据条的长度代表单元格中数据的值，数据条越长，代表数据越大，数据条越短，代表数值越小。

④ 选择"色阶"命令，可以利用颜色变化来表示单元格中数据的大小。

⑤ 选择"图标集"命令，可以注释数据，图标集大体分为方向、形状、标记、等级 4 类，并按照阈值将数据分成 3 ~ 5 个类别，每个图标代表一个数据范围。

图 4-36　条件格式

4.3　数据计算

Excel 2016 的一个重要功能是计算，而计算通常由公式实现。公式是对工作表中的数据进行计算的等式，由参数及运算符组成，输入公式后，单元格显示其结果，编辑栏显示公式。

4.3.1　编辑公式

1. 输入公式

公式以"="开头（注意"="并非都是"等于"的意思），由参与计算的参数及运算符构成。输入公式前先要选定目标单元格，然后以"="开头进行输入。

在输入公式时要注意以下几点。

① 公式中可使用英文半角圆括号"( )"改变运算顺序，但不能使用方括号"[ ]"或花括号"{ }"。

② 平常的算式需要转换成符合 Excel 要求的公式进行输入。

公式中的参数可以有以下几种。

① 常数。常数包括数值常数及字符常数，字符常数要加上英文半角的双引号，例如 "AAA"。

② 单元格引用。如果常数存放于单元格中，在公式中尽量用单元格而不用常数。

③ 函数。函数是一些预定义的公式，它的结果作为公式的参数。

在单元格中输入单元格引用参数时，可以直接输入单元格或单元格区域的地址，也可以使用鼠标选定单元格或单元格区域，其地址将自动输入。

2. 运算符

在 Excel 2016 中，公式通常需要使用运算符，公式中所使用的运算符有以下几种。

（1）算术运算符

如果要完成基本的数学运算，如加法、减法和乘法等，则使用算术运算符。

+（加号）：　　　加法运算。　　　例如，=2+2，　结果为"4"。

-（减号）：　　　减法运算。　　　例如，=3-1，　结果为"2"。

*（乘号）：　　　乘法运算。　　　例如，=2*3，　结果为"6"。

/（正斜杠）：　　除法运算。　　　例如，=6/3，　结果为"2"。

%（百分号）：　　百分比。　　　　例如，=30*10%，结果为"3"。

^（插入符号）：　幂乘运算。　　　例如，=2^3，表示 2 的 3 次方，结果为"8"。

优先级：> % > ^ > *、/ > +、-（减号）。

注意　　算术运算符不能应用于字符型数据，否则会显示错误信息"#VALUE!"。

但是 '123 这样的参数（字符型数字），用于算术运算时则被当作数值。

例如，A1 单元格的数据为 '23，在 A2 单元格输入 =A1+1，则 A2 显示结果为"24"。

（2）文本连接运算符

使用"&"连接字符或字符串，结果是字符串，公式的参数如果是字符型数据，如字符与字符串，则必须加英文的半角双引号（""）。

例如，="North"&"wind" 的结果为"Northwind"。

（3）比较运算符

当用比较运算符比较两个值时，结果是一个逻辑值，即"TRUE"或"FALSE"。

=（等号）：　　　　　　等于　　　　　例如，=2=2，结果为"TRUE"。

>（大于号）：　　　　　大于。　　　　例如，=2>2，结果为"FALSE"。

<（小于号）：　　　　　小于。　　　　例如，=2<2，结果为"FALSE"。

>=（大于等于号）：　　大于或等于。　例如，=2>=2，结果为"TRUE"。

<=（小于等于号）：　　小于或等于。　例如，=2<=2，结果为"TRUE"。

<>（不等号）：　　　　不相等。　　　例如，=2<>2，结果为"FALSE"。

输入比较运算符时要注意，必须在英文半角的状态下输入。

比较运算符的优先级均相同，比较运算的参数一般为数值型，"="或"<>"亦用于字符型数据与逻辑型数据。公式成立则结果为"TRUE"，不成立则为"FALSE"。

（4）引用运算符

使用以下引用运算符可以将单元格区域合并计算。

:（冒号）：区域运算符，结果是包括在两个引用单元格区域之间的所有单元格的引用。例如，B5:B15。

,（逗号）：联合运算符，结果是多个引用单元格区域合并为一个引用。例如，(B5:B15,

D5:D15)。

（空格）： 交叉运算符，结果是两个引用单元格区域共有单元格的引用。例如，(B7:D7 C6:C8)。

3. 运算次序

（1）运算符优先级

如果公式中同时用到多个运算符，Excel 2016 将按如下的顺序进行运算。

−（负号）、%、^、*和/、+和−（减号）、&、比较运算符（=、<、>、<=、>=、<>）。如果公式中包含相同优先级的运算符，例如，公式中同时包含乘法和除法运算符，则从左到右进行计算。

（2）使用括号

若要更改运算的顺序，可将公式中要先计算的部分用括号括起来。例如，=(B4+25)/ SUM(D5:F5)，应首先计算 B4+25，然后除以单元格 D5、E5 和 F5 中数值的和。

4.3.2　复制公式

1. 公式复制与填充

单元格内的公式复制、填充方法，与一般的单元格复制、填充方法一样。最简单的方法是拖动公式单元格右下角的填充柄，或者双击填充柄。但是如果公式有单元格引用，则涉及引用类型的问题。

如果希望仅复制公式单元格里的值，而非公式，则通过"选择性粘贴"进行操作。

2. 相对引用

组成公式计算部分的参数可以是常数，但用得较多的是单元格引用，即公式的计算部分是单元格地址。

【例 4-4】在图 4-37 所示的工作表中，在 B2 单元格输入 =A2+B1，则返回"5"，也就是"2+3"的值。

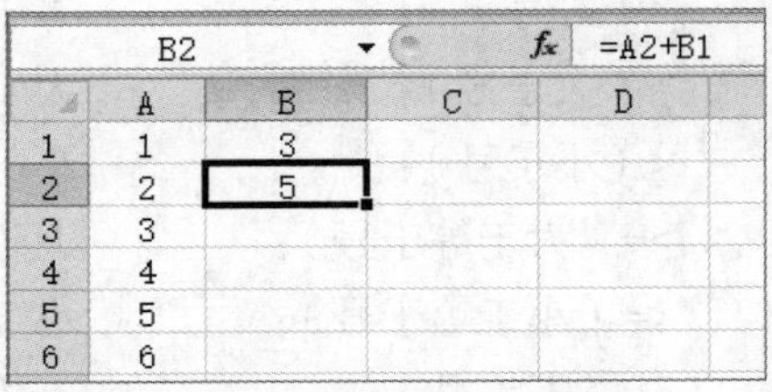

当将 B2 单元格的公式复制到 B3 单元格后，B3 单元格的结果为"8"。当选定 B3 单元格后，可以发现编辑栏显示的公式为 =A3+B2，而不是 =A2+B1。之所以如此，是因为此时单元格引用是相对引用，也就是所引用的单元格地址只不过是一种相对位置。

在 B2 单元格输入 =A2+B1，其含义是该单元格的返回值为其左边的单元格值加其上面的单元格值。当将公式复制到 B3 单元格后，其含义不变，因此 B3 单元格的公式为 =A3+B2。

图 4-37　工作表的相对引用

3. 绝对引用

如果公式引用的单元格位置是保持不变的，即使将公式复制到其他单元格也是绝对不变的，则需要绝对引用。绝对引用的单元格形式是：在行号与列标前加"$"符号，如"$A$1"。

4. 混合引用

混合引用就是引用绝对列和相对行，或引用绝对行和相对列，即 "$A1" 或 "A$1" 的形式。如果公式所在单元格的位置改变，则相对引用改变，而绝对引用不变。如果复制公式，相对引用自动调整，而绝对引用不调整。

5. 引用类型的判别

选定公式中单元格引用参数，连续按 "F4" 键可以循环改变引用的类型。单元格的引用类型的判断可以通过以下方法进行。

① 如果公式仅需要复制到同一行或者同一列，则可以列出前两个公式，看看这两个公式是否有相同的单元格引用参数，如果有，则该单元格引用为绝对引用。

例如，在图 4-38 所示的工作表中，要计算各月业绩在上半年所占比例，则 C3 单元格的公式为 =B3/B9，C4 单元格的公式为 =B4/B9，这两个公式引用了相同的 B9 单元格，因此，C3 单元格的公式应为 =B3/B9，然后将这个公式复制到 C4:C8 单元格区域。

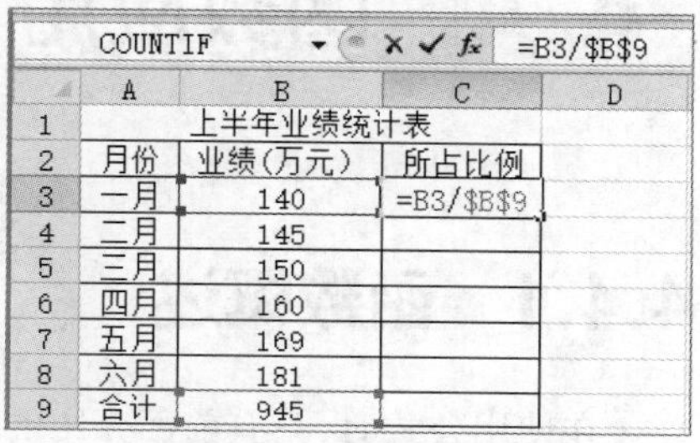

② 如果公式需要复制到不止一行或一列的区域，则首先列出该区域左上角单元格的公式，再列出该单元格右下角相邻的单元格的公式，比较两个公式，如果有不变的行号（或列标），则在该行号（或列标）前加上 "$" 符号，否则不添加。

【例 4-5】制作九九乘积表。

① 列出 B3 单元格的公式为 =B2*A3。

② 列出 C4 单元格的公式为 =C2*A4。

③ 比较以上两个公式，在不变的行号（或列标）前加上 "$" 符号，即在 B3 单元格输入的公式为 =B$2*$A3。

④ 将 B3 单元格的公式通过拖动复制到 C3:J3 单元格区域。

⑤ 选定 B3:J3 单元格区域的填充柄，拖动复制到 B4:J11 单元格区域，如图 4-39 所示。

图 4-38　工作表的绝对引用

图 4-39　九九乘积表

153

6. 公式的移动

当公式移动后，所引用的单元格参数不变。

7. 单元格引用的移动

公式所引用的单元格（不论是相对引用还是绝对引用、混合引用）移动后，公式会自动进行相应改变，但返回值不会改变。

【例 4-6】在图 4-37 所示的工作表中，在 B2 单元格输入 =A2+B1，返回值为 "5"。将 B1 单元格移动到 F6 单元格后，B2 单元格的公式变为 =A2+ F6，但返回值仍然为 "5"。

4.4 函数应用

4.4.1 函数概述

在使用公式时，只有前面介绍的几种运算符是不够的，函数可以增强公式的计算功能。事实上，函数是 Excel 2016 中最灵活的功能。函数是一些预定义的公式，通过使用一些称为参数的特定数据来按特定的顺序或结构执行计算。函数可用于执行简单或复杂的计算。例如，=MOD(A1,2)、=PI( )*3*3。

函数的格式：函数名（参数 1，参数 2，……）。函数的参数可以是一个或多个，也可以没有参数。参数可以是常量（如 1、3.1415927 等）、单元格引用（如 A2、A2:B5 等）、公式（如 A2*5%）。函数可以嵌套使用，也就是说函数的参数也可以是包含函数的公式，例如 =ROUND(PI( )*3*3, 2)。

本节介绍一些工作中经常使用的函数，数据库函数在 4.6 节介绍。在学习函数的过程中，要善于举一反三，善于利用 Excel 2016 提供的帮助系统进行学习。

函数的输入方法有以下 3 种。

方法一：直接输入，就和输入其他普通的数据一样，但如果函数单独使用，要以等号 "=" 开始。直接输入函数需要对函数比较了解，在输入过程中会有相应的提示。

方法二：单击 "公式" 选项卡的函数库组中的 "插入函数" 按钮 *fx*，或者单击编辑栏旁边的 "插入函数" 按钮 *fx*，打开 "插入函数" 对话框，再根据对话框的提示输入。在 "插入函数" 对话框中可以发现，函数包括 "财务" "日期与时间" "数学与三角函数" "统计" "查找与引用" "数据库" "文本" "逻辑" "信息" "工程" "多维数据集" "兼容" "Web" 十三大类，共 400 多个函数。而 "常用函数" 指的是该计算机最近使用过的函数，并非工作中的常用函数，如图 4-40 所示。

方法三：切换到 "公式" 选项卡，在函数库组中单击某个函数分类，从弹出的下拉列表中选择所需的函数。

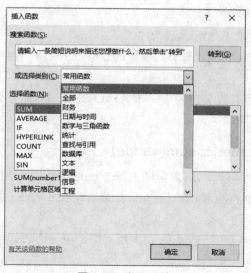

图 4-40　插入函数

4.4.2　使用函数的注意事项

① 要清楚函数的名称及其作用，不要将英文拼错，一些英文拼写相近的函数不要混淆（例如 COUNT 与 COUNTA）。

② 要知道函数的参数及其数据类型。要留意插入函数时弹出的"函数参数"对话框中对参数的说明，以及参数引用的是单元格还是区域。

③ 要清楚函数的返回值（即结果）是什么数据类型，有什么意义，尤其要注意文本函数。

④ 在编辑栏输入包含函数的公式时，注意不要单击其他无关的单元格，否则容易出错。编辑完成后按"Enter"键退出。

⑤ 在输入公式时，注意将输入法设置为英文输入法，不要设为中文输入法。

⑥ 对于功能相似的函数，要理解其使用场合。例如，SUM() 函数用于求和；SUMIF() 函数用于条件求和，其条件仅涉及数据库的一个字段；DSUM() 函数用于数据库求和，条件涉及数据库的两个及以上字段时使用该函数。

4.4.3　数学和三角函数

1. ABS(number)

该函数的结果为 number 参数的绝对值。

【例 4-7】=ABS(-3)，结果为"3"。

2. SUM(number1, number2, ...)

该函数的结果为所有参数 number1，number2，... 的和。

若参数为逻辑值，则 FALSE 转化为"0"，TURE 转化为"1"，如果参数是字符型的数值，也会计算在内。

【例 4-8】 =SUM("3", TRUE, 5)，结果为 "9"。

但是如果参数为引用坐标，则仅计算数值型的数据，不计算空白单元格、逻辑值、字符型的数据。

【例 4-9】 在图 4-41 所示的工作表中，求 A1:A3 的和，则输入公式 =SUM(A1:A3)，结果为 "8"。

	A
1	3
2	TRUE
3	5

图 4-41 【例 4-9】数据

3. SUMIF(range, criteria, sum_range)

该函数是条件求和函数，计算 range 范围内符合 criteria 条件的单元格顺序对应 sum_range 范围内的单元格的数值总和。如果省略 sum_range 参数，则对 range 参数区域进行计算。

注意该函数的 sum_range 范围与 range 范围所对应的单元格数目是相等的。

	A	B
1	红	1
2	蓝	2
3	红	3
4	蓝	4
5	蓝	5

图 4-42 【例 4-10】数据

【例 4-10】 在图 4-42 所示的工作表中，要计算 A1:A5 区域中为 "红" 对应 B1:B5 区域中的数值总和，则输入公式 =SUMIF(A1:A5," 红 ", B1:B5)，结果为 "4"。

要计算 B1:B5 区域内大于等于 4 的数值总和，则输入公式 =SUMIF(B1:B5,">=4")，结果为 "9"。

4. PRODUCT(number1，number2，…)

该函数的结果是所有参数 number1，number2，… 相乘的积。

若参数为逻辑值，则 FALSE 转化为 "0"，TURE 转化为 "1"，如果参数是字符型的数值，也会计算在内。

但如果参数为数组或引用坐标，只有其中的数值型数据会被计算，而空白单元格、逻辑值、文本或错误值会被忽略，这个规则类似 SUM() 函数。

5. INT(number)、TRUNC(number, num_digits) 与 ROUND(number, num_digits)

INT(number) 函数将 number 参数向下取整为最接近的整数，注意不是四舍五入。

【例 4-11】 =INT(-88.88)，结果为 "-89"；=INT(88.88)，结果为 "88"。

TRUNC(number,num_digits) 函数将 number 参数按 num_digits 参数指定的位数进行截取，注意不进行四舍五入。如果 num_digits 参数省略，则取默认值 "0"，即截取整数部分。

如果 num_digits 大于 0，则截取到指定的小数位。

【例 4-12】 =TRUNC(88.88, 1)，结果为 "88.8"。

如果 num_digits 等于 0，则截取整数部分。

【例 4-13】 =TRUNC(88.88)，结果为 "88"；=TRUNC(-88.88)，结果为 -88。

如果 num_digits 小于 0，则在小数点左侧进行截取。

【例 4-14】 =TRUNC(88.88, -1)，结果为 "80"。

需要指出的是，Excel 帮助系统中关于 TRUNC() 函数的说明 "函数 TRUNC 直接去除数字的小数部分，而函数 INT 则是依照给定数的小数部分的值，将其四舍五入到最接近的整数。"其实是错误的，因为 TRUNC() 函数并非仅可以直接除去小数部分，而 INT() 函数取整也不四舍五入。

ROUND(number,num_digits) 函数对 number 参数按 num_digits 参数指定的位数进行四舍五入，注意 num_digits 参数不能省略，没有默认值。

如果 num_digits 大于 0，则四舍五入到指定的小数位。

【例 4–15】=ROUND(88.88, 1)，结果为"88.9"。

如果 num_digits 等于 0，则四舍五入到最接近的整数。

=ROUND(88.88, 0)，结果为"89"。

如果 num_digits 小于 0，则在小数点左侧进行四舍五入。

=ROUND(88.88, –1)，结果为"90"。

注意以上函数的 number 参数可以是单元格，但不能是区域。

6. MOD(number,divisor)

该函数的结果为 number 参数除以 divisor 参数的余数，结果的正负号与除数相同。

【例 4–16】=MOD（3,2），结果为"1"；=MOD（–3,2），结果为"1"；=MOD（3,–2），结果为"–1"。

如果判断 A1 单元格内的数值是否为偶数，若是，返回"TRUE"，否则返回"FALSE"，则可以输入公式 =MOD(A1,2)=0。

7. SQRT(number)

该函数的结果为 number 的平方根，等同于 (number)^(1/2)。

【例 4–17】=SQRT(4)，即 4^(1/2)，结果为"2"。

8. PI()

该函数的结果为数值 3.14159265358979……，即圆周率 π，但显示为 3.141592654。注意不要漏了函数名后面的括号。

【例 4–18】求半径为 1 的圆的面积，公式为 =PI()*(1^2)。

9. RAND()

该函数的结果为随机产生的一个大于等于 0 且小于 1 的数，注意产生的随机数可以等于 0，但不会等于 1。每次打开工作簿时都会更新结果。

【例 4–19】要随机生成一个 a ～ b 的整数，公式为 =INT(RAND()*(b-a+1))+a。

10. SIN(number)

该函数的结果为给定弧度 number 的正弦值。如果参数的单位是度，则可以乘以 PI()/180 或使用 RADIANS() 函数将其转换为弧度。

例如，求 30 度（即 π/6）的正弦值，则可以输入以下公式之一。

=SIN(PI()/6)

=SIN(30*PI()/180)

=SIN(RADIANS(30))

4.4.4　统计函数

1. AVERAGE(number1, number2, …)

该函数用于求算术平均值。注意不要与 AVERAGEA() 函数混淆。

如果参数引用的单元格内有文本、逻辑值，或者是空白的单元格，则这些单元格忽略不计。

【例 4-20】在图 4-43 所示的工作表中，求 A1:A4 的平均值，输入公式 =AVERAGE(A1:A4)，结果为 "4"，即（3+4+5）/3=4，A3 是空白单元格，忽略不计。

2. COUNT(value1, value2, …) 与 COUNTA(value1, value2, …)

这两个函数都是用于计数。COUNT() 函数用于计算引用参数内，单元格数据类型为数值型的单元格个数，而 COUNTA() 函数用于计算引用参数内非空单元格的个数（注意：如果单元格内有空格，则不是空单元格），不考虑单元格是什么数据类型。通常使用的是 COUNTA() 函数。

【例 4-21】在图 4-44 所示的工作表中，求 A1:A4 计数，则输入公式 =COUNT(A1:A4)，结果为 "2"；输入 =COUNTA(A1:A4)，结果为 "3"。其中 A3 为空白单元格，A4 为文本型。

	A
1	3
2	4
3	
4	5

图 4-43 【例 4-20】数据

	A
1	3
2	4
3	
4	'5

图 4-44 【例 4-21】数据

要注意区分 SUM() 函数与 COUNTA() 函数，SUM() 函数是对单元格内的数据求总和，而 COUNTA() 函数是计算非空的单元格有多少个。

3. COUNTIF(range, criteria)

条件计数函数，计算在 range 范围内符合 criteria 条件的单元格数目。criteria 参数必须能在 range 范围内匹配，否则返回值为 "0"。

实际上，criteria 参数是输入的比较条件式，即带有 "=" "<" ">" 关系运算符，而 "=" 通常省略。

【例 4-22】在图 4-45 所示的工作表中，要计算 A1:A5 内大于等于 4 的单元格个数，则输入公式 =COUNTIF(A1:A5, ">=4")，结果为 "2"。

	A
1	1
2	2
3	3
4	4
5	5

图 4-45 【例 4-22】数据

4. MAX(number1, number2, …) 与 MIN(number1, number2, …)

MAX(number1, number2, …) 函数返回参数中的最大值，而 MIN(number1, number2, …) 函数则返回参数中的最小值。

如果参数是数组或引用，则 MIN() 函数忽略空白单元格、逻辑值、文本或错误值，仅使用其中的数字。如果参数中不含数字，则 MIN() 函数返回 0。

信息技术应用教程（Windows 10+Office 2016）

5. LARGE(array, k) 与 SMALL(array, k)

LARGE(array, k) 函数返回参数 array 数据区域或数组中的第 k 个最大值；SMALL(array, k) 函数返回参数 array 数据区域或数组中的第 k 个最小值。

【例 4-23】假设 array 区域中有 n 个数值，则函数 LARGE(array,1) 或 SMALL(array,n) 返回最大值，函数 LARGE(array,n) 或 SMALL(array,1) 返回最小值。

6. RANK(number, ref, order)

该函数用于求 number 参数在 ref 范围内的排位，order 参数指排位的方式，当取 "0"、FALSE 或省略时，则按降序排列；当取非 "0" 值或 TRUE 时，则按升序排列。

RANK() 函数对重复数值的排位结果相同，但重复数会影响后续数值的排位。

【例 4-24】在一系列按升序排列的数值中，如果数值 10 出现两次，其排位均为 5，则下一个比 10 大的数值排位为 7（没有排位为 6 的数值）。

7. FREQUENCY(data_array, bins_array)

该函数按照 bins_array 参数设置的间隔，计算 data_array 参数所在数据的频率分布，属于统计函数。该函数相对于其他函数比较特殊。

① bins_array 参数是间隔点，在同一列中输入，要从小到大设置，所表示的范围是小于或等于。

② 在输入公式之前要选定一个区域，比 bins_array 参数多一个单元格。

③ 公式输入完成后要按 "Ctrl+Shift+Enter" 组合键，而不是按 "Enter" 键。

【例 4-25】统计图 4-46 所示的工作表中 60 分以下（即不及格）、60 ~ 69 分、70 ~ 79 分、80 ~ 89 分、90 ~ 99 分、99 分以上的学生人数，步骤如下。

① 在 C2:C6 依次输入间隔点 59、69、79、89、99，注意不是 60、70、80、90、100，因为每个间隔点的含义是小于或等于，如果设置为 60 而不是 59 的话，会将 60 分统计为不及格。

② 选择 D2:D7 区域。

③ 在编辑栏输入 =FREQUENCY(B2:B9, C2:C6)。

④ 按 "Ctrl+Shift+Enter" 组合键。结果显示在 D2:D7 区域，其中 D7 单元格指的是 99 分以上的学生人数，如图 4-46 所示。

	A	B	C	D
1	姓名	分数		
2	佟霄	59	59	2
3	李军	60	69	2
4	黄天	45	79	1
5	陈东	88	89	1
6	张莉	100	99	1
7	王胜	75		1
8	吴根	96		
9	黎湖	65		

图 4-46 【例 4-25】数据

4.4.5 财务函数

财务函数主要包括 PMT(rate,nper,pv,fv,type)、PV(rate,nper,pmt,fv,type)、FV(rate,nper, pmt,pv, type)、NPER(rate,pmt,pv,fv,type)、RATE(nper,pmt,pv,fv,type,guess)，这 5 个函数各参数的含义如下。

① rate 参数为利率，注意该利率要与支付间隔期对应，例如，每月付款则按月利率计算（将年利率除以 12）。

② nper 参数是支付间隔期的总数，注意其单位要与支付间隔期对应，例如，如果是按月付款，则是多少个月。

③ pmt 参数是各期应支付的金额。

④ pv 参数是现值，也称为本金。

⑤ fv 参数是未来值，或在最后一次支付后希望得到的现金余额，如果省略 fv，则默认为 "0"，也就是一笔贷款的未来值为 0。

⑥ type 参数取 1 或 0，分别用于指定各期的付款时间是在期初还是期末，默认值为 "0"。

⑦ guess 参数是预期利率。如果省略预期利率，则假设该值为 10%。如果函数 RATE() 不收敛，则需要修改 guess 的值。通常当 guess 在 0 到 1 之间时，函数 RATE() 才收敛。

这 5 个函数用于计算货币的时间价值的相关运算，用法如下。

① PMT() 函数用于基于固定利率及等额分期付款方式，求每期付款额。

【例 4-26】假设购房贷款年利率为 6.12%，如果要贷款 30 万元，分 20 年还清，采用等额本息还款法（即每月以相等的金额偿还贷款本金和利息），月末还款，每月需要还多少元？

公式为 =PMT(6.12%/12, 20*12, 300000)，结果为 "-2170.11"，即每月要支付 2170.11 元。（负数表示支付，下同）。

② PV() 函数可以计算为了日后定期有相同的收益，现在需要一次付出的投资总额，相当于整存零取。

【例 4-27】假设整存零取 5 年期的年利率为 2.25%，如果希望 5 年内每月月末能取回 500 元，需要现在存入多少本金？

公式为 =PV(2.25%/12, 5*12, 500)，结果为 "-28348.94"，也就是需要存入本金 28348.94 元。

假设购房贷款年利率为 6.12%，如果每月能还贷 2170.11 元，分 20 年还清，月末还款，能贷多少钱？

公式为 =PV(6.12%/12,20*12,-2170.11)，结果为 "299999.53"。

③ FV() 函数用于基于固定利率及等额分期付款方式，求未来收益，相当于零存整取。

【例 4-28】假设零存整取 5 年期的年利率为 2.25%，如果从现在开始 5 年内每月月末存款 500 元，5 年后能取回多少钱？

公式为 =FV(2.25%/12, 5*12,-500)，结果为 "31721.17"。

④ NPER() 函数用于基于固定利率及等额分期付款方式，求分期付款的总期数。

【例 4-29】假设购房贷款年利率为 6.12%，如果要贷款 30 万元，采用等额本息还款法（即每月以相等的金额偿还贷款本金和利息），每月月末还款 2170.11 元，需要还贷多少个月？共多少年？

信息技术应用教程（Windows 10+Office 2016）

公式为 =NPER(6.12%/12,-2170.11,300000)，结果为"240.0007329"，单位是"月"，即20年。

⑤ RATE() 函数返回年金的各期利率。函数 RATE() 通过迭代法计算，可能无解或有多个解。如果在进行了20次迭代计算后，相邻的两次结果没有收敛于 0.0000001，那么将返回错误值 #NUM。

【例 4-30】假设购房贷款总额为30万元，采用等额本息还款法（即每月以相等的金额偿还贷款本金和利息），每月月末还款 2170.11 元，共还贷20年，则利率为多少？

公式为 =RATE(20*12,-2170.11,300000)，结果为"0.5100%"，这是月利率。年利率需要乘以12，即 0.5100%*12=6.12%。

4.4.6 日期与时间函数

1. DATE(year, month, day)

该函数结果是 year 年 month 月 day 日对应的日期。Excel 将 1900 年 1 月 1 日设为"1"，次日设为"2"，以此类推，以后的每个日期对应一个序列数。可以将序列数看作该日期是从 1900 年 1 月 1 日数过来的第几天。

输入日期时用短横线（-）或正斜杠（/）分隔日期的年、月、日部分，可以发现输入日期后单元格右对齐，可见日期实际上也是数值型数据，但在单元格里可以显示为不同的形式，例如"2021-11-1"或"2021/11/1"，如果希望显示为序列数"44501"，则单击"开始"选项卡数字组中的"数字格式"按钮，选择"常规"。如果输入的 month 值超出了12，day 值超出了该月的最大天数，函数会自动顺延至下一个周期。

【例 4-31】=DATE(2021, 13, 33)，结果为"2022/2/2"。

2. TIME(hour, minute, second)

该函数结果是 hour 时 minute 分 second 秒对应的时刻。如果所在的单元格数字格式设为"常规"，则结果显示为该时刻对应的数值。

Excel 使用 0 到 0.99999999 之间的数值代表从 0:00:00（00:00:00 AM）到 23:59:59（11:59:59 PM）之间的时刻。

【例 4-32】=TIME(6, 0, 0)，结果为"06:00 AM"。

3. YEAR(serial_number)、MONTH(serial_number) 与 DAY(serial_number)

该函数可以分别返回序列数的年、月、日的数值。

4. HOUR(serial_number)、MINUTE(serial_number) 与 SECOND(serial_number)

分别返回序列数的时、分、秒的数值。

5. NOW()

返回当前日期和时间。如果预先将所在的单元格数字格式设为"常规"，则显示对应的序列号，小数点左边的数表示日期，右边的数表示时间。

【例 4-33】如果没有对单元格进行任何设置，输入公式 =NOW()，结果为当前日期和时间，例如"2021-11-20 13:35"。

在不同的时间输入 NOW() 函数会有不同的值，但一旦输入 NOW() 函数，不会随时更新，除非重新计算。

注意输入函数时不要漏了一对括号。

6. TODAY()

返回当前日期。如果预先将所在的单元格格式设为"常规"，则结果显示为序列号。如果没有对单元格进行任何设置，则显示形式为日期。

4.4.7 文本函数

1. LEFT(text, num_chars) 与 RIGHT(text, num_chars)

这两个函数都是对 text 参数截取子字符串，LEFT() 函数用于从左起截取 num_chars 个字符，而 RIGHT() 函数用于从右起截取 num_chars 个字符，num_chars 参数默认为"1"。注意 text 参数如果是字符型，需要用双引号引起来，如果是引用坐标则不需要。

【例 4-34】=LEFT("abcd")，结果为"a"。

2. MID(text,start_num,num_chars)

返回字符串参数 text 中从 start_num 位置开始的 num_chars 个字符。

【例 4-35】如果 A1 单元格中的数据为"Microsoft Office"，

公式为 =MID(A1,6,4)，结果为"soft"；

公式为 =MID(A1,10,6)，结果为"Office"，注意不要忘了空格也是字符。

3. FIND(find_text, within_text, start_num) 与 SEARCH(find_text, within_text, start_num)

这两个函数都是从字符串中查找子字符串，find_text 是要查找的子字符串，在 within_text 中查找，从第 start_num 个字符开始查找，如果可以找到，则结果是第一个找到的子字符串 find_text 的第一个字符所在位置；如果找不到，则返回"#VALUE"错误值。注意该函数的结果是数值，而不是字符。

注意 FIND() 函数与 SEARCH() 函数的异同，两者的参数与返回值类型相同，区别如下。

① FIND() 函数区分字符的大小写，而 SEARCH() 函数则不区分。

② FIND() 函数的 find_text 参数不能使用通配符（即 ? 表示任意一个字符，* 表示任意字符串），而 SEARCH() 函数可以。

【例 4-36】如果 A1 单元格中的数据为"Microsoft Office"，

公式为 =FIND("O",A1,1)，结果为"11"；

公式为 =SEARCH("O",A1,1)，结果为"5"。

4. FIXED(number, decimals, no_commas) 与 VALUE(text)

FIXED() 函数用于将数值 number 转化为文本型数据，并且四舍五入保留 decimals 位小数。如果 no_commas 取 "FALSE"，则整数部分自右向左，每隔 3 位添加一个逗号；如果 no_commas 取 "TRUE"，则不加逗号。

decimals 参数默认值为 2，no_commas 参数默认值为 "FALSE"。

【例 4-37】=FIXED(1234567.3456789, 6)，结果为 "1, 234, 567.345679"。

与 FIXED() 函数作用相反的函数是 VALUE() 函数，VALUE() 函数用于将一个代表数值的字符串转换为数值型数据，text 参数如果是文本则需要加双引号。

【例 4-38】=VALUE("$100")，结果为 "100"。

5. TEXT(value,format_text)

TEXT() 函数用于将数值型参数 value 转换为按指定数字格式显示的文本。format_text 参数为 "设置单元格格式" 对话框中 "数字" 选项卡中 "分类" 列表框中的文本形式的数字格式，其形式可以在 "分类" 列表框中选择 "自定义"，根据 "类型" 列表框显示的格式设置，如图 4-47 所示。

图 4-47 设置 "自定义" 单元格格式

【例 4-39】在 A1 单元格输入 "-5859888"，在 A2 单元格输入公式 =TEXT(A1," ￥#, ##0.00")，结果在 A2 单元格显示文本 "- ￥5,859,888.00"。

在 "数字" 选项卡中设置单元格的格式，只会更改单元格的格式而不会影响其中的数值。而使用 TEXT() 函数可以将数值转换为带格式的文本，其结果将不再作为数字参与计算。

6. TRIM(text)

该函数可以清除 text 文本中所有的空格。但是会保留英文字符串之间的单个空格。通常从其他应用程序中获取的数据会带有不规则的空格，有可能导致数据不匹配，常常使用此函数消除空格。

UPPER(text) 将文本字符串 text 中的所有小写字母转换为大写字母。

LOWER(text) 将文本字符串 text 中的所有大写字母转换为小写字母。

PROPER(text) 将文本字符串 text 的首字母（或者是任何非字母字符之后的首字母）转换成大写，将其余的字母转换成小写。

4.4.8　逻辑函数

1．NOT(logical)

对参数求相反的逻辑值，即如果参数值为 FALSE，则 NOT() 函数返回 "TRUE"；如果参数值为 TRUE，则 NOT() 函数返回 "FALSE"。

【例 4–40】=NOT(1)，结果为 "FALSE"；

=NOT(1+1=1)，结果为 "TRUE"。

2．AND(logical1, logical2, …) 与 OR(logical1, logical2, …)

（1）AND() 函数的所有参数中，只要有一个参数的逻辑值为 FALSE，则结果为 "FALSE"；只有所有参数的逻辑值都为 TRUE，结果才为 "TRUE"。

（2）OR() 函数的所有参数中，只要有一个参数的逻辑值为 TRUE，则结果为 "TRUE"；只有所有参数的逻辑值都为 FALSE，结果才为 "FALSE"。

这两个函数的参数必须能计算为逻辑值（TRUE 或 FALSE），如果引用参数中包含文本或空白单元格，则这些单元格会被忽略不计。

需要特别注意的是，对于数值的逻辑值，如果数值为 "0"，则逻辑值为 "TRUE"，否则为 "FALSE"。

【例 4–41】要表示 "70<A1<80"，则需要输入 "AND(A1>70, A1<80)"。

3．IF(logical_test, value_if_true, value_if_false)

logical_test 参数是一个结果为 TRUE 或 FALSE 的表达式，如果其结果为 TRUE，则 IF() 函数返回 value_if_true 参数的值，或者执行 value_if_true 参数的表达式；如果其结果为 FALSE，则 IF() 函数返回 value_if_false 参数的值，或者执行 value_if_false 参数的表达式。可以用二叉树来表示，如图 4-48 所示。按照这个二叉树，可以对应写出 IF() 函数的公式。

【例 4–42】判断 A2 单元格里的成绩是否达到 60 分，达到则在 A3 单元格显示 "及格"，否则显示 "不及格"。

首先写出判断的条件，也就是 logical_test 参数：A2>=60。

然后设置这个条件成立与不成立时应该分别返回什么值，绘出二叉树（见图 4-49），最后对应写出公式：=IF(A2>=60," 及格 "," 不及格 ")。

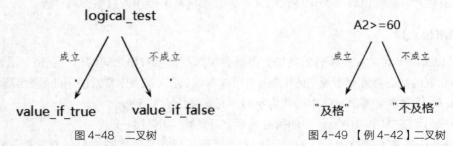

图 4-48　二叉树　　　　　　　　　图 4-49 【例 4-42】二叉树

value_if_true 与 value_if_false 参数可以是含 IF() 函数的表达式，即 IF() 函数可以嵌套。可以用图 4-50 所示的二叉树表示。

信息技术应用教程（Windows 10+Office 2016）

写公式时，从最低的分叉（也就是含一个 IF() 函数的公式）开始写，然后将这个分叉作为上一层 IF() 函数的一个参数，继续完成公式。

【例 4-43】判断 A2 单元格里的成绩，达不到 60 分则在 A3 单元格显示"不及格"，达到 60 分不到 90 分则显示"及格"，达到 90 分则显示"优秀"，二叉树如图 4-51 所示。

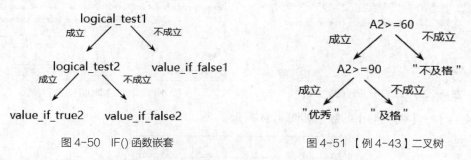

图 4-50　IF() 函数嵌套　　　　　　　　图 4-51　【例 4-43】二叉树

公式为 =IF(A2>=60, IF(A2>=90 "优秀"，"及格")，"不及格")。

4.4.9　查找与引用函数

1. VLOOKUP(lookup_value,table_array,col_index_num,range_lookup) 与 HLOOKUP(lookup_value,table_array,row_index_num,range_lookup)

函数名"VLOOKUP"中的"V"代表垂直（vertical），函数名"HLOOKUP"中的"H"代表水平（horizontal）。VLOOKUP() 函数使用较广泛。

① VLOOKUP() 函数，在 table_array 区域中的第一列中查找符合参数 lookup_value 的记录，并返回该记录位于 table_array 区域第 col_index_num 列的数据。

参数 range_lookup 取逻辑值，当 range_lookup 为 TRUE 时，则返回近似匹配值，也就是说，如果找不到精确匹配值，则返回小于 lookup_value 的最大数值。要求 table_array 的第一列中的数值必须事先按升序排列，依次为 ...,-2,-1,0,1,2,...,-Z,FALSE,TRUE，否则，函数 VLOOKUP() 不能返回正确的数值。

当 range_lookup 为 FALSE，返回精确匹配值，则 table_array 不必进行排序，该参数通常取"FALSE"。常常使用"0"代替"FALSE"，使用"1"代替"TRUE"。

② 当比较值位于数据表首行时，可以使用 HLOOKUP() 函数代替 VLOOKUP() 函数。HLOOKUP() 函数用于在 table_array 区域中的第一行中查找符合参数 lookup_value 的记录，并返回该记录位于 table_array 区域第 row_index_num 行的数据。参数 range_lookup 的含义与 VLOOKUP() 函数中的相同。

使用 VLOOKUP() 函数，必须特别注意的是：该函数第二个参数（table_array，查找的区域）的左边第一列，是需要查找的第一个参数（lookup_value，也就是要查找的条件）的所在列。

VLOOKUP() 函数参数对话框如图 4-52 所示，HLOOKUP() 函数参数对话框如图 4-53 所示。

图 4-52　VLOOKUP() 函数参数　　　　　图 4-53　HLOOKUP() 函数参数

【例 4-44】～【例 4-47】的数据如图 4-54 所示。

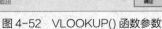

	A	B	C
1	学号	姓名	分数
2	A01	佟霄	59
3	A02	李军	60
4	A03	黄天	45
5	A04	陈东	88
6	A05	张莉	100
7	A06	王胜	75
8	A07	吴根	96
9	A08	黎湖	65

图 4-54　学生分数表

【例 4-44】要查找张莉的成绩,则输入 =VLOOKUP(" 张莉 ",B2:C9,2,FALSE),结果为 "100"。

由于条件 "张莉" 需要在 B 列查找,因此参数 table_array 区域的第一列必须为 B 列,设置为 "B2:C9"。

2. MATCH(lookup_value,lookup_array,match_type)

在 lookup_array 中按 match_type 指定的方式查找 lookup_value,返回其在 lookup_array 中的位置。lookup_array 通常是需要查找的单元格区域,只允许是单行或单列。

match_type 是查找方式:取 "1" 时,函数查找小于或等于 lookup_value 的最大数值,lookup_array 必须按升序排列;取 "0" 时,函数查找等于 lookup_value 的第一个数值,lookup_array 不需要排序;取 "-1" 时,函数查找大于或等于 lookup_value 的最小数值,Lookup_array 必须按降序排列。如果省略,则默认取 "1"。

查找文本值时,函数不区分大小写字母,如果查找不成功,则返回错误值 "#N/A"。如果 match_type 取 "0" 且 lookup_value 为文本,lookup_value 可以包含通配符。在实际应用中,match_type 参数通常取 "0"。

【例 4-45】=MATCH("A05",A1:A9,0),返回值为 "6";

=MATCH(" 姓名 ", A1:C1, 0),返回值为 "2"。

3. INDEX(reference,row_num,column_num,area_num)

INDEX() 函数有两种语法形式：引用和数组。引用形式通常返回引用，数组形式通常返回数值或数值数组。引用形式较常用，上述格式是引用形式。

返回 reference 多个单元格区域中，第 area_num 个区域的第 row_num 行第 column_num 列单元格的数据。通常 reference 仅是一个单元格区域，则 area_num 参数可以省略。

【例 4–46】=INDEX(A1:C9,6,2)，返回值为"张莉"。

MATCH() 函数与 INDEX() 函数通常联合使用进行查找，其功能比 VLOOKUP() 函数或 HLOOKUP() 函数更方便。

【例 4–47】查找学号为 A05 的学生的姓名。

公式为 =INDEX(A1:C9, MATCH("A05",A1:A9,0), MATCH(" 姓名 ",A1:C1,0))，返回值为"张莉"。

4. CHOOSE（index_num, value1,value2, … ）

返回对应 index_num 参数顺序的 value 值，例如，当 index_num 参数为 1 时，返回 value1；如果为 2，则返回 value2，以此类推。value 参数的次序从 1 至 29，可以为数字、单元格引用、已定义的名称、公式、函数或文本等。

如果 index_num 参数小于 1 或大于列表中最后一个值的序号，则返回错误值 #VALUE!；如果 index_num 参数为小数，则将被截尾取整。

【例 4–48】和【例 4–49】的数据如图 4-55 所示。

	A
1	10
2	TRUE
3	计算机

图 4-55 【例 4-48】和【例 4-49】数据

【例 4–48】=CHOOSE(1,A1,A2,A3,1,"A",TRUE)，结果为"10"；
=CHOOSE(6,A6,A7,A8,1,"A",TRUE)，结果为"TRUE"。
【例 4–49】=SUM(CHOOSE(3,A1:A9,B1:B10,C1:C11))，相当于 =SUM(C1:C11)。

4.5　制作图表

4.5.1　图表概述

使用图表可以直观地显示表格的数值，方便查看数据的差异和预测趋势。例如，如果直接查看工作表（见图 4-56），不易比较各个业务部各月业绩的差异，但是通过柱形图就一目了然了，如图 4-57 所示。

	A	B	C	D	E	F
1	上半年业绩统计表					
2		业务一部	业务二部	业务三部	业务四部	合计
3	一月	34	35	42	29	140
4	二月	36	37	41	31	145
5	三月	38	40	39	33	150
6	四月	40	45	47	28	160
7	五月	47	43	45	34	169
8	六月	49	44	48	40	181
9					单位：	万元

图 4-56　工作表

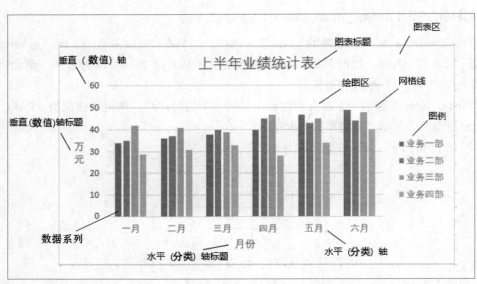

图 4-57　图表

1. 图表布局概述

将鼠标指针移至图表的各个部分，会出现图表的组成部分名称。

（1）图表区

图表区是指整个图表及其全部元素，当鼠标指针移至图表的空白处，可以选定图表区。

（2）坐标轴

图表绘图区用来控制绘图区的边界。二维图表的 y 轴（垂直轴）或三维图表的 z 轴通常为数值轴，包含数据，二维图表的 x 轴（水平轴）或三维图表的 x 轴、y 轴通常为分类轴。

（3）绘图区

在二维图表中，以坐标轴为界并包含所有数据系列的区域称为绘图区。在三维图表中，此区域以坐标轴为界并包含数据系列、分类名称、刻度线标签和坐标轴标题。

（4）数据系列

数据系列是在图表中绘制的相关数据点，这些数据源自数据表的行或列。图表中的每个数据系列具有唯一的颜色或图案并且在图表的图例中表示。可以在图表中绘制一个或多个数据系列。注意饼图只有一个数据系列。

（5）网格线

网格线是可添加到图表中以便于查看和计算数据的线条。网格线是坐标轴上刻度线的延伸，并穿越绘图区。

（6）图例

图例是一个方框，用于显示图表中的数据系列或分类指定的图案或颜色。

（7）图表标题

图表标题一般置于图表正上方，用于表示图表的名称。

（8）三维背景墙和基底

三维背景墙和基底是包围在三维图表周围的区域，用于显示图表的维度和边界。三维背景墙和基底会在三维图表中显示。

2. 图表类型

Excel 2016 提供了多种图表类型及自定义类型，每种图表类型又包含若干个子图表类型。在创建图表时要根据数据所代表的信息选择适当的图表类型，以便让图表更直观地反映数据。下面介绍几种常用的图表类型及其应用范围。

（1）柱形图

柱形图是使用较为广泛的图表类型，可以用来显示一段时期内数据的变化，或者说明各项数据之间的比较结果，通过分类项水平组织、数值项垂直组织，可以强调在一段时间的变化情况。在该类型中，有簇状柱形图、堆积柱形图、三维簇状柱形图、三维堆积柱形图等子类型。在一幅柱形图上可以同时有一个或多个数据系列。

（2）条形图

条形图用来描述各个项之间的差别。分类项垂直组织，数值项水平组织，相当于将柱形图顺时针旋转90°。

（3）饼图

饼图用来显示数据系列中每项占该系列数值总和的比例关系，如反映商品的市场占有率。在一幅饼图上只能有一个数据系列。

（4）圆环图

圆环图的作用类似饼图，也用于表示个体与总体的关系。区别在于圆环图允许有多个数据系列，不同半径的圆环代表不同的数据系列。

（5）折线图

折线图以等间隔显示数据的变化趋势，可以使用折线图来表示在某一段时期内或某一段距离内的变化趋势。

（6）面积图

面积图用于强调幅度随时间变化的情况，通过显示绘制值的总和，面积图还可以显示部分与整体的关系。

（7）XY 散点图

XY 散点图可以用来比较几个数据系列中的数值以及将两组数值显示为二维坐标系中的一个

系列。与柱形图、条形图、折线图等不同的是，XY 散点图在 x 轴（分类轴）中各数据项的分布不是等距离的，即图中各点是由分类轴及数值轴共同决定的。

（8）股价图

股价图通常用来显示股价的波动，即显示一段时间内一种股票的成交量、开盘价、最高价、最低价和收盘价情况。常用于金融、商贸等行业。

（9）曲面图

曲面图在寻找两组数据之间的最佳组合时很有用。类似拓扑图形，曲面图中的颜色和图案用于指示同一取值范围内的区域。

（10）雷达图

雷达图是专门用来进行多指标体系比较分析的专业图表。从雷达图中可以看出指标的实际值与参照值的偏离程度，从而为分析者提供有益的信息。

4.5.2 创建图表

图表是依据工作表中的数据创建的，会链接到工作表上的源数据。当工作表数据更新后，图表同时也会自动进行相应的更新。一般情况下，可通过下列两种方法创建图表。

1. 直接创建法

① 在工作表中选定图表所对应的数据。

注意

选定数据时，必须选定数值数据的行标题与列标题，也就是说除了选择的数据区域以外，还要选定其区域的上面一行与左面一列。

② 如果所需的数据是不连续的，可以按 "Ctrl" 键进行选定。

③ 选定数据后，在 "插入" 选项卡的图表组中选择图表的类型，单击对应的按钮，从展开的下拉列表中选择图表子类。此时可在工作表中看见创建的图表。

【例 4-50】根据图 4-56 所示的工作表，制作上半年业绩统计图表。

首先选定制作图表的单元格区域 A2:E8，然后单击 "插入" 选项卡的图表组中的 "插入柱形图或条形图" 按钮 ▮▮▾，弹出下拉列表，如图 4-58 所示，在下拉列表中选择 "簇状柱形图"，即可在工作表中插入一个簇状柱形图。

2. 利用对话框创建

利用对话框创建是指利用 "插入图表" 对话框来创建图表。单击 "插入" 选项卡图表组的对话框启动器按钮 ▫，打开 "插入图表" 对话框（见图 4-59），在 "所有图表" 选项卡的左侧选择图表类型，右侧选择对应的子类别，单击 "确定" 按钮。

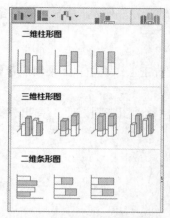

图 4-58 "插入柱形图或条形图"下拉列表

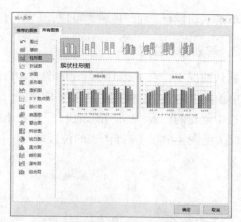

图 4-59 "插入图表"对话框

4.5.3 编辑图表

在 Excel 中创建的图表都会保持默认的图表位置和图表布局。为了达到详细分析图表数据的目的，还需要对图表进行一系列的编辑操作，包括更改图表类型、更改图表数据源、移动图表位置。

1. 更改图表类型

更改图表类型是指将已经创建的图表类型更换为另外一种类型。对于大多数二维图表，可以更改整个图表的图表类型以赋予其完全不同的外观。选中创建的图表，单击"图表设计"选项卡的类型组中的"更改图表类型"按钮 ，在弹出的"更改图表类型"对话框中选择一种图表类型。

也可以选择图表，右击并选择"更改图表类型"命令，在弹出的"更改图表类型"对话框中选择一种图表类型。

2. 更改图表数据源

更改图表数据源是指更改创建图表时选择的原始数据区域，随着数据区域的更改，图表中显示的内容也会发生相应的变化。选中创建的图表，单击"图表设计"选项卡的数据组中的"选择数据"按钮 ，弹出"选择数据源"对话框（见图 4-60）。单击"图表数据区域"右侧的折叠按钮 ，可以在工作表中重新选择数据区域。

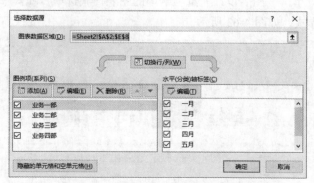

图 4-60 "选择数据源"对话框

单击"切换行 / 列"按钮，可以让"图例项"和"水平轴标签"列表框中显示的内容互换。

3. 移动图表位置

默认情况下，在 Excel 中创建的图表均以嵌入图表方式置于工作表中。如果用户希望将图表放在单独的工作表中，则可以更改其位置。

选中创建的图表，单击"图表设计"选项卡的位置组中的"移动图表"按钮 ，弹出"移动图表"对话框（见图 4-61），选择图表的位置即可。

图 4-61 "移动图表"对话框

4.5.4 美化图表

为了使创建的图表看起来更加美观，用户可以对图表标题、图例、图表区域、数据系列、绘图区、坐标轴、网络线等项目进行格式设置。

1. 使用预定义图表布局

选中创建的图表，单击"图表设计"选项卡的图表布局组中的"快速布局"按钮，在其下拉列表中选择相应的布局，如图 4-62 所示，接着在标题处输入相应的文本。

2. 应用预定义图表样式

预定义图表样式用于快速更改所选图表的颜色和样式，以便美化图表。

选中创建的图表，单击"图表设计"选项卡的图表样式组中的"更改颜色"按钮，可快速更改图表的配色方案。

图 4-62 图表快速布局

选中创建的图表，单击"图表设计"选项卡中的图表样式选项，在其下拉列表中选择相应的命令，即可更改图表样式，如图 4-63 所示。

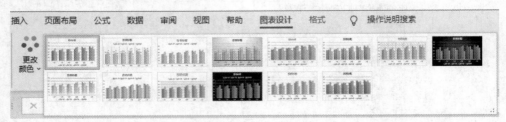

图 4-63 预定义图表样式

3. 自定义图表布局

用户不仅可以使用内置的图表布局，而且还可以使用自定义布局功能，重新设置坐标轴、坐标轴标题、图表标题、数据标签、数据表等的位置，以及显示或隐藏标题等。

选中创建的图表，单击"图表设计"选项卡的图表布局组中的"添加图表元素"按钮，在其下拉列表中选择相应的选项进行设置即可，如图4-64所示。

4. 自定义图表格式

用户可以通过设置图表区的填充颜色、边框颜色、边框样式、三维格式与旋转等来美化图表。主要有以下两种方法。

- 选中创建的图表，切换到"格式"选项卡，通过形状样式组可以对图表中选定的元素的形状填充、轮廓、效果等进行设置。而通过艺术字样式组可以对图表中的文字进行美化。
- 选中创建的图表，单击"格式"选项卡的当前所选内容组中的"设置所选内容格式"按钮，打开"设置图表区格式"窗格进行设置，如图4-65所示。

图4-64 添加图表元素

图4-65 "设置图表区格式"对话框

5. 显示模拟运算表

为了更直观地表现数据与图表中数据系列的对应关系，可以为图表添加模拟运算表。

选中创建的图表，单击"图表设计"选项卡的图表布局组中的"添加图表元素"按钮，在下拉列表中选择"数据表"→"显示图例项标示"，此时在图表的底部可以看见对应的模拟运算表，如图4-66所示。

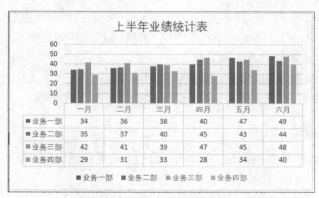

图4-66 显示模拟运算表

6．添加趋势线

趋势线用于预测分析，用户可以在条形图、柱形图、折线图、股价图等图表中为数据系列添加趋势线。操作步骤如下。

① 选中创建的图表，单击"图表设计"选项卡的图表布局组中的"添加图表元素"按钮，在下拉列表中选择"趋势线"→"线性"，弹出"添加趋势线"对话框（见图 4-67）。

② 在"添加趋势线"对话框中选择需要添加趋势线的数据系列，单击"确定"按钮。添加了趋势线后的效果，如图 4-68 所示。

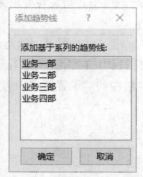

图 4-67 "添加趋势线"对话框

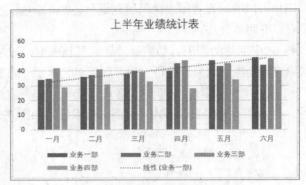

图 4-68 添加趋势线后的图表

③ 双击图表中的趋势线，弹出"设置趋势线格式"窗格，可以修改趋势线的类型，还可以切换上方的"填充与线条"和"效果"选项来设置趋势线的格式，如图 4-69 所示。

4.5.5 创建迷你图

迷你图是以单元格为绘图区域，绘制出的一种简捷的数据小图表。

1．创建迷你图

用户只需要先选择要创建迷你图的类型，然后选择好数据范围和迷你图的位置即可创建迷你图。

【例 4-51】根据图 4-56 所示的工作表，创建各个业务部门从 1 月到 6 月业绩的迷你折线图。

① 在第 9 行插入空白行，单击"插入"选项卡的迷你图组中的"折线图"按钮，弹出"创建迷你图"对话框。

② 选择数据范围和迷你图的位置，如图 4-70 所示。

③ 单击"确定"按钮，回到工作表，显示迷你图效果，如图 4-71 所示。

图 4-69 设置趋势线格式

2．更改迷你图类型

选择迷你图所在的单元格，单击"迷你图"选项卡的类型组中的"柱形"按钮，即可将当前的折线图改为柱形图。

图 4-70　设置迷你图数据范围和位置

图 4-71　显示迷你图

3. 设置迷你图的样式

选择迷你图所在的单元格，单击"迷你图"选项卡的样式组中的"样式"下拉按钮，在展开的下拉列表中选择一种样式即可，如图 4-72 所示。

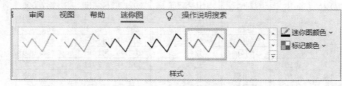

图 4-72　迷你图样式

也可以选择迷你图所在的单元格，单击"迷你图"选项卡的样式组中的"迷你图颜色"按钮，在下拉列表中选择一种颜色，更改迷你图的线条颜色。

4.6　数据库与数据分析

数据分析是 Excel 的一个重要功能，是针对数据库进行整理与统计。常用的数据分析操作有排序、筛选、分类汇总与创建数据透视表。

对数据库的操作不需要选定整个数据库，只需将光标移至该数据库的任意一个单元格即可。

4.6.1　数据库与数据库函数

1. 数据库基本概念

（1）数据库

在 Excel 里，数据库表现为一个二维表。图 4-73 所示的工作表的 A2:E32 区域，就是一个数据库。为了便于进行数据库操作，作为数据库的工作表数据必须满足如下条件。

① 第一行为列标题，其余行为具体数据，列标题不能缺失，也不能重复。

② 数据库与库外的数据间起码要间隔一行或一列，而数据库中不能出现空行或空列。

③ 如果数据库中的数据是由公式计算出来的，则要注意公式中所引用单元的地址类型。若引用数据库以外的单元格，则要用绝对地址；若引用数据库以内的单元格，则用相对地址。这主

要是避免排序所带来的影响。

（2）字段

数据库中的一列称为一个字段，包括字段名和字段值两部分。字段反映的是对象某一方面属性的信息，如图 4-73 所示的数据库中的"订单编号"字段、"部门"字段等。

	A	B	C	D	E
1	智诚公司上半年订单一览表				
2	订单编号	业务员	部门	签单日期	订单金额
3	A001	郝一辉	业务一部	2021年1月3日	¥12,000
4	A002	赵军	业务三部	2021年1月6日	¥43,000
5	A003	陈红月	业务一部	2021年1月14日	¥17,000
6	A004	贺小龙	业务二部	2021年1月18日	¥34,000
7	A005	温伟	业务四部	2021年1月23日	¥16,000
8	A006	龙易伦	业务四部	2021年1月30日	¥16,000
9	A007	陈红月	业务一部	2021年2月5日	¥69,800
10	A008	李思娜	业务二部	2021年2月11日	¥15,000
11	A009	张菲	业务三部	2021年2月15日	¥18,500
12	A010	刘娟	业务四部	2021年2月26日	¥47,000
13	A011	金明	业务三部	2021年2月28日	¥38,000
14	A012	温伟	业务四部	2021年3月8日	¥54,000
15	A013	刘娟	业务四部	2021年3月10日	¥40,000
16	A014	胡英	业务一部	2021年3月14日	¥38,000
17	A015	张菲	业务三部	2021年3月20日	¥68,700
18	A016	王小琪	业务三部	2021年3月27日	¥42,000
19	A017	李思娜	业务二部	2021年4月2日	¥37,000
20	A018	龙易伦	业务四部	2021年4月17日	¥35,600
21	A019	陈红月	业务一部	2021年4月24日	¥57,000
22	A020	赵军	业务三部	2021年4月26日	¥74,300
23	A021	李思娜	业务二部	2021年5月4日	¥15,000
24	A022	金明	业务三部	2021年5月13日	¥78,000
25	A023	贺小龙	业务二部	2021年5月20日	¥28,700
26	A024	郝一辉	业务一部	2021年5月28日	¥50,000
27	A025	温伟	业务四部	2021年5月29日	¥61,000
28	A026	陈红月	业务一部	2021年6月6日	¥17,000
29	A027	张菲	业务三部	2021年6月15日	¥65,000
30	A028	刘娟	业务四部	2021年6月16日	¥87,000
31	A029	胡英	业务一部	2021年6月20日	¥68,000
32	A030	王小琪	业务三部	2021年6月27日	¥72,000

图 4-73　数据库

字段名：字段中的第一行列标题称为字段名，图 4-73 所示的数据库中第二行为字段名。

字段值：字段的取值，字段中除字段名外的其他数据都是字段值。

（3）记录

数据库中除第一行字段名外，其他的每一行称为一条记录。它反映的是同一个对象的相关信息，在进行数据库有关操作时一般以记录为单位进行。

2. DCOUNT(database, field, criteria) 与 DCOUNTA(database, field, criteria)

它们都是数据库函数中的计数函数。数据库函数的特点是可以在复杂的条件下进行统计。其关键在于设置条件区域，这也是学习 Excel 函数的一个难点。

数据库函数的参数形式均相同，database 参数是数据库区域，field 参数是需要统计的字段，可以是该字段名所在的单元格地址引用，也可以是该字段在数据库中的列序，criteria 参数是条件区域。

条件区域实际上是在 Excel 工作表中的一个区域，其作用是表示较为复杂的条件，分为比较条件式与计算条件式两种。条件区域一般列在数据库的下面，与数据库之间有空行。

信息技术应用教程（Windows 10+Office 2016）

比较条件式的第一行是条件标记行，其内容必须是字段名；其余各行是条件表达式（等号可以省略），在同一行的条件是"与"的关系，也就是要同时满足；不同行的条件之间是"或"的关系。

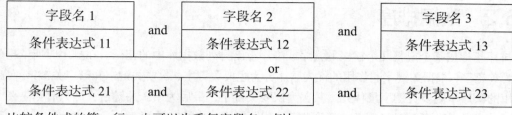

比较条件式的第一行，也可以为重复字段名。例如：

字段名 1		字段名 1
条件表达式 11	and	条件表达式 12

表示字段 1 必须同时满足条件表达式 11 与条件表达式 12。

计算条件式可以表示比比较条件式更加复杂的条件，其第一行可以为空，但不能省略。第二行是以"="开头、结果为 TURE 或 FALSE 的公式，用于表达条件。在公式中必须引用字段名来设置条件，字段名通过引用该字段的第一条记录对应的单元格地址引用来代替。

DCOUNT() 函数与 DCOUNTA() 函数的区别类似 COUNT() 函数与 COUNTA() 函数的区别。使用 DCOUNT() 函数的话，其 field 字段的数据类型必须是数值型，否则结果可能是零，因此常用 DCOUNTA() 函数。实际上，DCOUNT() 函数与 DCOUNTA() 函数对 field 参数不敏感，也就是说，只要 field 参数是数据库内的任一字段名，结果都是一样的。

【例 4-52】对于图 4-73 所示的数据库，要查找签单日期在 2021 年 3 月至 5 月的订单，则可以在 A34:B35 区域输入比较条件式：

签单日期	签单日期
>=2021/3/1	<=2021/5/31

注意不要写成 ">=DATE(2021, 5, 31)"。

或者在 A37:A38 区域输入计算条件式：

=AND(MONTH(D3)>=3, MONTH(D3)<=5)

【例 4-53】以上例的计算条件式为例，如果要统计签单日期在 2021 年 3 月至 5 月的订单数，则输入 =DCOUNTA(A2:E32,B2,A34:B35) 或 =DCOUNTA(A2:E32,B2,A37:A38)，结果都为"14"。

但如果输入 =DCOUNT(A2:E32,B2,A34:B35)，则结果为"0"。

3. DSUM(database, field, criteria)

数据库函数中的求和函数。

4. DAVERAGE(database, field, criteria)

数据库函数中的求平均值函数。

5. DMAX(database, field, criteria) 与 DMIN(database, field, criteria)

它们均是数据库函数，求数据库中满足条件的最大值、最小值。

4.6.2 数据排序

排序指根据某个或某几个字段的升序或降序重新排列数据库中的记录。在排序时所依据的字段称为关键字，根据关键字起作用的优先顺序分为主要关键字、次要关键字和第三关键字。显然，起作用的次序以主要关键字最优先，其次为次要关键字，最后为第三关键字，即只有当主要关键字相同时才考虑次要关键字，当次要关键字也相同时才考虑第三关键字。

1. 排序的依据

① 数值：按数值大小。

② 字母：按字典顺序，默认为大小写等同，可在"排序选项"对话框中设置区分大小写。

③ 汉字：默认为按拼音顺序，可在"排序选项"对话框中选择按拼音或笔画顺序排序。

④ 混合：升序为"数字""字母""汉字"。

⑤ 撇号（'）和短横线（-）会被忽略。但例外情况是如果两个文本字符串除了短横线不同外其余都相同，则带短横线的文本较大。

⑥ 逻辑值："FALSE"小于"TRUE"。

⑦ 错误值：所有错误值的优先级相同。

⑧ 自定义序列：可先建立"自定义序列"，然后在"排序选项"对话框中指定该序列。序列值的大小顺序取决于它在自定义序列中的位置。

⑨ 空白单元格：空白单元格始终排在最后。

2. 操作步骤

（1）简单排序

① 选定待排序字段中的任意单元格。

② 单击"数据"选项卡的排序和筛选组中的"升序"按钮↓或"降序"按钮↓。

（2）多条件排序

多条件排序是指对选定的数据区域，按照两个以上的排序关键字进行排序。

① 选定数据区域中任意单元格。

② 单击"数据"选项卡的排序和筛选组中的"排序"按钮，打开"排序"对话框。

③ 根据实际情况在弹出的"排序"对话框中选择排序关键字及顺序，单击"选项"按钮可进行排序特殊选项设置，如区分大小写、按行排序等。

【例 4-54】对图 4-73 所示的数据库进行排序，首先按"业务一部、业务二部、业务三部、业务四部"的顺序排序，然后按业务员的姓名笔画顺序排序。

① 按 4.2.1 小节所介绍的方法输入自定义序列"业务一部、业务二部、业务三部、业务四部"。

② 选定数据区域中任意单元格，单击"数据"选项卡的排序和筛选组中的"排序"按钮。

③ 在弹出的"排序"对话框中的"主要关键字"下拉列表中选择"部门"，"次序"下拉列表中选择"自定义序列"。

④ 在弹出的"自定义序列"对话框中选择"业务一部,业务二部,业务三部,业务四部",单击"确定"按钮。

⑤ 在"排序"对话框中的"次要关键字"下拉列表中选择"业务员",如图 4-74 所示,然后单击"选项"按钮。

⑥ 在弹出的"排序选项"对话框中选择"笔划排序"方法,然后单击"确定"按钮,如图 4-75 所示。

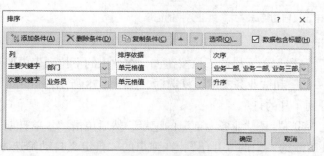

图 4-74　排序

图 4-75　设置排序选项

4.6.3　数据筛选

很多时候需要在数据库中寻找符合某种条件的记录,但如果数据库过大,则不便于寻找与浏览。筛选操作是将数据库中符合条件的记录显示出来,而不符合条件的记录则隐藏,这样可以方便用户查看。筛选结果的记录所对应的行号会变成蓝色。

筛选操作分自动筛选与高级筛选,前者适用于简单的筛选,后者适用于比较复杂的筛选。

1. 自动筛选

自动筛选的操作步骤如下。

① 选定需要进行筛选的数据库中的任意单元格。

② 单击"数据"选项卡的排序和筛选组中的"筛选"按钮 ▼。

③ 单击与筛选条件相关的字段名单元格的下拉按钮▼,并设置条件。

【例 4-55】在图 4-73 所示的数据库中进行如下操作。

（1）筛选出订单金额在前 5 位的记录

单击"数据"选项卡的排序和筛选组中的"筛选"按钮,单击"订单金额"字段名单元格的下拉按钮▼,选择"数字筛选"中的"前 10 项",然后在弹出的"自动筛选前 10 个"对话框中设置为"显示""最大""5""项",如图 4-76 所示。

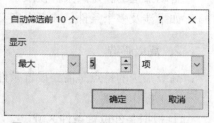

图 4-76　设置自动筛选最大 5 项的记录

（2）筛选出"龙"姓业务员的记录

单击"筛选"按钮,单击"业务员"字段名单元格的下拉按钮▼,选择"文本筛选"中的"开头是",在弹出的"自定义自动筛选方式"对话框中"业务员"设置为"开头是""龙",如图 4-77

所示，或者设置为"等于""龙 *"，但不能设置为"包含""龙"，否则会将名字中含有"龙"的业务员的记录都显示出来。

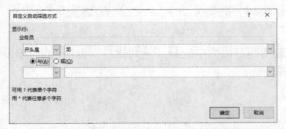

图 4-77　自定义自动筛选"龙"姓业务员的记录

（3）筛选业务一部与业务二部的记录

单击"筛选"按钮，单击"部门"字段名单元格的下拉按钮，在弹出的下拉列表中取消勾选"（全选）"复选框，并勾选"业务一部"和"业务二部"复选框，如图 4-78 所示。

（4）筛选业务一部在 2021 年 3 月到 4 月的订单

单击"筛选"按钮，首先筛选出"部门"是"业务一部"的记录，然后单击"签单日期"字段名单元格的下拉按钮，选择"日期筛选"中的"介于"，在弹出的"自定义自动筛选方式"对话框中按图 4-79 所示进行设置。

图 4-78　筛选业务一部与业务二部的记录

图 4-79　自定义自动筛选方式

自动筛选的自定义条件仅限于一个字段，且仅能设置两个条件，不能与其他字段交叉。

如果涉及多个条件，或者自定义条件是与其他字段交叉的条件，则需要使用高级筛选。

2. 高级筛选

高级筛选的特点是需要设置条件区域，条件区域的设置方法与数据库函数相同。

（1）操作步骤

① 根据条件设置条件区域。

② 选定需要进行筛选的数据库中的任意单元格。

③ 单击"数据"选项卡的排序和筛选组中的"高级"按钮。

④ 在弹出的"高级筛选"对话框中进行设置。

如果要通过隐藏不符合条件的数据行来筛选数据库,可选择"在原有区域显示筛选结果"。

如果要将符合条件的数据行复制到工作表的其他位置,则选择"将筛选结果复制到其他位置",再在"复制到"编辑框中单击,然后单击粘贴区域的左上角单元格。

在"条件区域"编辑框中,输入条件区域的地址(可以通过鼠标选定)。"列表区域"指整个数据库区域,一般能自动填充。

如果有多条相同记录时只需筛选出一条,则可以勾选"选择不重复的记录"复选框(见图4-80)。

(2)恢复数据库显示

当高级筛选以"在原有区域显示筛选结果"方式操作后,要恢复显示数据库,则单击"数据"选项卡的排序和筛选组中的"清除"按钮 🦰。

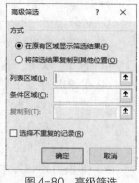

图4-80 高级筛选

【例4-56】筛选出业务二部2021年3月的订单与业务三部2021年4月的订单,并将筛选结果复制到以A38为左上角的单元格区域。

由于筛选的条件涉及"部门"与"签单日期"两个字段,而且条件交叉组合,无法使用自动筛选完成,因此需要使用高级筛选。

在A34:C36输入条件区域:

部门	签单日期	签单日期
业务二部	>=2021-3-1	<=2021-3-31
业务三部	>=2021-4-1	<=2021-4-30

然后执行高级筛选操作,在"高级筛选"对话框中根据图4-81进行设置。

图4-81 设置高级筛选

条件区域也可以设置为计算条件式:

=OR(AND(C3=" 业务二部 ",MONTH(D3)=3),AND(C3=" 业务三部 ",MONTH(D3)=4))

4.6.4 分类汇总

分类汇总是按类别统计数据,实际上包括排序与汇总两步操作。排序后,主要关键字字段相同类别的记录就集中在一起,也就是"分类"。"汇总"包括求和、计数、求平均值等统计。分类汇总的结果分级显示，分类汇总的条件仅限于一个字段。

1. 分类汇总

分类汇总的操作如下。

① 对分类汇总的分类字段进行排序，升降序均可。

② 选定需要进行分类汇总的数据库中的任意单元格。

③ 单击"数据"选项卡的分组显示组中的"分类汇总"按钮 ▦ 。

④ 在弹出的"分类汇总"对话框中进行设置。

- 在"分类字段"下拉列表中，选择分类字段，也就是排序的关键字字段。

- 在"汇总方式"下拉列表中，选择统计方式。

- 在"选定汇总项"列表框中，勾选要进行分类汇总的字段的复选框。

- 如果希望在每个分类汇总后有一个自动分页符，勾选"每组数据分页"复选框。

- 如果希望分类汇总的结果出现在分类汇总的行的上方，而不是在行的下方，则取消勾选"汇总结果显示在数据下方"复选框。

在分类汇总时，如果要以不同方式汇总同一数据库，则完成第一次分类汇总后，再进行一次，但是要在"分类汇总"对话框中取消勾选"替换当前分类汇总"复选框。以多种方式汇总同一个数据库只能针对相同的分类字段汇总同一数据库。

完成分类汇总的操作后，如果希望仅显示分类汇总或总计的汇总，则单击行号旁的分级显示符 ▣②③ 。使用 ➕ 和 ➖ 符号来显示或隐藏单个分类汇总的明细数据行。

2. 删除分类汇总的结果

① 选定已经进行分类汇总的数据库中的任意单元格。

② 单击"数据"选项卡的分组显示组中的"分类汇总"按钮。

③ 在弹出的"分类汇总"对话框中，单击"全部删除"按钮。

这样操作只是删除分级显示和随分类汇总一起插入数据清单中的所有分页符，但不会删除原始数据库的数据。

【例 4-57】在图 4-73 所示的数据库中，统计各部门的订单金额的总和。

如果只需计算其中某一个部门的订单金额的总和，可以使用 SUMIF() 函数来计算。而要计算所有部门的订单金额的总和，则可以使用分类汇总操作。

① 选定需要进行分类汇总的数据库中的任意单元格。

② 按"部门"字段进行排序。

③ 单击"数据"选项卡的分组显示组中的"分类汇总"按钮。

④ 在弹出的"分类汇总"对话框中进行设置，如图 4-82 所示。

⑤ "分类字段"设为"部门"，"汇总方式"设为"求和"，"选定汇总项"设为"订单金额"，其余保持默认，然后单击"确定"按钮。

分类汇总的结果如图 4-83 所示。

信息技术应用教程（Windows 10+Office 2016）

图 4-82　分类汇总

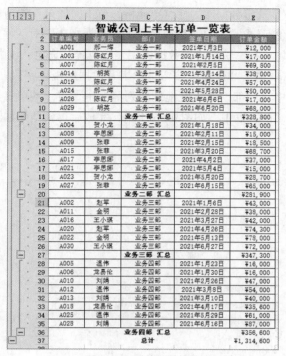

图 4-83　分类汇总结果

4.6.5　数据透视表

分类汇总是有条件的统计，其条件仅限于一个字段。如果统计的条件涉及多个字段，则可以使用数据透视表操作。数据透视表是交互式报表，可以方便统计大量数据。

1. 创建数据透视表

创建数据透视表可依照下面的例子进行操作。

【例 4–58】在图 4-73 所示的数据库中，统计不同部门各个月份的订单金额。

分析题目要求，其条件"不同部门各个月份"所涉及的字段有"部门"与"签单日期"两个字段，统计的字段为"订单金额"。如果以如下形式列出结果则十分清楚。

月份	部门				
	业务一部	业务二部	业务三部	业务四部	总计
1 月					
2 月					
3 月					
4 月					
5 月					
6 月					
总计					

① 选定数据库的任意单元格，单击"插入"选项卡的表格组中的"数据透视表"按钮 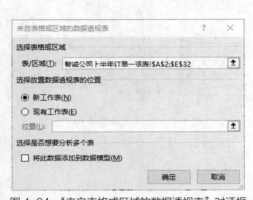。

② 弹出"来自表格或区域的数据透视表"对话框，默认在"表/区域"文本框中自动填入数据区域。在"选择放置数据透视表的位置"选项区域中选择"新工作表"，如图 4-84 所示。

③ 单击"确定"按钮，弹出"数据透视表字段"窗格。从"选择要添加到报表的字段"列表框中将"部门"字段拖到"列"框中，将"签单日期"字段拖到"行"框中，将"订单金额"拖到"值"框中，如图 4-85 所示，完成后得到结果如图 4-86 所示。

图 4-84 "来自表格或区域的数据透视表"对话框

图 4-85 "数据透视表字段"窗格

3	求和项:订单金额	列标签				
4	行标签	业务一部	业务二部	业务三部	业务四部	总计
5	1月	29000	34000	43000	32000	138000
6	2月	69800	33500	38000	47000	188300
7	3月	38000	68700	42000	94000	242700
8	4月	57000	37000	74300	35600	203900
9	5月	50000	43700	78000	61000	232700
10	6月	85000	65000	72000	87000	309000
11	总计	328800	281900	347300	356600	1314600

图 4-86 数据透视表结果

2. 更新数据透视表

如果数据透视表的数据源改变了，数据透视表不会自动刷新，需要按以下方法更新。

① 单击数据透视表。

② 单击"数据透视表分析"选项卡的数据组中的"刷新"按钮 。

3. 删除数据透视表

① 单击数据透视表，用鼠标从数据透视表的右下角开始拖动选定整张数据透视表。

② 单击"数据透视表分析"选项卡的操作组中的"清除"按钮 ，选择"全部清除"。

4. 利用数据透视表创建数据透视图

数据透视图是以图形形式表示的数据透视表，与图表和数据区域之间的关系相同，各数据透视表之间的字段相互对应。

① 单击数据透视表，单击"数据透视表分析"选项卡的工具组中的"数据透视图"按钮，打开"插入图表"对话框，选择"簇状柱形图"，如图 4-87 所示。

② 单击"确定"按钮，即可在工作表中插入数据透视图，如图 4-88 所示。

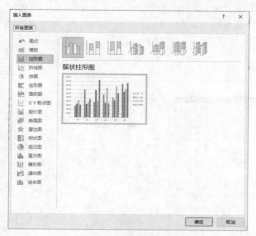

图 4-87　插入图表

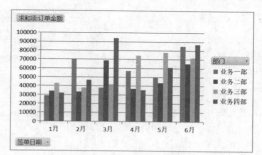

图 4-88　创建数据透视图

③ 选择数据透视图，切换到"设计"选项卡，可以利用相关命令添加图表元素，更改图表类型、图表布局和图表样式。切换到"格式"选项卡，可以对数据透视图进行外观上的设计。

4.7　Excel 2016 实训

本实训所有的素材均在"Excel 2016 应用实训"文件夹内。

实训 1　工作簿的建立及编辑操作

1. 技能掌握要求

① 在单元格输入数据。

② 快速填充序列。

③ 设置数据有效性的限制选项。

④ 设置单元格的字体、边框、对齐方式等格式。

⑤ 设置条件格式。

2. 实训过程

打开"成绩表"工作簿，按以下要求进行操作，完成后以原文件名保存。

① 在 A1 单元格输入标题"'办公软件'课程成绩"。

② 在 B17 单元格输入自己的姓名。

③ 在 B18 单元格输入当天的日期，并显示为中文的"××××年×月×日"。

提示

　　输入日期的示例，如果要输入 2022 年 3 月 14 日，则在单元格输入"2022-3-14"或"2022/3/14"。右击该单元格，在弹出的快捷菜单中选择"设置单元格格式"命令，然后在"设置单元格格式"窗口中的"数字"选项卡进行相应的格式设置，如图 4-89 所示。

图 4-89　单元格格式设置

④ 在 A3:A12 单元格区域输入序列 101～110。

提示

　　首先在 A3、A4 单元格分别输入 101、102，然后选中这两个单元格，再拖动填充柄至 A12 单元格。

⑤ 在 B3:B12 单元格区域依次输入"甲""乙""丙""丁""戊""己""庚""辛""壬""癸"。

提示

　　在 B3 单元格输入"甲"，然后向下填充至 B12 单元格，即可生成所需的序列。

⑥ 将 A20:J20 单元格区域的数据转置复制到 F3:F12 单元格区域。

提示

　　操作步骤是首先复制相应的区域，单击选中需要复制到的单元格 F3，右击并在弹出的快捷菜单中选择"选择性粘贴"命令，在弹出的对话框内勾选"转置"复选框，如图 4-90 所示。

图 4-90　转置粘贴

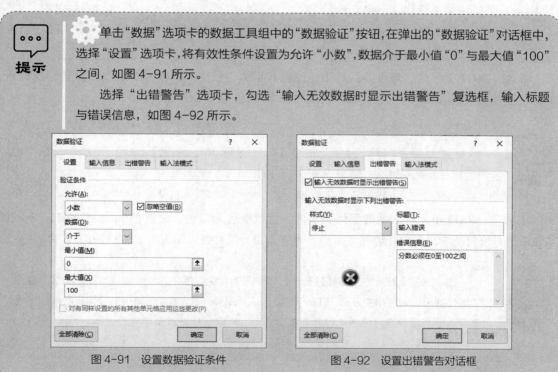

⑦ 删除 A22:J22 单元格区域的数据，将下方单元格上移。

⑧ 设置 E3:F12 单元格区域的数据验证输入规则，输入的成绩必须在 0 ～ 100，否则出现停止样式的警告对话框，标题为"输入错误"，信息为"分数必须在 0 至 100 之间"。以上单元格均忽略空值。

💬 提示

单击"数据"选项卡的数据工具组中的"数据验证"按钮，在弹出的"数据验证"对话框中，选择"设置"选项卡，将有效性条件设置为允许"小数"，数据介于最小值"0"与最大值"100"之间，如图 4-91 所示。

选择"出错警告"选项卡，勾选"输入无效数据时显示出错警告"复选框，输入标题与错误信息，如图 4-92 所示。

图 4-91　设置数据验证条件　　　　　　图 4-92　设置出错警告对话框

⑨ 设置 C3:C12 单元格区域的数据验证规则，只能输入"男"或"女"。输入时单元格右侧显示下拉按钮，提供"男""女"选项。然后，将 C3:C12 单元格区域分别设为"男""女""男""男""女""女""男""男""女""男"。

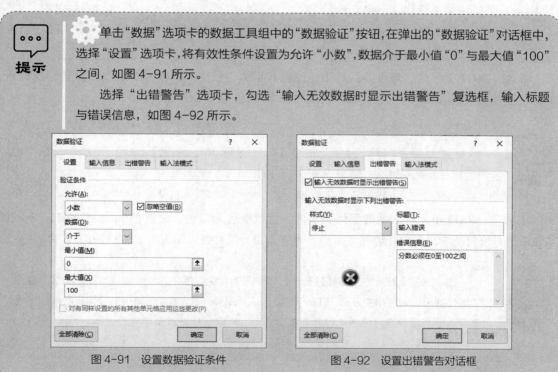

单击"数据"选项卡的数据工具组中的"数据验证"按钮,在弹出的"数据验证"对话框中,选择"设置"选项卡,选择允许"序列",在"来源"文本框中输入"男,女",勾选"忽略空值"复选框,如图4-93所示。

图4-93 数据验证条件

输入时,要使用半角的逗号(即英文输入状态),不能使用中文输入状态的全角空格。

⑩ 将 A1:G1 单元格区域合并后居中,设置其字体为黑体,字号为22,文字颜色为深红色,底纹颜色为浅绿色,字形为加粗、倾斜,添加双下画线。

合并后居中的操作步骤为:选中 A1:G1 区域,单击"开始"选项卡的对齐方式组中的"合并后居中"按钮。

⑪ 设置 A2:G2 单元格区域的字体为宋体,背景颜色为蓝色,个性色1,淡色40%,底纹图案为细逆对角线条纹,有内外边框,水平对齐方式为分散对齐(缩进),垂直对齐方式为居中。

选中需要设置格式的区域并右击,在弹出的快捷菜单中选择"设置单元格格式"命令,然后在弹出的对话框内选择"填充"选项卡,在"图案样式"下拉列表中选择相应的底纹图案。注意一定要准确选择要求的颜色与图案。可以将鼠标指针移至相应的图例上,这时会出现颜色或图案的名称提示,如图4-94所示。

图 4-94　设置单元格图案

⑫ 设置 E3:G12 单元格区域的条件格式，对于小于 60 分的分数，设置为倾斜、加粗、红色字体。

提示

选中 E3:G12 单元格区域，单击"开始"选项卡的样式选项组中的"条件格式"按钮，在下拉列表中选择"突出显示单元格规则"中的"小于"，打开"小于"对话框，如图 4-95 所示，在"设置为"下拉列表中选择"自定义格式"。

图 4-95　条件格式

然后在弹出的"设置单元格格式"对话框中按要求选择字形和颜色，如图 4-96 所示。

图 4-96　设置单元格条件格式

⑬将 A21 单元格内的"备注"文字设置为竖向排列,水平、垂直均居中。

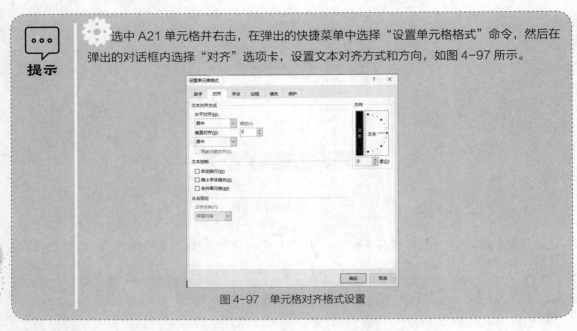

图 4-97　单元格对齐格式设置

⑭将工作表 Sheet1 重命名为"成绩表",设置其标签颜色为红色。

实训 2　公式与简单函数应用 1

1. 技能掌握要求

① 公式的输入。

② 相对引用与绝对引用的应用。

③ 常用函数 SUM()、AVERAGE()、COUNT()、MAX()、MIN() 的应用。

2. 实训过程

打开完成实训 1 后保存的"成绩表"工作簿,按以下要求进行操作,完成后以原文件名保存。

① 在 G3 单元格中输入公式 = E3*0.3+F3*0.7,然后填充至 G4:G12 单元格区域。

② 用函数计算课堂提问总次数(结果放在 D13 单元格)、总评成绩的平均分(结果放在 G13 单元格)、最高分(结果放在 G14 单元格)、最低分(结果放在 G15 单元格)、学生总人数(结果放在 D14 单元格)。

求和(SUM())、求平均值(AVERAGE())、计数(COUNT())、最大值(MAX())、最小值(MIN())这 5 个函数是最基本、最常用的函数,可以单击"公式"选项卡的函数库组中的"Σ 自动求和"按钮,在其下拉列表中选择合适的函数,而不需要知道函数的名称。

> 需要注意的是，按此方法插入的公式，其函数的参数由计算机自动给出，但是不一定正确，需要检查与修正。另外 COUNT() 函数的参数引用的单元格区域内必须是数值型数据，否则会出错。

③ 打开"酬金表"工作表，在 B15 单元格计算全年的酬金收入；在 C4:C14 单元格区域计算每月累计值，要求使用公式填充；在 D3:D14 单元格区域计算当月酬金占全年总收入的比例值，要求使用公式填充，显示为保留 1 位小数的百分比形式。

提示　绝对引用的单元格形式是在行号与列标前加上"$"符号。

④ 在"酬金表"工作表中使用函数和公式在 D19:D26 单元格区域计算日薪，计算公式为日薪 = 基本日薪 + 时薪工资，其中基本日薪为 50 元，时薪为每小时 16 元。将该区域设置为前缀为"CNY"的货币格式，保留到整数位。

提示　使用表达式 C19-B19 计算出以"天"为单位的工作时间，再乘 24 则可以将单位转换为"小时"。

实训 3　公式与简单函数应用 2

1. 技能掌握要求

① 数学函数 ROUND()、SUMIF() 的应用。
② 统计函数 COUNTA()、COUNTIF()、LARGE()、SMALL()、RANK() 的应用。
③ 日期函数 TODAY()、NOW()、DATE() 的应用。
④ 财务函数 PMT()、FV() 的应用。

2. 实训过程

打开"数值计算函数应用"工作簿，按以下要求进行操作，完成后以原文件名保存。

① 在"四舍五入"工作表中，对 A3:A14 单元格区域的数值使用函数公式进行计算，在 B3:B14 单元格区域分别填充四舍五入后保留 2 位小数的值；在 C3:C14 单元格区域分别填充四舍五入到整数的值；在 D3:D14 单元格区域分别填充四舍五入到百位的值。

提示　使用 ROUND() 函数时，注意该函数有两个参数，不能省略。

② 在"条件"工作表中,在 F3:F14 单元格区域分别输入包含函数的公式,分别统计学生总数、女生人数、及格学生人数、不及格学生人数、所有学生的成绩总和、女生成绩总和、及格学生的成绩总和、不及格学生的成绩总和、所有学生的成绩平均分、女生的成绩平均分、及格学生的成绩平均分、不及格学生的成绩平均分。最后 4 项平均分使用函数公式计算,且公式中不引用 F 列的单元格数据,结果保留到整数。

③ 在"统计"工作表中,对 B13:B16 单元格区域分别使用函数公式计算最高分、次高分、最低分、次低分;在 C2:C11 单元格区域使用函数公式计算对应学生的名次并填充。

提示 分别使用 LARGE()、SMALL() 函数计算次高分、次低分。使用 RANK() 函数计算名次,注意绝对引用的问题,因为排位的数值区域是固定的,因此需要绝对引用。

④ 打开"日期与财务"工作表。

在 B2:B4 单元格区域分别输入含函数的公式计算当天的日期、当天的时间、当天之后 8 年 8 月 8 日的日期。在 B5 单元格中计算当天之后 100 天的日期。

提示 使用 TODAY()、NOW()、DATE() 函数。

从银行贷款 50 万买房,20 年还清,假设现在的年利率为 6.12%,每月月底等额还款,在 B7 单元格使用公式计算出每月还款金额。

提示 计算每期房贷用 PMT() 函数。在本题中,由于是以"月"为单位计算,因此函数参数均要转换为以"月"为单位,例如将年利率除以 12 转换为月利率,将 20 年转换为 240 个月。

小努每月拿 1000 元存入银行,方式为零存整取,共 5 年,假设现在的年利率为 2.52%,在 B8 单元格使用公式计算小努 5 年之后可以取回多少钱。

提示 计算零存整取的最后收益用 FV() 函数,同样要注意函数各参数的单位要统一。

实训 4　逻辑、查找函数应用

1. 技能掌握要求

① 逻辑函数 IF() 的应用。

② 查找函数 VLOOKUP() 的应用。

③ 各种函数的综合应用。

2. 实训过程

打开"逻辑查找函数应用"工作簿，按以下要求进行操作，完成后以原文件名保存。

（1）在"成绩等次"工作表中进行如下操作。

① 在 C2:C11 单元格区域填充函数公式，如果成绩为 60 分及以上，显示"通过"；否则显示"不通过"。

② 在 D2:D11 单元格区域填充函数公式，如果成绩在 60 分以下，显示"不合格"；在 60 ～ 80，显示"合格"；80 分及以上，显示"优秀"。

③ 在 E2:E11 单元格区域填充函数公式，显示成绩的等级。成绩为 90 分及以上为"优"；80 分及以上为"良"；70 分及以上为"中"；60 分及以上为"可"；60 分以下为"差"。

④ 在 F2:F11 单元格区域填充函数公式。如果某位同学总分为最高分，对应的单元格显示为"尖子"，其余则显示"一般"。要求使用公式完成，当数据修改后，单元格能进行相应的改变。

提示　使用函数 MAX() 求出最高分，注意该函数参数的绝对引用。

（2）打开"税金"工作表，进行如下操作。

① 在 C3 单元格中输入公式计算税金。假设工资不超过 3500 元的部分不扣税，在 3500 ～ 5000 元的部分扣税金 3%，在 5000 元以上的部分扣税金 10%，然后将该公式复制到 C4:C10 单元格区域，税金的数值保留 2 位小数。

提示　税金的计算是分档次累计，如果工资是 7000 元，其中 3500 元以下的不需要扣税，3500 至 5000 元的 1500 元按 3% 扣税，超过 5000 元的 2000 元按 10% 扣税，因此须交税 1500×3% + 2000×10% = 245（元）。利用 ROUND() 函数四舍五入。

② 在 D3:D10 区域中输入公式计算每个人在扣除税金之后的实际收入，数值保留 2 位小数。

（3）甲、乙两城市电话号码升为 8 位，甲城市的升位方法为在原 7 位号码前加"8"；乙城市的升位方法为在原"2""3"开头的 7 位号码前加"2"，其余的在原 7 位号码前加"8"。打开"电话本"工作表，按上述规则在 D3:D17 单元格区域输入新的电话号码。

提示　本题较为复杂，分析的思路为"先概括，后详细"。

① 首先要判断电话号码所属的城市是不是"甲"，可以使用 IF() 函数判断，列出 D3 单元格的大概公式为

=IF(B3=" 甲 "，使用甲城市的升级方法，再判断是否是"乙"城市)

② 判断是否为乙城市，如果也不是，则电话号码照旧。使用 IF() 函数嵌套，将公式进一步改进为

=IF(B3=" 甲 "，使用甲城市的升级方法，(IF(B3=" 乙 "，使用乙城市的升级方法，C3))

③ 细化甲城市的升级方法。电话号码的数据类型为文本型，只要在其前面加上文本"8"即可升位，文本的连接符为"&"。因此甲城市的升级方法为 "8"&C3，公式改进为

=IF(B3=" 甲 ","8"&C3,(IF(B3=" 乙 ", 使用乙城市的升级方法 ,C3))

④ 乙城市的升级方法分两种情况，要根据旧号码的首位判断。可使用 LEFT() 函数取号码的首位：LEFT(C3, 1) 或 LEFT(C3)（因为 LEFT() 函数的第二个参数为 "1" 时可以省略)。

以 "2""3" 开头的表示为 OR(LEFT(C3)="2"，LEFT(C3)="3")。注意不要使用 AND() 函数，因为不是判断首位同时为 "2" 与 "3"，而是首位为 "2" 或 "3"，所以要使用 OR() 函数。OR() 函数中的参数必须是能返回 TRUE 或者 FALSE 的表达式。不要写成 LEFT(C3)=OR（ "2","3")

乙城市的升级方法使用 IF() 函数列出：IF(OR(LEFT(C3)="2", LEFT(C3)="3"), "2" &C3, "8"& C3)。

⑤ 综上所述，可以得到最终的公式。要仔细注意括号的匹配，不要错漏。

（4）打开"查找"工作表，在 C25 单元格输入函数公式，给出张素兰同学的成绩。

提示　需要使用查找函数 VLOOKUP()。本函数稍复杂，但是查找数据很方便，在工作中很常用。

使用 VLOOKUP() 函数需要注意的是，设置 table_array 区域时，要保证 lookup_value 是在其第 1 列中查找。

因此，本题使用 VLOOKUP() 函数时，第 1 个参数 lookup_value 取单元格引用 B25，即"张素兰"；第 2 个参数指定的查找的数值区域，要保证"张素兰"能在该区域的第 1 列中找到，因此要取 B3:C22，不能取 A3:C22；成绩是在第 2 个参数区域的第 2 列，因此第 3 个参数取"2"；第 4 个参数取 FALSE。

实训 5　制作课程成绩表

1. 情景介绍

企业需要对员工的绩效进行考核，以激发企业活力。绩效考核的表格类似成绩单，本实训以同学们熟悉的成绩单为例，介绍相关技能，既可以在平日辅助老师的工作，又可以在日后举一反三，制作绩效考核的表格。

2. 能力运用

① 设置单元格格式，美化表格的输出格式。

② 综合运用数学、统计函数进行数据运算，得出统计结果。

3. 任务要求

制作课程成绩表，满足以下要求，数据如图 4-98 所示。

	A	B	C	D	E
1	课程成绩表				
2	学号	姓名	平时成绩	期末考试成绩	总评
3			30%	70%	
4	1	佟霄	59	61	
5	2	龚自如	84	81	
6	3	李军	60	51	
7	4	黄天	98	95	
8	5	冯小惠	74	84	
9	6	陈东	88	60	
10	7	张莉	100	95	
11	8	利文心	87	75	
12	9	王胜	75	86	
13	10	吴根	96	91	
14	11	何向远	69	78	
15	12	黎湖	65	81	
16	13	张素兰	74	84	
17	14	谭继洵	68	54	
18	15	刘杉	47	62	
19	16	刘浏	98	75	
20	17	关丽	87	76	
21	18	黄河生	76	84	
22	19	姬筱菲	62	67	
23	20	金鑫	48	80	
24	21	姚红	91	74	
25	22	吴铭	78	63	
26	23	苏德勤	75	79	
27	24	郝皎月	48	45	
28	25	陈阮	65	60	

图 4-98 课程成绩表

① 课程成绩包括平时成绩与期末考试成绩，当输入成绩时，如果不在 0 至 100 内，禁止输入，并提醒。

② 课程总评成绩由平时成绩与期末考试成绩按一定比例综合而成，课程成绩四舍五入到整数。

③ 不及格的课程总评成绩以红色显示。

④ 对成绩进行分析，显示平均分、最高分、最低分。

⑤ 对成绩进行频度分析，显示优秀（≥90分）、良好（80～89分）、中（70～79分）、及格（60～69分）、不及格（<60分）的人数、百分比，并能直观展现。

4. 实训过程

（1）制作课程成绩表表格

如果希望在同一个工作簿里放置多张工作表，分别用不同的工作表处理不同课程的成绩，可将工作表标签设为不同颜色，易于区别。方法是在工作表标签上右击，在弹出的快捷菜单中选择"工作表标签颜色"命令。

当表格完成后，可以单击"开始"选项卡中的"边框"按钮，为表格添加边框。选定需要添加边框的区域，首先选择"所有框线"命令，然后选择"粗匣框线"命令，注意顺序不要颠倒。

（2）设置数据验证

选定输入平时成绩与期末考试成绩的区域C4:28，单击"数据"选项卡的数据工具组中的"数据验证"按钮，在弹出的"数据验证"对话框中，选择"设置"选项卡，将有效性条件设置为允许"小数"，数据介于最小值"0"与最大值"100"之间，如图4-99所示；选择"出错警告"选项卡，勾选"输入无效数据时显示出错警告"复选框，输入标题与错误信息，如图4-100所示。这样，当在C4:28区域输入的数值超出0至100的范围后，屏幕会弹出一个提示对话框，如图4-101所示。

图 4-99　设置数据验证条件

图 4-100　设置出错信息

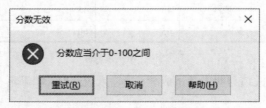

图 4-101　出错信息对话框

（3）计算课程成绩

在C3、D3中分别输入平时成绩与期末考试成绩的比例，在E4单元格输入 =ROUND

(C4*C3+D4*D3,0)，然后将此公式复制到 E5:E28 区域。

将课程成绩四舍五入到整数。

需要注意的是设置单元格格式保留小数位，与使用 ROUND() 函数保留小数位有区别。前者单元格里的数值不会改变，只是显示的方式改变而已，而使用 ROUND() 函数则改变了数值。

设置该公式时要注意 C3、D3 要绝对引用，因为当复制公式时，E5:E28 区域所引用的这两个单元格是固定不变的，因此公式中的 C3、D3 单元格需要绝对引用。设置绝对引用的快捷方式是选中单元格坐标后按 F4 键。

（4）设置条件格式

为了易于分辨不及格的课程成绩，将这些单元格字体以红色显示。单击"开始"选项卡的样式组中的"条件格式"按钮，在下拉列表中选择"突出显示单元格规则"→"小于"，设置条件为单元格数值小于 60，将格式设置为红色文本，如图 4-102 所示。

图 4-102　条件格式

（5）计算平均分、最高分、最低分

平均分：=AVERAGE(E4:E28)。

最高分：=MAX(E4:E28)。

最低分：=MIN(E4:E28)。

结果如图 4-103 所示。

（6）频度分析

可以使用 FREQUENCY() 函数计算频度。

① 在 K22:K25 区域依次输入"59""69""79""89"4 个间隔点，注意不是 60、70、80、90，因为每个间隔点的含义是小于或等于，如果设置为 60 而不是 59 的话，会将 60 分统计为不及格。

② 选定 5 个连续一列的单元格区域，然后在编辑栏输入 =FREQUENCY(E4:E28,K22:K25)。

③ 按快捷键"Ctrl+Shift+Enter"。结果显示在所选的 5 个连续一列的单元格区域，如图 4-104 所示。

平均分	74
最高分	97
最低分	46

图 4-103　计算结果

不及格	60 分以下	4
及格	60～69 分	5
中	70～79 分	7
良好	80～89 分	6
优秀	90 分及以上	3

图 4-104　频度分析结果

（7）图表

为了直观显示，可以对各等级的人数制作图表。选择等级与等级人数，生成图表。

如果要在数据系列上显示值，可以单击"图表设计"选项卡的图表布局组中的"添加图表元素"按钮，在弹出的下拉列表中选择"数据标签"→"数据标签外"。再调整图表，使其美观，如图 4-105 所示。

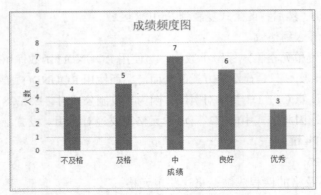

图 4-105　成绩频度图

本章小结

Excel 是处理数据的软件，利用公式、函数实现数据的计算。图表可以使数据的表示更直观，通过排序、筛选、分类汇总、数据透视表可以分析、整理、统计数据。

1. 工作表的编辑

一个 Excel 文档是一个工作簿，一个工作簿可以有多张工作表，右击工作表标签，在弹出的快捷菜单里选择相应的命令，可以修改工作表的名称、位置、标签颜色。

选择"页面布局"选项卡的页面设置组，可以设置页面的大小、方向、页边距。

2. 内容输入

工作表的单元格里存放的是数据，数据类型共有 3 种：数值型、文本型、逻辑型。数值型的数据有不同的显示形式，单击"开始"选项卡的数字组中的"数字格式"按钮，可以将单元格里的数值类型数据设置为不同的显示方式。要判断单元格内数据的实质内容，可以观察编辑栏里的内容。

注意输入数学符号时不要在中文输入状态，例如输入大于运算符">"，经常容易输入为中文书名号"〉"，而这个错误往往难以发现。

3. 复制填充

复制单元格区域后，单击"开始"选项卡的剪贴板组中的"粘贴"按钮，选择"选择性粘贴"，可以选择只复制源单元格的数值而不复制公式，也可以转置源单元格区域的行、列。

快速输入等差序列：可以先输入前面两个单元格的数据，选定后，再向下填充（下拉或双击填充柄）。等比序列则不能通过下拉填充，需要单击"开始"选项卡的编辑组中的"填充"按钮，在下拉列表中选择"序列"。

如果希望限制单元格输入内容的范围，可以单击"数据"选项卡的数据工具组中的"数据验证"按钮，在"允许"下拉列表中选择数值类型的选项，可以设置数值范围；在"允许"下拉列表中选择"序列"，在"来源"中输入选项，则在单元格里输入时，可以使用在下拉列表中选择选项的方式输入。

4. 单元格格式设置

右击单元格（区域），选择"设置单元格格式"命令进行设置。

在"对齐"选项卡中设置单元格跨列居中、分散对齐、合并单元格、自动换行、竖排文本等。

在"数字"选项卡中设置数值类型的单元格为含小数位的数值、使用千位分隔符的数值、百分比、日期、时间，或将数据转化为文本类型。

在"字体"选项卡中可以设置文本的字体、字号、颜色等。

在"边框"选项卡中可以设置单元格（区域）的边框，也可以设置为斜线。

在"填充"选项卡中可以设置单元格（区域）的背景色、图案颜色、图案样式。

在"保护"选项卡中可以将单元格（区域）设置为锁定（主要用于设置密码保护），或设置隐藏。

如果希望单元格的数据根据不同的条件显示不同的格式，可以单击"开始"选项卡的样式组中的"条件格式"按钮。

5. 计算

计算是 Excel 的重要功能，通过在单元格内编辑公式实现。输入公式时不要输入中文的标点符号（如逗号、括号）。在公式里的文本必须使用英文双引号引起来。

不同数据类型的数据，要应用不同的运算符。四则运算等运算符是针对数值的，"&"运算符是针对文本的，比较运算符则可以针对所有的数据类型。使用不同运算符的公式，其结果的数据类型也不一样。使用四则运算等运算符，结果是数值；使用"&"运算符，结果是文本；使用比较运算符，结果是逻辑型数据 TRUE 或 FALSE。

在公式里经常使用单元格引用，较多使用相对引用。复制含相对引用的公式时，不会将公式原封不动地复制，而是使用相对位置。如果使用绝对引用，则固定引用相应的单元格。另外还有混合引用。

函数具有一定的难度，起码要学会使用求和（SUM()）、计数（COUNT() 与 COUNTA()）、平均值（AVERAGE()）、最大值（MAX()）、最小值（MIN()）这 5 种函数，在功能区有相应的命令按钮。

日常生活中经常出现的函数还有 ROUND()、RANK()、VLOOKUP()、IF() 函数，需要重点复习。

IF() 函数常见的错误有用"60<A2<80"表示函数参数，正确的应该表达为"AND(60<A2, A2<80)"。

6. 图表

选定需要制作图表的数据，通常包括数据所在的单元格区域，再加其上一行、其左一列的行列标题。如果是不连续行、列，则可以按住"Ctrl"键选择。

选择"插入"选项卡图表组中的其中一个图表类型，可以建立图表。如果要美化图表，则可以选定图表后，在"图表设计"和"格式"选项卡中进行设置。

双击图表不同的位置，可以在弹出的对话框内设置图表不同部分的格式。

7. 数据库分析

在 Excel 里,数据库指的是工作表中呈矩形的单元格区域,而且必须包含字段标题(即字段名)。数据库的操作主要有排序、筛选、分类汇总、使用数据透视表。

对数据库的操作,不需要选定整个数据库区域,仅选定其中的一个单元格即可。

排序 : 注意不要选定某一列, 通常可以选定主要关键字所在的字段名。使用功能区中的 "升序排序" 命令按钮、"降序排序" 命令按钮操作,则首先排最次要的关键字,最后排最主要的关键字。这样操作可以方便地按多个关键字排序。

筛选 : 包括自动筛选和高级筛选。自动筛选可以选择字段中的某一项,或者按序筛选其中的若干项,或者通过自定义对字段设置条件进行筛选,其条件可以使用通配符。

如果筛选的条件较为复杂,或者涉及多个字段,则使用高级筛选,高级筛选利用条件区域来表达条件。

分类汇总 : 按一个字段进行排序 (即分类),进行不同的统计 (即汇总)。分类汇总之前需要对分类字段进行排序。注意分类汇总是对某一个字段进行统计。

如果要对两个或两个以上的字段交叉统计,则使用数据透视表。

第5章

PowerPoint 2016演示
文稿制作

05

本章介绍演示文稿软件PowerPoint 2016的应用，要求读者在学习完本章后掌握以下技能。

**职 业
能 力
目 标**

① 配合演讲编辑演示文稿，提升表达效果。
② 美化演示文稿，突出演讲观点。
③ 增添多媒体效果，吸引观众注意力。
④ 设置演示文稿的放映方式，增强趣味性。

5.1 PowerPoint 2016 概述

5.1.1 功能简介

PowerPoint 的主要功能是制作演示文稿。我们经常说一个人的讲话要有 Power（力量），还要有 Point（要点），利用 PowerPoint 可以制作图文并茂、生动美观的演示文稿，有助于演讲者达到这两个要求。一个好的演示文稿，可以使演讲获得更好的效果。

实际上大家对 PowerPoint 应该并不陌生，因为在学校里，教师常常利用演示文稿进行授课。在企业里，运用 PowerPoint 制作演示文稿也已经非常普遍，如进行产品推介、企业宣传、总结报告等。

应用 PowerPoint 创建的文件称为演示文稿，演示文稿是由幻灯片组成的。演示文稿不仅包括放映的幻灯片，还包括演讲者自己使用的备注页。备注页的内容不放映在屏幕上，但可以打印在纸上。

5.1.2 启动与关闭程序

1. 启动程序

可以通过以下任意一种方法启动 PowerPoint 2016 应用程序。

- 如果桌面上有"PowerPoint 2016"快捷方式，双击即可打开。这是最常用的方法。
- 选择"开始"→"所有程序"→"Microsoft Office"→"PowerPoint 2016"命令。
- 单击"开始"按钮，在"搜索程序和文件"框内输入"PowerPoint 2016"后按"Enter"键确认。

2. 关闭程序

退出 PowerPoint 2016 的方法有很多，最常用的就是单击窗口右上角的"关闭"按钮或选择"文件"菜单中的"退出"命令来关闭程序。

5.1.3 界面简介

启动 PowerPoint 2016，然后选择"新建"→"空白演示文稿"，打开操作界面，如图 5-1 所示。

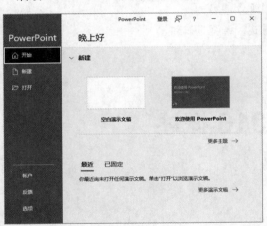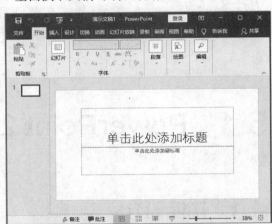

图 5-1 PowerPoint 2016 操作界面

1. 标题栏

标题栏显示文档的文件名，在其右侧是"最小化"按钮、"向下还原"按钮（或者"最大化"按钮）、"关闭"按钮。

2. 快速访问工具栏

快速访问工具栏位于标题栏的左上角，主要包括一些常用的文件操作命令，单击快速访问工具栏的下拉按钮，可以打开对应的下拉列表，如图 5-2 所示。

3. 功能区

功能区主要包括"文件""开始""插入""设计""切换""动画""幻

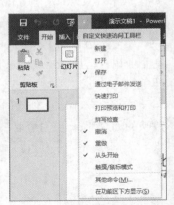

图 5-2 快速访问工具栏

灯片放映""录制""审阅""视图"10 个选项卡，对 PowerPoint 2016 演示文稿的编辑与设置操作主要就是通过功能区来完成的。

4. 大纲 / 幻灯片浏览窗格

在窗口的左边，是"大纲 / 幻灯片浏览窗格"，在此处可以切换大纲、幻灯片浏览窗格，便于编辑与浏览演示文稿。

5. 幻灯片窗格

在幻灯片窗格可以编辑幻灯片的文字、图片等内容，还可以设置幻灯片的外观。

6. 备注窗格

备注窗格用于编辑幻灯片的备注文字，可以打印出来以便演讲时查阅。

7. 状态栏

状态栏位于窗口的最下方，显示当前演示文稿编辑的状态及相关信息。

8. 视图切换按钮

在状态栏右下角的 4 个按钮 ，自左至右分别为"普通视图"按钮、"幻灯片浏览视图"按钮、"阅读视图"按钮、"幻灯片放映"按钮。

5.1.4 视图

PowerPoint 2016 最常用的两种视图是普通视图与幻灯片浏览视图。

1. 普通视图

普通视图是 PowerPoint 2016 默认打开的视图。可以单击"视图"选项卡的演示文稿视图组中的"普通视图"按钮切换到普通视图，也可以通过状态栏中的"普通视图"按钮进行切换。

普通视图模式下，窗口左边有"幻灯片"与"大纲"两个浏览窗格选项卡，其中幻灯片浏览窗格显示演示文稿的幻灯片缩略图，选中幻灯片后拖动，可以调整其位置。而大纲浏览窗格仅显示演示文稿的文字内容。如果不希望显示这两个浏览窗格，可以单击该窗格的"关闭"按钮。

在普通视图的幻灯片浏览窗格中可以设计、编辑幻灯片的内容、外观与格式。

2. 幻灯片浏览视图

可以单击"视图"选项卡的演示文稿视图组中的"幻灯片浏览"按钮切换到幻灯片浏览视图，也可以通过状态栏中的"幻灯片浏览"按钮进行切换。

在幻灯片浏览视图中可以查看演示文稿的缩略图，方便用户调整各张幻灯片的位置。

3. 阅读视图

可以单击"视图"选项卡的演示文稿视图组中的"阅读视图"按钮切换到阅读视图，也可以通过状态栏中的"阅读视图"按钮进行切换。

在阅读视图中可以让幻灯片适合窗口的大小，方便用户阅读每一张幻灯片。

5.2 图文编辑

5.2.1 幻灯片版式

版式指的是幻灯片里文本、图片等各对象占位符的排版形式。单击"开始"选项卡的幻灯片组中的"版式"按钮 ▦ ▾，在弹出的列表中显示了各版式的示意图，如图 5-3 所示。PowerPoint 2016 预置了几种版式，将鼠标指针移至版式示意图之上，将显示该版式的名称。选择需要应用版式的幻灯片，单击选定的版式就可以进行修改了，或者单击"开始"选项卡的幻灯片组中的"新建幻灯片"按钮 ▤，选择需要的版式来新建幻灯片。

每张新幻灯片中会出现一个或数个虚线边框的占位符。单击占位符后，通过拖动占位符的虚线边框可以调整其大小与位置。右击占位符，在弹出的"设置形状格式"窗格内可以设置占位符的边框及填充颜色等，如图 5-4 所示。

图 5-3　幻灯片版式

图 5-4　设置占位符格式

5.2.2 添加文字

演示文稿的文字要精练，切忌密密麻麻，以免让观众感觉眼花缭乱。

1. 输入文字

输入文字的常规方法是根据占位符上的提示单击占位符，然后输入文字。如果已经有相应文字的 Word 文档，则可以快速制作演示文稿。

方法一：打开相应的 Word 2016 文档，将需要输入在幻灯片"标题"占位符中的文字设为"标题 1"样式，将需要输入在幻灯片"文本"占位符中的文字设为其他级别的样式。然后选择"文件"

菜单→"选项"→"快速访问工具栏"命令，并选择"不在功能区中"命令，在菜单中找到"发送到 Microsoft PowerPoint"，将其添加到快速访问工具栏里，然后执行该命令，则 PowerPoint 会自动启动并生成演示文稿。此时 Word 文档中"标题1"样式的文字排在一个幻灯片的标题占位符中，其他级别样式的文字则添加到幻灯片中的文本占位符中，而正文、图片则没有添加进来。

方法二：复制 Word 文档的文字，然后在 PowerPoint 的大纲浏览窗格中进行粘贴，此时所有文字都放置在一张幻灯片上。之后将鼠标指针移至需要分隔到下一张幻灯片的合适位置，按"Enter"键，这样后面的文字就会移动到新建的幻灯片上。

【例 5-1】新建演示文稿，应用"标题幻灯片"版式并输入文字，设置标题的文本字体为"黑体"，副标题的文本字体为"仿宋"，如图 5-5 所示。

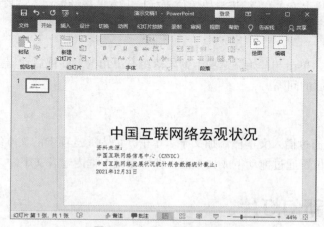

图 5-5　在幻灯片中输入文字

当单击占位符后，占位符左下角会出现"自动调整选项"按钮 ，单击此按钮，可以选择是否根据占位符自动调整文本，通常选中相应的单选按钮，如图 5-6 所示。

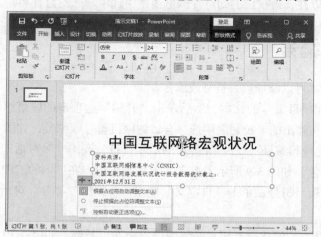

图 5-6　根据占位符自动调整文本

2. 文字格式

选中需要设置格式的文字，然后单击"开始"选项卡字体组右下角的对话框启动器按钮，或右击后在弹出的快捷菜单中选择"字体"命令，打开"字体"对话框进行相关设置，如图 5-7 所示。

也可以利用字体组对字体进行快速设置，方法与 Word 2016 相似，但 PowerPoint 2016 的功能区多了一个"阴影"按钮 **S**。

调整文字大小的快捷键为"Ctrl+["（缩小）和"Ctrl+]"（放大）。

图 5-7　设置字体格式

3. 段落缩进

要调整占位符内文本的段落缩进，则单击"视图"选项卡的显示组中的"标尺"按钮，显示标尺，通过调整标尺上的首行缩进滑块（位于标尺上方）、左缩进滑块（位于标尺下方）来设置文本的段落格式。

4. 改变行距

选中相应的文本，单击"开始"选项卡的段落组右下角的对话框启动器按钮，可以改变文本的行距以及段前、段后的间隔。

5. 插入文本框

可以在幻灯片中通过插入文本框添加文字。单击"插入"选项卡的文本组中的"文本框"按钮 **A**，在幻灯片合适位置通过拖动生成文本框，即可在文本框内输入文字。

5.2.3　插入新幻灯片

单击"开始"选项卡的幻灯片组中的"新建幻灯片"按钮 ，或者右击左边的大纲／幻灯片浏览窗格，选择"新建幻灯片"命令，或者按快捷键"Ctrl+M"，都可在当前幻灯片的后面插入一张新幻灯片；也可以在普通视图的幻灯片浏览窗格中选中一张幻灯片后按"Enter"键。

5.2.4　项目编号

对于一些同类项，可以添加项目符号或编号。

① 选中需要添加项目编号的文本，然后单击"开始"选项卡的段落组中的"项目符号"按钮或"编号"按钮，在弹出的下拉列表中选择合适的项目符号或编号，如图 5-8 所示。

② 选择"项目符号和编号"，可以在弹出的"项目符号和编号"对话框中设置项目符号或编号的类型、大小、颜色，如图 5-9 所示。单击"图片"按钮，在弹出的"图片项目符号"对话框中可以选用图片作为项目符号；单击"自定义"按钮，将弹出"符号"对话框，可以从中选用其他字符作为项目符号。

③ PowerPoint 2016 的颜色设置中，其标准颜色不显示名称，如图 5-10 所示，自定义的颜色一般采用 RGB 颜色模式，由红、绿、蓝三原色组合而成，各原色的取值范围为 0 ～ 255，如图 5-11 所示。

图 5-8　设置文本编号

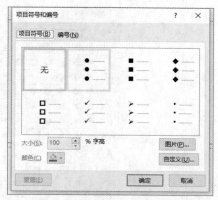

图 5-9　"项目符号和编号"对话框

图 5-10　设置标准颜色

图 5-11　设置自定义颜色

【例 5-2】在【例 5-1】的演示文稿中插入一张新幻灯片,次序为 2,应用"标题和文本"版式。输入中国主要骨干网络的内容并添加项目符号,如图 5-12 所示。通过自定义,将项目符号设置为 Wingdings 2 字体的符号(字符代码为 245),如图 5-13 所示。

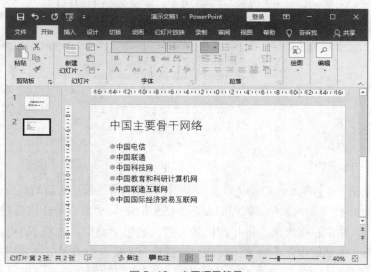

图 5-12　应用项目符号

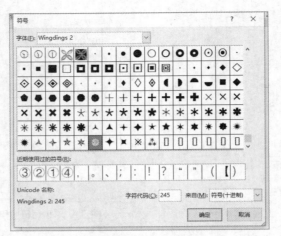

图 5-13　自定义项目符号

5.2.5　插入表格与图表

1. 插入表格与设置表格样式

（1）插入表格

利用表格来展示数据会显得更加简洁、清晰。单击"插入"选项卡中的"表格"按钮，选择"插入表格"，在弹出的"插入表格"对话框中输入合适的列数和行数，然后在生成的表格中添加相关内容，如图 5-14 所示。

（2）设置表格样式

选中表格，选择表格工具的"表设计"选项卡的表格样式组，该组提供了"预设表格样式"列表、"底纹"按钮、"边框"按钮、"效果"按钮。"预设表格样式"列表用于快速地给表格添加样式；"底纹"按钮用于自定义表格的背景；"边框"按钮用于自定义表格的边框样式；"效果"按钮用于自定义表格的外观效果，如阴影效果等，如图 5-15 所示。

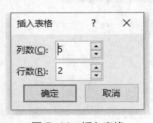

图 5-14　插入表格

图 5-15　设置表格样式

【例 5-3】在【例 5-2】的演示文稿中插入一张"标题和内容"版式的新幻灯片，如图 5-16 所示，次序为 3，添加一个 2 行 7 列的表格（除了可以使用上述方法外，也可以单击占位符内的"插入表格"按钮进行添加），并在表格内输入近年网民的人数。通过"布局"选项卡中的对齐方式组设置单元格对齐方式为"中部居中"，在表格工具的"表设计"选项卡中的表格样式组中选择"无样式、网格型"样式，然后在幻灯片的右下方插入文本框，输入文字"数据截止至每年的 12 月"，如图 5-17 所示。

图 5-16　插入"标题和内容"版式幻灯片

图 5-17　输入表格与文本框

2. 插入图表

利用图表可以直观地表示数据。

单击"插入"选项卡中的"图表"按钮 图表，向弹出的数据表中添加数据。默认添加的是簇状柱形图，此时右击图表，在弹出的快捷菜单中对其进行设置。与 Excel 2016 中的图表相似，双击图表的各组成部分，可以进行相应设置。

【例 5-4】在【例 5-3】的演示文稿中插入一张"标题和内容"版式的新幻灯片，次序为 4，然后插入图表，如图 5-18 所示。

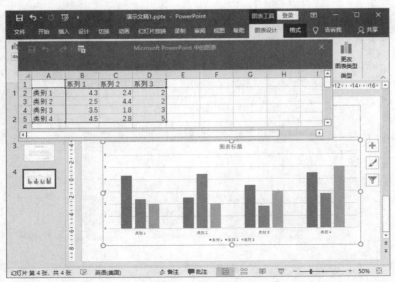

图 5-18　插入图表

① 输入数据表。在打开的数据表中单击，然后把数据修改成上一张幻灯片表格的数据，如图 5-19 所示，并调整图表数据区域的大小。

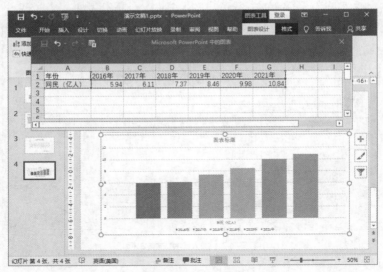

图 5-19　输入数据表

② 切换数据表行 / 列。选择图表,然后单击图表工具的"图表设计"选项卡的数据组中的"选择数据"按钮，并单击"切换行 / 列"按钮，使图表的系列与分类进行切换，如图 5-20 所示，然后单击"确定"按钮并关闭 Excel 文件，效果如图 5-21 所示。

③ 设置图表类型。插入图表操作默认出现的是簇状柱形图。在图表区右击，在弹出的快捷菜单中选择"更改图表类型"命令，然后在弹出的"图表类型"对话框中选择"折线图"中"带数据标记的折线图"类型，如图 5-22 所示。

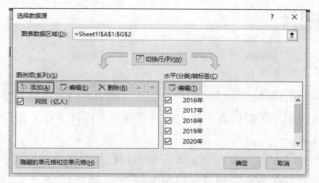

图 5-20 "选择数据源"对话框

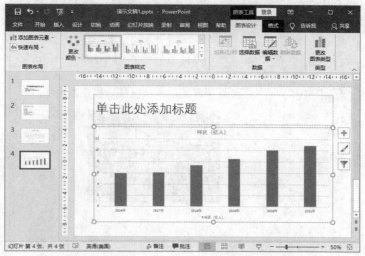

图 5-21 切换行 / 列后图表

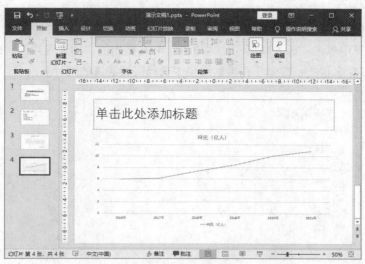

图 5-22 折线图图表

5.2.6 添加图片

1. 插入图片文件

单击"插入"选项卡的图像组中的"图片"按钮（或者在内容占位符中单击"插入图片"按钮 📷 ），在弹出的"插入图片"对话框中，选择需要插入的图片文件。图片的位置调整、格式设置与 Word 2016 基本相同。

【例 5-5】在【例 5-4】的演示文稿中插入一张新幻灯片，作为新的第 2 张，并为其添加"中国互联网络发展状况统计报告发布"照片，如图 5-23 所示。

图 5-23　插入图片文件

2. 插入联机图片

插入联机图片的操作步骤为单击"插入"选项卡的图像组中的"图片"按钮，选择"联机图片"（或者在内容占位符中单击"插入联机图片"按钮 📷 ），在弹出的"插入图片"对话框（见图 5-24）输入需要搜索的图片名称进行搜索，在搜索结果中选择需要插入的图片。

图 5-24　"插入图片"对话框

3. 绘制自选图形

单击"插入"选项卡的插图组中的"形状"按钮,可以插入自选图形,其操作与 Word 2016 基本相同。

4. 设计艺术字

单击"插入"选项卡的文本组中的"艺术字"按钮,可以插入艺术字,其操作与 Word 2016 基本相同。

【例 5-6】在【例 5-5】的演示文稿中插入一张新幻灯片,次序为 6。

① 插入自选图形,选择"基本形状"的"笑脸"选项,为了使笑脸呈正圆形,应该按住"Shift"键再拖动鼠标进行绘制。设置"笑脸"的填充颜色为"橙色",线条为"红色",宽度为"5 磅",如图 5-25 所示。

② 插入一张联机图片,其搜索关键字为"网络",选择一张相关的图片插入。

③ 插入艺术字"谢谢",最终效果如图 5-26 所示。

图 5-25　设置自选图形格式

图 5-26　插入自选图形、艺术字

5.2.7　插入 SmartArt 图形

SmartArt 图形包括列表、流程、循环、层次结构、关系、矩阵、棱锥图以及图片等。单击"插入"选项卡的插图组中的"SmartArt"按钮(或者在内容占位符中单击"插入 SmartArt 图形"按钮 ），在弹出的"选择 SmartArt 图形"对话框中选择合适的类型即可插入 SmartArt 图形,如图 5-27 所示。

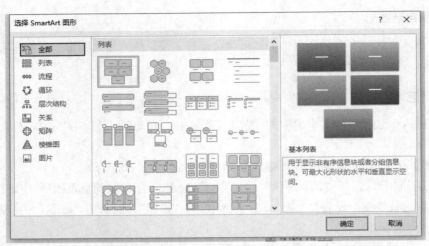

图 5-27 "选择 SmartArt 图形"对话框

【例 5-7】在【例 5-6】的演示文稿中插入一张新幻灯片，作为新的第 3 张，再插入层次结构中的组织结构图。组织结构图由多个图框组成，用于显示组织中的分层信息或上下级关系，有下属、同事、助理 3 种。选中最上层的图框并右击，在弹出的快捷菜单中可以选择"添加形状"命令。设置图形的样式，需要先选择图形区域，然后通过 SmartArt 工具的"SmartArt 设计"选项卡中的按钮更改样式。

① 在默认插入的组织结构图中增加一个下属图框，如图 5-28 所示，然后删除助理图框。

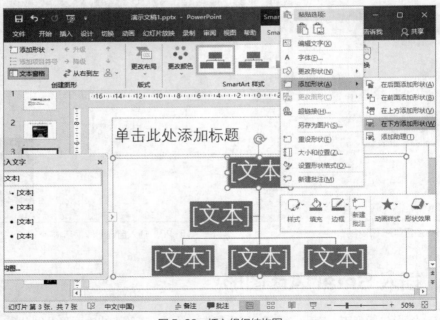

图 5-28 插入组织结构图

② 输入相应的文字，选择图形区域，然后通过 SmartArt 工具的"SmartArt 设计"选项卡中的命令更改样式，更改颜色为"彩色"，并通过"开始"选项卡格式化字体为"黑体"，如图 5-29 所示。

图 5-29　设置组织结构图格式

5.2.8　插入批注与对象

选中幻灯片，单击"审阅"选项卡的批注组中的"新建批注"按钮，可以为幻灯片插入批注。批注在放映时不显示。在编辑时双击幻灯片上的批注，可以修改批注的内容。

选中幻灯片，单击"插入"选项卡的文本组中的"对象"按钮，可以插入不同的外部对象，如图 5-30 所示。在打开的"插入对象"对话框中选中"由文件创建"单选按钮，然后单击"浏览"按钮，在弹出的"浏览"对话框中选择需要插入的文件。插入对象后双击，则进入相应对象的应用程序编辑状态，菜单栏也转变为该应用程序的菜单栏，此时即可对插入对象进行编辑。

图 5-30　插入对象

【例 5-8】在【例 5-7】的演示文稿中，新建一张幻灯片，插入创建好的 Excel 文档"中国分类域名数"，如图 5-31 所示。

图 5-31　插入 Excel 文档对象

5.2.9　制作相册

通过制作相册的操作，可以一次性将图片添加到演示文稿。方法为单击"插入"选项卡的图像组中的"相册"按钮，在弹出的"相册"对话框中设置插入图片来自"文件 / 磁盘"，如图 5-32 所示，然后在弹出的"插入新图片"对话框中选择需要添加到演示文稿的图片（若图片文件不连续，则可以按住"Ctrl"键再逐一选择），然后回到"相册"对话框中单击"创建"按钮。这样就创建了包含多幅图片的演示文稿，如图 5-33 所示。

图 5-32　插入相册

图 5-33　"相册"演示文稿

5.3　外观设计

赏心悦目的幻灯片外观可以衬托演示文稿的内容，有助于吸引观众的注意。但是演示文稿的颜色、样式不能太花哨，否则会喧宾夺主，让人眼花缭乱，抓不住重点。

5.3.1　设计主题

PowerPoint 2016 预设了许多设计主题。设计主题包含文本格式、占位符位置以及背景等样式，使用设计主题可以方便、快捷、统一地设置演示文稿。可以选择"设计"选项卡主题组中列出的主题，当鼠标指针移至每个设计主题的缩略图上时，会显示设计主题的名称。

除了 PowerPoint 2016 提供的设计主题外，还可以将自己设计的演示文稿保存为设计主题，以便日后使用。现在互联网上也有很多设计主题可供下载。

设计主题可以应用于整个演示文稿，也可以应用于当前的幻灯片。右击设计主题列表中主题的缩略图，在弹出的快捷菜单中可以选择"应用于所有幻灯片"或"应用于选中幻灯片"等命令。

【例 5-9】为【例 5-8】的演示文稿应用"回顾"设计主题，选择"应用于所有幻灯片"命令，如图 5-34 所示。

图 5-34　应用设计主题

5.3.2　配色方案

如果对设计主题的颜色配置不满意，还可以自行设置配色方案。一般来说，如果制作的演示文稿使用投影仪放映，则采用浅色背景与深色文字，而在计算机屏幕上放映则相反。

1. 标准配色方案

单击"设计"选项卡的变体组中的下拉按钮，然后选择"颜色"，右击配色方案示意图，可以选择"应用于所有幻灯片"或"应用于选中幻灯片"等命令。

【例 5-10】对【例 5-9】的演示文稿设置"橙红色"配色方案，并将之应用于所有幻灯片，如图 5-35 所示。

2. 自定义主题颜色方案

如果希望进一步调整背景、文字等各部分的颜色设置，步骤如下。

① 单击"设计"选项卡的变体组中的下拉按钮，然后选择"颜色"→"自定义颜色"。

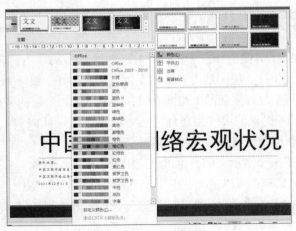

图 5-35　选择配色方案

② 在打开的"新建主题颜色"对话框（见图 5-36）中设置不同类型的颜色。

③ 在"名称"文本框中输入该主题颜色的名称并保存。

【例 5-11】修改【例 5-10】演示文稿的设计主题的配色。在"新建主题颜色"对话框中将"文字 / 背景－深色 1"颜色设置为深红，如图 5-37 所示。

图 5-36　新建主题颜色

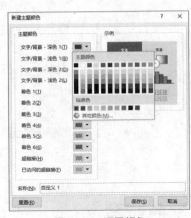

图 5-37　设置颜色

5.3.3　背景

可以给演示文稿或幻灯片插入图片、图案、纹理等作为背景。

【例 5-12】为【例 5-11】的演示文稿添加"羊皮纸"纹理背景，应用于全部幻灯片。

① 单击"设计"选项卡的自定义组中的"设置背景格式"按钮

② 在弹出的"设置背景格式"窗格中的"填充"选项区域中选择"图片或纹理填充"单选按钮，选择纹理中的"羊皮纸"效果，如图 5-38 所示。

图 5-38　设置背景纹理填充效果

另外，也可以通过"插入"按钮 [插入(R)...] 选择本地图片作为背景。

③ 单击"应用到全部"按钮将该背景效果应用于全部幻灯片。

如果不单击"应用到全部"按钮，则该背景效果只应用于当前选择的幻灯片上。

5.3.4　页眉与页脚

通过插入页眉和页脚可以为演示文稿统一添加编号、日期、页脚。

单击"插入"选项卡的文本组中的"页眉和页脚"按钮 □，在弹出的"页眉和页脚"对话框的"幻灯片"选项卡中进行设置，如图 5-39 所示。

【例 5-13】 对【例 5-12】的演示文稿设置页眉和页脚，设置标题幻灯片中不显示页眉和页脚。这样，除了演示文稿中版式为"标题幻灯片"的幻灯片外（注意，不一定是第 1 张幻灯片），其他幻灯片均显示编号、日期和时间以及"中国互联网络宏观状况"（即页脚），而且日期会自动更新为当天的日期，如图 5-40 所示。

图 5-39　设置幻灯片页眉和页脚

图 5-40　幻灯片页脚

虽然添加的是页眉和页脚，但是所添加的项目不一定位于幻灯片的顶部或底部，其位置可以通过母版进行调整。

5.3.5　母版

母版是指演示文稿的总体外观、统一风格。可以在"视图"选项卡的母版视图组中进行母版设置，包括对幻灯片母版、讲义母版、备注母版的修改。较为常用的是对幻灯片母版的修改，包括调整演示文稿中标题、文本、页眉和页脚等对象的位置与样式以及修改设计主题的部分格式。

一个演示文稿可以有多个母版，而每个母版可以应用于多张幻灯片。当修改母版后，应用了相应母版的所有幻灯片都会做相应的更改。

【例5-14】对于【例5-13】的演示文稿，单击"视图"选项卡的母版视图组中的"幻灯片母版"按钮 幻灯片母版，打开母版视图，如图5-41所示。

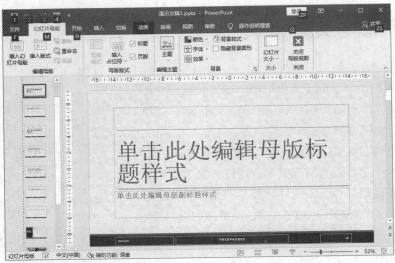

图5-41　母版视图

① 将鼠标指针移至屏幕左侧的母版示意图，则显示出该母版由哪几张幻灯片使用。选中由幻灯片2～8使用的母版，选中"单击此处编辑母版标题样式"文字，然后将其字体设置为华文彩云，字号设为40，添加阴影效果。操作方法与幻灯片的文本格式设置相同，如图5-42所示。

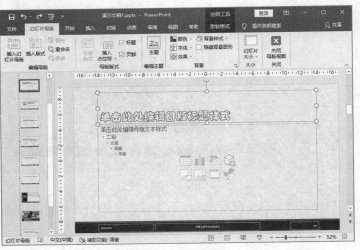

图5-42　编辑母版

② 选中文本占位符的左侧边框，通过拖动将其向右移动。

③ 分别选中日期占位符、页脚占位符、编号占位符，设置字号为20。

④ 幻灯片母版设置完成后，单击"幻灯片母版"选项卡的关闭组中的"关闭母版视图"按钮，回到普通视图，可以发现第2～8张幻灯片的格式有所改变，如图5-43所示。

图 5-43　应用母版

利用母版可以统一调整演示文稿中相同类型的幻灯片格式，还可以进行个性化设置，例如在大部分幻灯片中插入同样的图片、自选图形等。

5.4　多媒体效果

5.4.1　设置动画

为演示文稿对象添加一些动画效果，可以使其显得生动活泼，更加吸引观众的注意力。但是过于复杂的动画效果也会分散观众的注意力，容易使人疲倦。

为了设置演示文稿的动画效果，可以选择幻灯片中某个对象。然后单击"动画"选项卡的高级动画组中的"添加动画"按钮★，在下拉列表中选择需要的动画效果（见图 5-44）。另外，也可以在"动画"选项卡的动画组中的动画效果列表中选择需要的动画效果来设置动画。

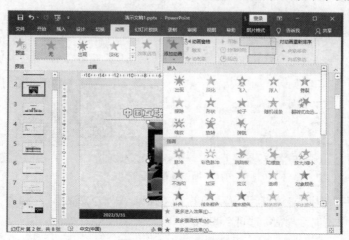

图 5-44　添加动画效果

单击"动画"选项卡的计时组中的相应按钮，可以设置动画的属性。其中"开始"下拉列表用于设置动画开始的时机，包括3个选项，其中"单击时"是指单击才开始本动画，"之前"是指本动画与前一动画同时进行，"之后"是指前一动画结束后才开始本动画。"持续时间"文本框用于设置对象运动时间，"延迟"文本框用于设置动画从什么时候开始。

【例5-15】为【例5-14】的演示文稿最后一张幻灯片上的艺术字"谢谢"及自选图形"笑脸"自定义动画效果。

① 选中"笑脸"自选图形，然后单击"动画"选项卡的高级动画组中的"添加动画"按钮，然后选择"进入"→"飞入"，如图5-45所示。

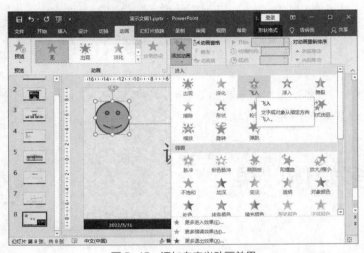

图5-45　添加自定义动画效果

② 在动画组中的"效果选项"下拉列表中设置该动画为"方向：自左上部"，此后设置该动画"开始：单击时""持续时间：00.50"，如图5-46所示。

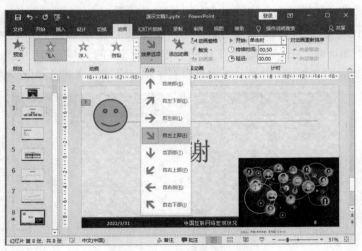

图5-46　设置动画效果

③ 选中艺术字"谢谢"，为其设置动画效果"强调"→"波浪形"，如图5-47所示，并设置该动画为"开始：单击时""持续时间：00.50"。

图 5-47　设置强调动画效果

5.4.2　插入声音文件

单击"插入"选项卡的媒体组中的"音频"按钮 🔊，选择"PC 上的音频"，在弹出的对话框中选择需要插入的声音文件。

【例 5-16】为【例 5-15】的演示文稿插入"时光的河流 .mp3"文件（也可另选其他 MP3 文件）。

① 选中第 1 张幻灯片，插入"时光的河流 .mp3"文件。

② 插入声音文件后，会在当前幻灯片中出现一个声音图标，图标大小可以调整，如图 5-48 所示。

图 5-48　插入声音的幻灯片

以上操作实际上只是在当前的幻灯片中插入了声音。放映时，当切换幻灯片后，该声音文件则会停止播放。如果希望在整个演示文稿放映过程中播放该声音，可双击该幻灯片中的声音图标，然后在音频工具的"播放"选项卡的音频选项组中设置"开始：按照单击顺序"，并勾选"跨幻灯片播放"复选框和"循环播放，直到停止"复选框，如图 5-49 所示。如果再勾选"放映时隐藏"

复选框，播放时便不会出现声音图标。

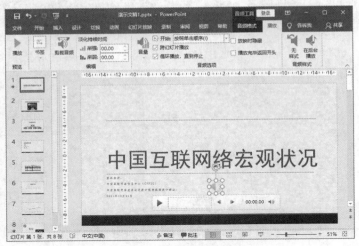

图 5-49　设置声音播放效果

5.4.3　插入影片

单击"插入"选项卡的媒体组中的"视频"按钮，选择"此设备"，在弹出的对话框中选择需要插入的视频文件。

【例 5-17】为【例 5-16】的演示文稿插入"Internet.wmv"文件（也可另选其他 WMV 文件）。

① 在演示文稿中插入新幻灯片，作为新的倒数第 2 张，并插入"Internet.wmv"文件，如图 5-50 所示。

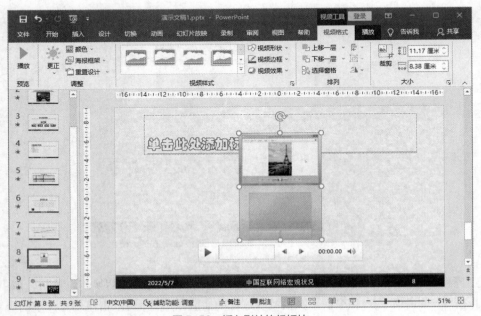

图 5-50　插入影片的幻灯片

② 此时"Internet.wmv"文件显示在新的幻灯片上，调整其大小和位置。

③ 双击幻灯片中的视频，然后打开视频工具的"播放"选项卡的视频选项组中的"开始"下拉列表，并选择"自动"。

5.5 放映与保存

5.5.1 超链接

利用超链接，可以使幻灯片快速跳转到其他幻灯片或者打开其他文件，以便演讲者快速放映所需的幻灯片或文件。

1. 添加超链接

选中幻灯片上的某个对象（可以是文本、图片等），然后单击"插入"选项卡中的"链接"按钮，弹出"插入超链接"对话框。

在弹出的"插入超链接"对话框的"链接到"选项区域有 4 个选项，如图 5-51 所示。

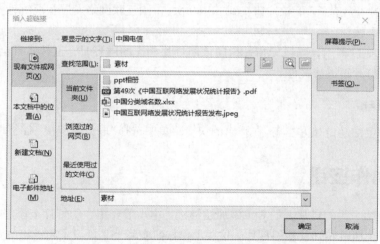

图 5-51　插入超链接

① 现有文件或网页，链接到计算机中的文件。

② 本文档中的位置，链接到本演示文稿的其他幻灯片。

③ 新建文档，链接到新建的文档。

④ 电子邮件地址，链接到电子邮件地址。

单击"屏幕提示"按钮，弹出"设置超链接屏幕提示"对话框，输入屏幕提示文字。在放映该幻灯片时，当鼠标指针指向设置了超链接的文本时，鼠标指针变成手指形状，且出现屏幕提示文字。

设置了超链接的文本原本的颜色以及访问后的颜色都会有变化，其颜色可以通过编辑设计主题的配色方案进行设置。

【例 5-18】在【例 5-17】演示文稿的标题幻灯片中插入超链接，链接到"第 49 次《中国互联网络发展状况统计报告》.pdf"文件。

① 在第 2 张幻灯片中选中文本"中国互联网络发展状况统计报告发布"，单击"插入"选项卡中的"链接"按钮。

② 在弹出的"插入超链接"对话框中选择链接到"现有文件或网页"选项，如图 5-52 所示。

③ 单击"屏幕提示"按钮，在弹出的"设置超链接屏幕提示"对话框中输入屏幕提示文字"2022年 2 月发布"，之后单击"确定"按钮，如图 5-53 所示。

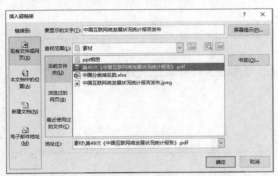

图 5-52 编辑打开其他文件的超链接

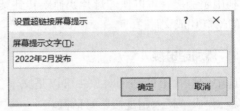

图 5-53 设置超链接屏幕提示

④ 通过单击"查找范围"下拉按钮找到"第 49 次《中国互联网络发展状况统计报告》.pdf"文件，之后单击"确定"按钮。

这样，在放映过程中，当鼠标指针指向该幻灯片相应的内容时，鼠标指针会变成手指形状。此时单击，则会打开超链接文件。

2. 删除超链接

选中幻灯片上的超链接并右击，在弹出的快捷菜单中选择"取消超链接"命令即可删除超链接。

5.5.2 动作按钮

上一小节介绍了为幻灯片上的对象添加超链接，本小节介绍在幻灯片上添加动作按钮，通过单击动作按钮可快速跳转到其他幻灯片。这些动作按钮实际上是预设了超链接的图形。

单击"插入"选项卡的插图组中的"形状"按钮，可以选择多种动作的按钮。

【例 5-19】在【例 5-18】演示文稿的第 6 张幻灯片上插入一个返回上一页的动作按钮。

① 选中第 6 张幻灯片，单击"插入"选项卡的插图组中的"形状"按钮，单击"动作按钮：后退或前一项"图标◁。

② 将鼠标指针移至第 6 张幻灯片，当其变成十字形状时，拖动鼠标可以画出一个图形，如图 5-54 所示。

③ 弹出"操作设置"对话框(该对话框也可以通过右击动作按钮，在弹出的快捷菜单中选择"动作设置"命令来打开)，默认动作设置是单击超链接到上一张幻灯片，因此保持默认即可，如图 5-55所示。如果希望鼠标指针悬停时就打开超链接，则切换到"鼠标悬停"选项卡进行设置。

这样，放映演示文稿时，单击该动作按钮则返回第 5 张幻灯片。

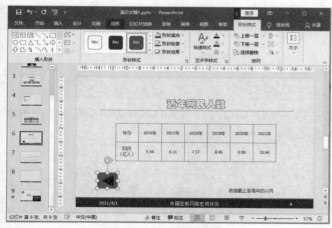

图 5-54　添加动作按钮

图 5-55　动作设置

5.5.3　幻灯片切换

为演示文稿的各张幻灯片添加切换效果，可以吸引观众的注意力，提醒观众更换了演示内容。

选择"切换"选项卡，可以选择合适的切换动画选项，应用于当前幻灯片，如果单击"应用到全部"按钮，则相应动画将应用于整个演示文稿中所有幻灯片。

【例 5-20】为【例 5-19】的演示文稿添加切换效果，间隔时间为 2s，允许单击进行切换。

在"切换"选项卡中选择"切入"切换效果，并设置持续时间为 00.20，声音为风铃。

勾选"单击鼠标时"复选框，则可以在上一步设置的时间内单击切换幻灯片，最后单击"应用到全部"按钮。

单击"预览"按钮，可以预览切换的效果，如图 5-56 所示。

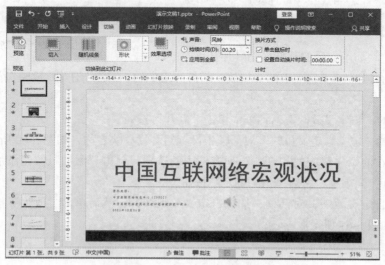

图 5-56　设置幻灯片切换效果

5.5.4 幻灯片放映

1. 排练计时

单击"幻灯片放映"选项卡的设置组中的"排练计时"按钮，可进行演示文稿预演，同时弹出"录制"对话框（见图5-57）。按演讲的节奏切换幻灯片，当所有幻灯片切换完毕，会弹出一个对话框，询问是否保存该演示文稿的排练时间，如图5-58所示。

图 5-57 排练计时预演

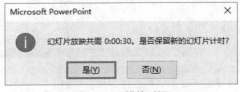

图 5-58 排练时间

选择保存，回到幻灯片浏览视图，则在每张幻灯片的左下方均显示出幻灯片放映的时间间隔。

2. 放映方式的设置

演示文稿可以随着演讲的进度放映，也可以自动播放。单击"幻灯片放映"选项卡的设置组中的"设置幻灯片放映"按钮，可以在弹出的"设置放映方式"对话框中进行设置。

在"放映幻灯片"选项区域，可以指定放映一段连续的幻灯片。

如果演示文稿保存了排练计时的时间，则选中"如果出现计时，则使用它"单选按钮，如图5-59所示。

3. 自定义放映

可以选择放映演示文稿的某部分幻灯片。

① 单击"幻灯片放映"选项卡的开始放映幻灯片组中的"自定义幻灯片放映"按钮，选择"自定义放映"。

② 在打开的"自定义放映"对话框中单击"新建"按钮。

③ 在打开的"定义自定义放映"对话框中设置幻灯片放映名称，如图5-60所示。

④ 选择"在演示文稿中的幻灯片"列表框中的选项，单击"添加"按钮添加到"在自定义放映中的幻灯片"列表框，之后单击"确定"按钮。

⑤ 回到"自定义放映"对话框，选择自定义放映名称，然后单击"放映"按钮，即可播放相应幻灯片，如图5-61所示。

图 5-59 设置放映方式

信息技术应用教程（Windows 10+Office 2016）

图 5-60　定义自定义放映

图 5-61　自定义放映

4. 放映操作

（1）观看放映

打开演示文稿，按"F5"键（或者单击"幻灯片放映"选项卡的开始放映幻灯片组中的"从头开始"按钮），则可以从头开始放映幻灯片；如果按快捷键"Shift+F5"（或者单击状态栏右下角的"从当前幻灯片开始幻灯片放映"按钮），则从当前的幻灯片开始放映。

（2）播放时的图标操作

放映时鼠标指针默认显示为箭头，也可以设置为画笔，以便在屏幕上绘画。右击屏幕，在弹出的快捷菜单中选择指针的类型与颜色，则鼠标指针变成相应笔触，可以在屏幕上绘画或书写，如图 5-62 所示。

右击屏幕，在弹出的快捷菜单中选择"查看所有幻灯片"命令，可以选择需要放映的幻灯片，如图 5-63 所示；选择"屏幕"命令，则可以设置屏幕暂时白屏或黑屏；选择"结束放映"命令，则可以停止放映。

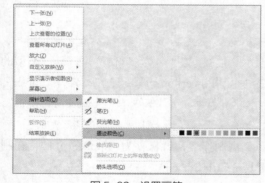

图 5-62　设置画笔

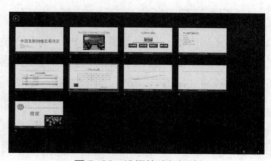

图 5-63　选择放映幻灯片

通常按"Esc"键结束幻灯片的放映。

在播放幻灯片时，按"F1"键将弹出"幻灯片放映帮助"对话框，其中列出了各操作的快捷键。熟练运用快捷键，可以使幻灯片的放映更加流畅。

5.5.5　打印

通常需要将演示文稿的内容打印出来，一般可以在一张纸上打印多张幻灯片的内容。

【例 5-21】打印【例 5-20】的演示文稿，每张纸上打印 4 张幻灯片的内容。

① 选中需要打印的演示文稿，选择"文件"→"打印"命令，打开打印预览视图，如图 5-64

所示。

②在打印预览视图中打开"整页幻灯片"下拉列表，选择"4张水平放置的幻灯片"选项。

③默认的A4纸张是纵向的。

④选择"编辑页眉和页脚"命令，在打开的"页眉和页脚"对话框的"备注和讲义"选项卡中进行日期、页眉、页码、页脚的设置，这些设置也将被应用在纸上，如图5-65所示。

图5-64　打印及打印预览视图

图5-65　设置备注和讲义的页眉和页脚

⑤打开"颜色"下拉列表，选择"灰度"选项，设置为黑白打印。

⑥单击"打印"按钮则可以打印演示文稿。

5.5.6　保存

1. 保存类型

演示文稿的常见保存类型有3种，第1种是"演示文稿"，扩展名为".pptx"，打开该类型的文件则进入演示文稿的编辑视图，这是最常用的；第2种是"PowerPoint放映"，扩展名为".ppsx"，打开该类型的文件则自动进入演示文稿的放映状态，不能进行编辑；第3种是"PowerPoint模板"，扩展名为".potx"，可以使用该模板来制作其他演示文稿。

为了避免出现意外而造成文件丢失，建议在演示文稿制作之初就保存为".pptx"文件，在制作过程中也要经常进行保存，保存演示文稿的快捷键是"Ctrl+S"。

2. 打包

可以将一个或多个演示文稿打包到CD或其他文件夹，此时默认将链接的文件打包，这样在没有安装PowerPoint或播放器的计算机上也能播放演示文稿，方便演讲者将演示文稿携带到他处播放。

【例5-22】将【例5-21】的演示文稿打包到U盘的"网络演讲"文件夹。

①选择"文件"→"导出"→"将演示文稿打包成CD"命令，然后单击右边的"打包成CD"按钮。

②在打开的"打包成CD"对话框中，将该CD命名为"网络演讲"（如果复制到文件夹，这个也就是文件夹名），如图5-66所示。

③ 如果要添加其他演示文稿，则单击"添加"按钮进行操作。

④ 单击"选项"按钮，在打开的"选项"对话框中进行设置，如图 5-67 所示。

图 5-66　打包

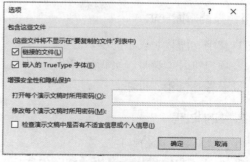

图 5-67　设置打包选项

⑤ 默认勾选"链接的文件""嵌入的 TrueType 字体"复选框，同时可以设置打开、修改文件的密码。

⑥ 如果要刻录光盘，则单击"复制到 CD"按钮后进行操作；如果要复制到其他文件夹，则单击"复制到文件夹"按钮后进行操作。

打开演示文稿打包文件夹，如图 5-68 所示，注意，在没有安装 PowerPoint 播放器或版本不兼容的计算机上放映时，必须先下载 PowerPoint Viewer 才能进行播放。

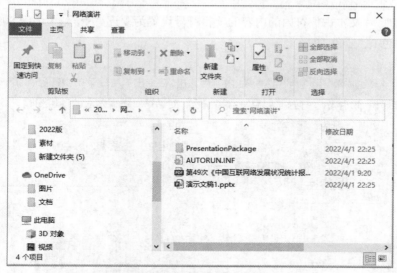

图 5-68　打包后的文件夹

5.6　PowerPoint 2016 实训

本实训所有的素材均在"PowerPoint 2016 实训"文件夹内。

实训 1　幻灯片内容编辑

1．技能掌握要求

① 文字、图片、表格的编辑。

② 项目符号、编号、页脚的编辑。

③ 设置超链接、批注。

2．实训过程

（1）编辑第 1 张幻灯片

① 将第 1 张幻灯片设置为"标题幻灯片"版式，在主标题占位符中输入文字"智诚电子商务有限公司"。

② 设置副标题占位符内的文本"招聘会"的字体为华文彩云，字号为 64。

③ 单击"插入"选项卡的图像组中的"图片"按钮，选择"联机图片"，在搜索框中输入关键字"商业"后搜索，然后任选一张插入幻灯片，设置其宽度为 10cm。

（2）编辑第 2 张幻灯片

对第 2 张幻灯片应用"标题和竖排文本"版式，删除其中的自选图形"五边形"。

（3）编辑第 3 张幻灯片

将第 3 张幻灯片文本占位符内的内容的项目符号设置为菱形"◆"，大小为 80% 字高，颜色为红色 102、绿色 0、蓝色 102。

提示

① 选中需要设置项目符号的内容后右击，在弹出的快捷菜单中选择"项目符号和编号"，如图 5-69 所示，打开"项目符号和编号"对话框，选择对应的项目图标。

② 在"颜色"下拉列表中选择"其他颜色"。

③ 在打开的"颜色"对话框中选择"自定义"选项卡，颜色模式设置为 RGB，然后输入合适的颜色数值，如图 5-70 所示。

图 5-69　项目符号和编号设置

图 5-70　自定义颜色

（4）编辑第4张幻灯片

① 为第4张幻灯片应用"标题和内容"版式。

在标题占位符内输入"公司近年营业额"，并插入以下表格内容，字号均设为18，并设置其底纹和边框，效果如下。

年份	2015年	2016年	2017年	2018年	2019年
营业额/万元	7898	9345	11034	10980	12450

② 在幻灯片的右下方插入文本框，并在文本框内输入文本"详见本公司网站"，设置其字体为楷体，字号为20。

③ 将表格的外边框设为2.25磅的实线，内边框设为1.5磅的双点画线。

提示　选中表格并双击，然后单击表格工具的"表设计"选项卡的表格样式组中的"底纹"按钮和"边框"按钮进行设置，如图5-71和图5-72所示。

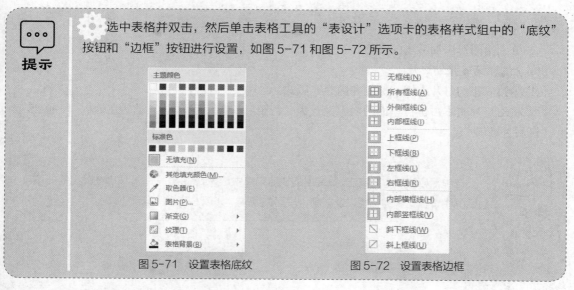

图5-71　设置表格底纹　　　　图5-72　设置表格边框

④ 将表格的文本对齐方式设为中部居中。

提示　选中表格，然后单击"开始"选项卡的段落组中的"对齐文本"按钮 对齐文本，并选择"中部对齐"。

（5）编辑第5张幻灯片

① 为第5张幻灯片应用"标题和内容"版式，并添加标题与组织结构图，设置组织结构图内的文本字体为宋体，字号为18，结构图颜色为"简单填充"，如图5-73所示。

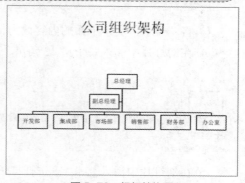

图5-73　组织结构图

单击"插入"选项卡的插图组中的"SmartArt"按钮，选择"层次结构"→"组织结构图"（或者在内容占位符中单击"插入 SmartArt 图形"按钮 ），如图 5-74 所示。

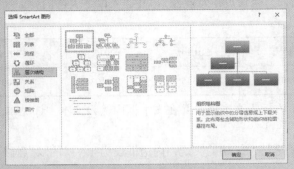

图 5-74 组织结构图类型

② 分别给图形添加适当的文字。

（6）编辑第 6 张幻灯片

① 为第 6 张幻灯片应用"标题和内容"版式。

② 将幻灯片文本占位符里面的内容设置为"行距：多倍行距"（设置值为 1.2），"段前：8 磅"和"段后：12 磅"。

选中相应的文本后右击，在弹出的快捷菜单中选择"段落"命令，然后在弹出的"段落"对话框中设置文本的行距以及段前、段后的间隔，如图 5-75 所示。

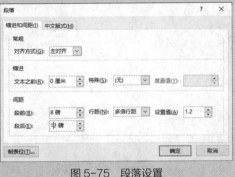

图 5-75 段落设置

③ 将"要求"文字下面的内容设为带圈编号，其大小为 80% 字高。

④ 在幻灯片中插入一个正 32 角星，设置其线条为红色，填充为金色，宽度为 4.5cm。

插入 32 角星时，按住"Shift"键则绘制出正 32 角星图形。

⑤ 在幻灯片中插入艺术字，选择"填充 - 白色，投影"样式，文字为"聘"，字体为华文行楷，字号为 36。将艺术字置于 32 角星的上层。

（7）插入超链接

为最后一张幻灯片上的"诚聘英才"文字插入超链接，链接到电子邮件地址 zxc@188.com，鼠标指针指向该文字时屏幕提示"联系我们"字样。

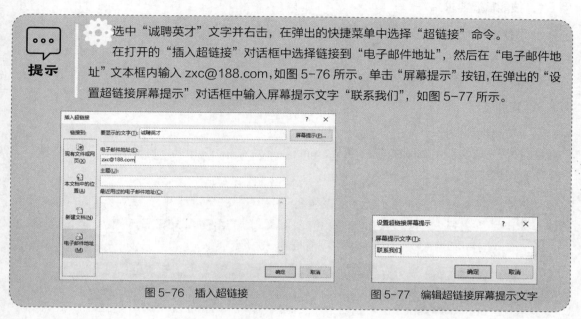

> **提示** 选中"诚聘英才"文字并右击，在弹出的快捷菜单中选择"超链接"命令。
> 在打开的"插入超链接"对话框中选择链接到"电子邮件地址"，然后在"电子邮件地址"文本框内输入 zxc@188.com，如图 5-76 所示。单击"屏幕提示"按钮，在弹出的"设置超链接屏幕提示"对话框中输入屏幕提示文字"联系我们"，如图 5-77 所示。

图 5-76 插入超链接　　　　图 5-77 编辑超链接屏幕提示文字

（8）插入批注

选中最后一张幻灯片，单击"审阅"选项卡的批注组中的"新建批注"按钮，为幻灯片插入批注内容"人力资源部"。

（9）插入编号与页脚

为演示文稿插入幻灯片编号、自动更新的日期，并插入页脚文字"智诚电子商务有限公司"，但标题幻灯片不显示以上内容。

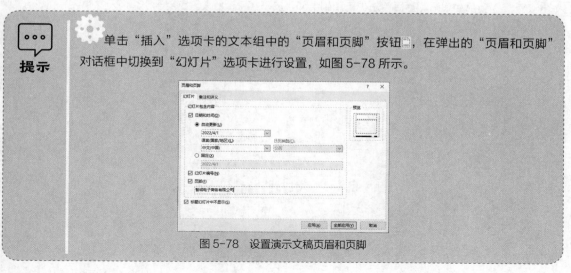

> **提示** 单击"插入"选项卡的文本组中的"页眉和页脚"按钮，在弹出的"页眉和页脚"对话框中切换到"幻灯片"选项卡进行设置，如图 5-78 所示。

图 5-78 设置演示文稿页眉和页脚

（10）保存文件

完成以上所有操作后，以原文件名保存。

实训 2 幻灯片格式设置

1. 技能掌握要求

① 设计模板的应用。
② 演示文稿的动画设置。
③ 演示文稿的放映方式设置。

2. 实训过程

（1）应用设计模板

① 打开完成实训 1 后保存的"招聘会 .pptx"演示文稿，应用设计模板中的"主要事件"主题于所有幻灯片。

💬 **提示**　⚙️ 选择"设计"选项卡的主题组中的"主题"列表框，并找到对应名称的主题，右击该主题，选择"应用于所有幻灯片"命令，如图 5-79 所示。

图 5-79　幻灯片设计模板

② 改变第 1 张幻灯片的背景颜色为红色 255、绿色 215、蓝色 175。

💬 **提示**　⚙️ 单击"设计"选项卡的自定义组中的"设置背景格式"按钮，在"设置背景格式"窗格中选择"纯色填充"，然后打开"颜色"下拉列表（见图 5-80），选择"其他颜色"进行颜色设置，最后单击"应用到全部"按钮，将颜色设置应用于整个演示文稿。

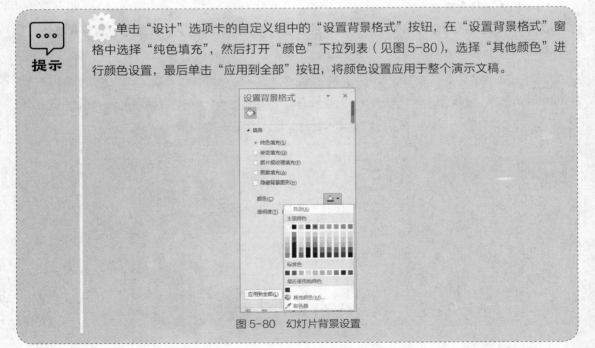

图 5-80　幻灯片背景设置

③ 将演示文稿的主题颜色更改为"紫红色"颜色方案。

提示
　　单击"设计"选项卡的变体组中的"颜色"按钮，然后选择类型中对应的颜色方案，如图 5-81 所示。

图 5-81　更改主题配色方案

④ 为最后一张幻灯片应用"气流"设计模板。

（2）设置动画

① 将第 1 张幻灯片的副标题"招聘会"的动画效果设置为从底部飞入，且在幻灯片打开时自动进行，时长为 4s。

提示
　　选中艺术字副标题"招聘会"的占位符，单击"动画"选项卡的高级动画组中的"添加动画"按钮，然后将"开始"设置为"与上一动画同时"，在"持续时间"数值微调框中输入"00.04"，再单击"动画"组中的"效果选项"按钮，并选择"自底部"。

② 将最后一张幻灯片的艺术字"聘"设置为自右下角快速飞入。

提示
　　选中艺术字"聘"，单击"动画"选项卡的高级动画组中的"添加动画"按钮，然后进行设置。

③ 艺术字"聘"飞入之后，将 32 角星设置为放大 180% 强调、慢速。

（3）设置幻灯片切换方式

将幻灯片的切换方式设置为垂直百叶窗、快速，伴随风铃声，每隔 4s 或单击鼠标时切换，并将设置应用于所有幻灯片。

提示 在"切换"选项卡的切换到此幻灯片组中的"切换方式"列表框中选择对应的切换方式，然后设置计时组中的声音、持续时间，最后单击计时组中的"应用到全部"按钮，如图 5-82 所示。

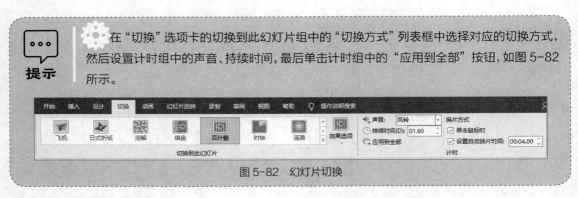

图 5-82　幻灯片切换

（4）设置幻灯片放映方式

设置幻灯片放映类型为"在展台浏览（全屏幕）"，放映范围为第 2～6 张幻灯片。

提示 单击"幻灯片放映"选项卡的设置组中的"设置幻灯片放映"按钮，然后在弹出的"设置放映方式"对话框中进行设置，如图 5-83 所示。

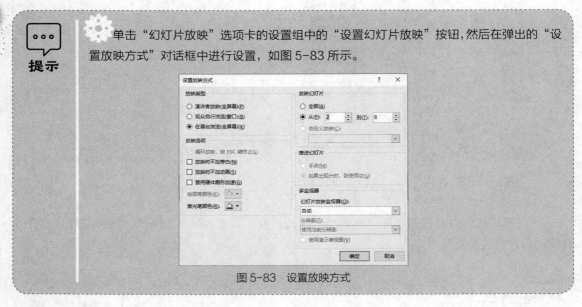

图 5-83　设置放映方式

（5）保存

将演示文稿以"招聘"为文件名保存，保存类型设为"PowerPoint 放映（*.ppsx）"。

实训 3　运用母版功能制作毕业设计答辩演示文稿

1. 情景介绍

对大学生来说，毕业答辩是在校学习期间最重要的一个环节，是学生综合技能的一次展示，关系到是否能正常毕业，而在答辩的时候，一份好的答辩演示文稿可以为答辩者赢得比较高的印象分。

2. 能力运用

① 母版技巧运用。

② 格式及形状的综合应用。

3. 任务要求

一份答辩演示文稿怎么样才算好呢？好的演示文稿要做到字体、颜色在整个文稿中的统一，同时还要做到简洁、重点突出，而很多初学演示文稿制作的人，都喜欢运用很多颜色方案，使得页面花花绿绿，表面上颜色鲜艳，实际上让人眼花缭乱，从而影响到重点内容的表达。另外，答辩演示文稿一般需要包括较多的幻灯片，如果没有运用好母版功能，对后面的修改将带来很大的麻烦。

运用母版制作演示文稿的基本步骤如下。

① 根据答辩内容确定母版页面类型，并制定好颜色和格式方案。

② 制作母版页面。

③ 根据母版制作幻灯片内容页面。

4. 实训过程

（1）确定母版页面类型

一般的毕业答辩需要的母版页面类型包括首页、目录页、内容页、结束页。

首页用于展示答辩的题目、答辩者以及指导老师信息，也可以包括学校的一些信息，比如学校的名称或者 Logo。目录页是整个答辩的提纲展示，让答辩老师对答辩内容一目了然。内容页一般包括标题、项目列表、图表、图形等。结束页用于告知演示结束，并希望答辩老师可以提出指导。

① 使用母版并选择母版页。

新建一个名称为"毕业设计答辩"的演示文稿，并单击"设计"选项卡的页面设置组中的"页面设置"按钮，在弹出的对话框中选择"幻灯片大小"为"宽屏（16:9）"，并单击"确定"按钮关闭该对话框。接下来单击"视图"选项卡的母版视图组中的"幻灯片母版"按钮，然后在左边出现的窗格中，选择适合制作首页、目录页、内容页和结束页的母版页面，并删除多余的页面，如图 5-84 所示。

图 5-84　幻灯片母版

② 确定配色方案、字体。

由于毕业答辩是一个非常严肃的场合，因此演示文稿的风格大多以严肃、稳重为主，所以在配色上以深色调为主，但可以搭配一些明快的点缀色。本实训采用"深蓝"为主色调，点缀色设为"橙色"，字体统一采用"微软雅黑"，页面标题字体采用"28号，加粗"样式，一级项目列表标题采用"24号"样式，二级项目列表标题采用"22号"样式，项目符号采用点缀色。

单击"幻灯片母版"选项卡的背景组中的"颜色"按钮，选择"自定义颜色"，在弹出的对话框中分别设置主题颜色中的"文字/背景-深色1（T）"颜色为"深蓝"，"文字/背景-浅色1（B）"颜色为"深蓝"，"文字/背景-深色2（D）"颜色为"白色"，"文字/背景-浅色2（L）"颜色为"白色"，其他项采用默认值，并修改名称为"毕业答辩"，最后单击"保存"按钮，如图5-85所示。然后通过"幻灯片母版"选项卡的背景组中的"背景样式"按钮设置背景为白色，并应用于所有版式。

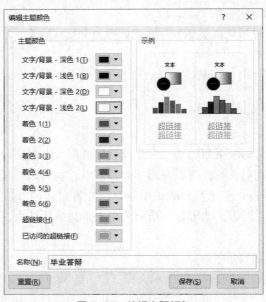

图 5-85　编辑主题颜色

运用主题颜色，可以方便、快速地设置整个演示文稿中的字体和背景颜色，方便以后的修改。

单击"幻灯片母版"选项卡的背景组中的"字体"按钮，选择"新建主题字体"，然后在弹出的对话框中设置字体，如图5-86所示。

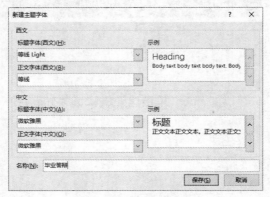

图 5-86　新建主题字体

最后，选择窗口左边的"幻灯片母版"最上面的页面，把前面创建的主题和字体应用到该母版中，然后设置该页面中的标题文字大小为 28、加粗并居中对齐，项目一级标题文字大小为 24，二级标题文字大小为 22，并设置项目列表的符号和颜色，如图 5-87 所示。

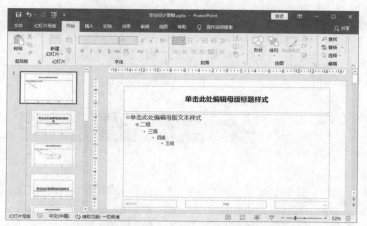

图 5-87　设置母版颜色、字体

（2）制作母版中的"标题幻灯片版式"

通过母版中的"标题幻灯片"页面，制作答辩演示文稿中的首页母版。

① 去除页脚。

选中母版中第 2 张页面,然后取消勾选"幻灯片母版"选项卡的母版版式组中的"页脚"复选框。

② 运用形状进行设计。

- 单击"插入"选项卡的插图组中的"形状"按钮，插入一个长方形，并双击该形状，设置合适的大小,形状填充颜色设为深蓝,形状轮廓设为无轮廓,并放置在页面底部,如图 5-88 所示。

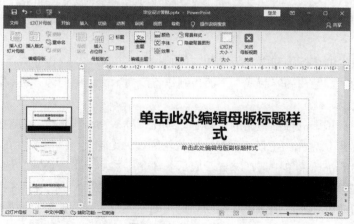

图 5-88　插入形状

- 采用同样的方式，插入一个圆形，大小设置为 4.3 厘米 × 4.3 厘米，填充颜色设为白色，形状轮廓设为 1 磅深蓝色线条，然后选择该形状，输入文字"LOGO"，并设置字体"Tahoma"，大小设为 16,并加粗,最后把该圆形放置在底部长方形的上方,并调整圆形上方两个文本框的位置,如图 5-89 所示。

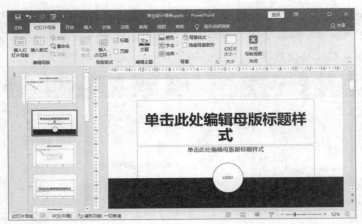

图 5-89　插入圆形

- 复制底部长方形，并调整到合适的高度，然后将其放置在页面的顶部，如图 5-90 所示。

图 5-90　插入顶部长方形

（3）制作母版中的"标题和内容版式"

通过母版中的"标题和内容版式"页面，制作答辩演示文稿中的内容母版。

① 设计顶部效果。

单击"插入"选项卡的插图组中的"形状"按钮，插入一个长方形，并双击该形状，设置大小（高 2.8 厘米），形状填充颜色设为深蓝，形状轮廓设为无轮廓，然后放置在页面顶部，并右击该长方形，在弹出的快捷菜单中选择"置于底部"命令；然后单击"插入"选项卡的插图组中的"形状"按钮，并选择"星与旗帜"下面的"十字星"形状，设置大小（宽 1.8 厘米，高 1.8 厘米），形状填充颜色设为白色，然后把该形状移动到页面的左上角；最后调整页面标题的文本框的高度和位置，使它与长方形重叠，并设置标题文字格式为白色、左对齐，如图 5-91 所示。

② 设计底部效果。

右击顶部长方形，在弹出的快捷菜单中选择"复制"命令，把复制的长方形放置到页面的底部并调整到合适的高度。然后右击该长方形，在弹出的快捷菜单中选择"编辑文字"命令，然后输入"某某职业技术学院"，设置字体为"微软雅黑"、文字大小为 20、对齐方式为右对齐，如图 5-92 所示。

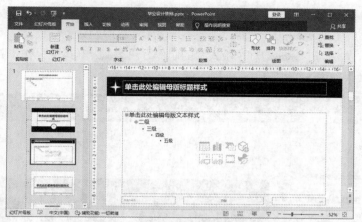

图 5-91　制作内容母版顶部效果

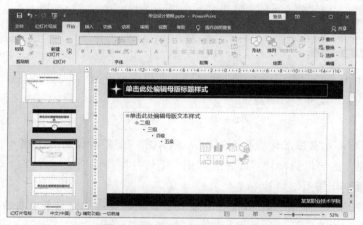

图 5-92　制作内容母版底部效果

（4）制作母版中的"节标题版式"

通过母版中的"节标题版式"页面，制作答辩演示文稿中的目录、节母版。

该母版的制作方法与"标题幻灯片版式"的制作方法类似，其中项目列表文本框可以复制"标题和内容版式"对应的内容，具体的操作步骤这里不进行详细介绍，完成后的效果如图 5-93 所示。

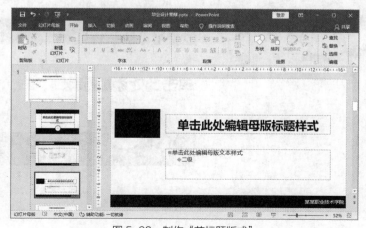

图 5-93　制作"节标题版式"

（5）制作母版中的"仅标题版式"

通过母版中的"仅标题版式"页面，制作答辩演示文稿中的结束母版。

该母版的制作方法与"标题幻灯片版式"的制作方法类似，具体的操作步骤这里不进行详细介绍，完成后的效果如图 5-94 所示。

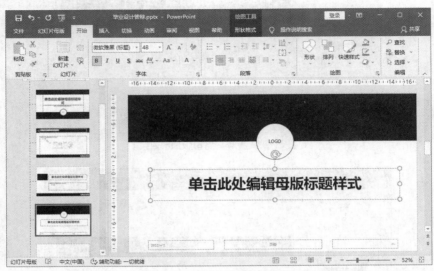

图 5-94　制作"仅标题版式"

至此，毕业答辩演示文稿的母版页面制作完成，单击"幻灯片母版"选项卡的关闭组中的"关闭母版视图"按钮，退出母版设计界面，返回正常幻灯片制作界面。

（6）运用母版制作答辩幻灯片

制作好母版之后，只需要根据不同的母版页面来新建对应的幻灯片，如图 5-95 所示，新创建的幻灯片就具有相应母版的设计效果，接着只需要在幻灯片中对应的位置输入内容即可，也可以在一些页面中插入 SmartArt 图形，如图 5-96 所示。

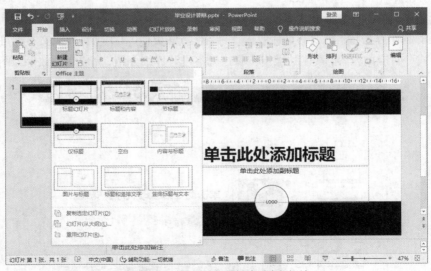

图 5-95　选择母版页面新建对应幻灯片

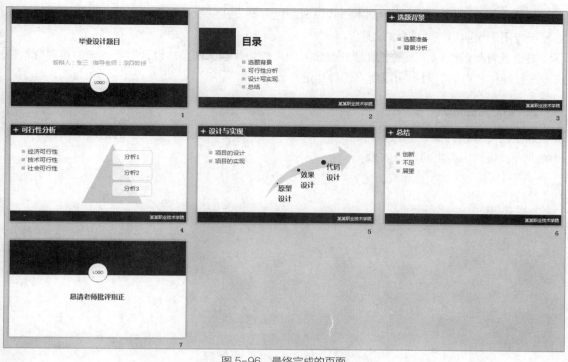

图 5-96　最终完成的页面

本章小结

在学习完 Word 2016 后再学习 PowerPoint 2016 会感觉较为容易，这是因为 Office 各程序具有功能相似的命令、操作，可以举一反三。本章介绍了演示文稿的内容编辑、外观设计、多媒体效果的添加和放映的操作。要制作吸引观众的演示文稿，不仅需要掌握 PowerPoint 2016 的使用技巧，平日还需了解其他知识，如色彩、表达技巧等。

1. 幻灯片内容输入

在占位符内可以输入文本，也可以插入文本框输入文本，选中文本后在"开始"选项卡的字体组中可以设置字体格式，在段落组中可以设置对齐方式、行距等。

在"插入"选项卡的图像组和插图组中可以插入图片文件、联机图片、自选图形、艺术字等。选中文本或图片后，单击"插入"选项卡的链接组中的"超链接"按钮，可以插入超链接。单击"审阅"选项卡的批注组中的"新建批注"按钮，可以插入批注。

2. 幻灯片的美化

幻灯片的版式指的是幻灯片中标题、文本、图片等内容的布局方式。右击左边窗格中的幻灯片，选择"版式"命令，可以设置当前幻灯片的版式。

幻灯片的模板包括幻灯片的文本格式以及配色方案，在"设计"选项卡的主题组中可以选择将模板应用于当前幻灯片或所有幻灯片。

要设置背景的颜色、图案、纹理，或插入图片作为背景，则在"设计"选项卡的设置背景格式中进行操作，可以针对单张或所有幻灯片进行设置。

3. 幻灯片的动画

选中幻灯片的元素（如占位符、文本框、图片等），在"动画"选项卡的高级动画组中可以设置进入、强调、退出的动画效果。

第6章
计算机网络应用

本章介绍计算机网络应用的知识，要求读者在学习完本章后掌握以下技能。

职业能力目标
① 应用搜索技术获取所需的知识，培养自学能力。
② 掌握网络通信技术，具备即时信息交流能力。
③ 应用局域网技术进行信息共享。

6.1 计算机网络与 Internet 概述

6.1.1 计算机网络基础

1. 计算机网络的基本概念

当今世界已经进入了"信息时代"，信息技术得到前所未有的发展，网络的发展使得信息的产生和交换更加迅速和便捷。通过网络，用户可以传送电子邮件、发布新闻、进行实时聊天，还可以进行电子购物、电子贸易以及远程电子教育等。

计算机网络是现代通信技术与计算机技术相结合的产物，通过将分布在不同区域的计算机与专业的外部设备用通信线路互连成一个规模大、功能强的网络系统，使众多的计算机可以方便地共享硬件、软件、数据信息等资源。

2. 计算机网络的分类

根据计算机互连的区域大小，可以把网络分为局域网（Local Area Network，LAN）、城域网（Metropolitan Area Network，MAN）和广域网（Wide Area Network，WAN）。局域网是指较小地

理范围内的各种计算机网络设备互连在一起而形成的通信网络，一般指同一办公室、同一座楼房或者同一所校园等几千米范围之内的网络。城域网覆盖范围一般是一座城市，将城市内的各个局域网连接起来。广域网一般指包含一个省份或者国家的网络，其目的是让分布较远的各城域网互连。

3. 互联网

世界上的网络有很多，然而连接到网络上的计算机往往使用不同的硬件与软件，因此网络上的计算机可能存在不兼容的问题，导致信息交换失败。为了解决这一问题，规定连接到网络上的计算机通过同样的规则进行信息编码与交换，这种规则就叫作协议。

通过某种协议统一起来的跨地区和国家的若干网络称为互联网。目前世界上发展最快、最热门的一个互联网的实例就是因特网（Internet）。为了区别互联网与因特网，将互联网英文单词的第一个字母小写，即 internet；而作为因特网的英文单词的第一个字母采用大写，即 Internet。

（1）Internet 简介

Internet 是一种国际性的计算机互联网络，又称国际计算机互联网。它以 TCP/IP 网络协议将各种不同类型、不同规模、不同地域的物理网络连成一个整体。

（2）Internet 的应用

Internet 已经发展成为一个信息资源系统，为各行各业提供所需信息。通过 Internet，可以搜索学习资料、科研成果、产品信息等；可以保存或者下载所需的文件，也可以把自己的文件上传，与别人一起分享；用户之间可以进行交流，在 BBS 或论坛上共同讨论某个话题，在网上聊天室中实时聊天，通过 QQ 互相通信，甚至可以进行视频聊天；可以进行网上教学、网上购物、网上办公，甚至可以管理自己的银行账户等。总之，Internet 的应用改变了当前人们生活的方式，已经深入社会的方方面面。

（3）IP 地址

众所周知，每台电话都有一个号码，人们通过这个号码来识别不同的电话机。同样，在网络上，为了区别每台计算机，需要为其指定一个号码，这个号码就是 IP 地址。Internet 上的每一台计算机都被赋予一个世界上唯一的 IP 地址，该地址采用 32 位的二进制形式来表示，分成 4 段，每段长度为 8 位，为方便记忆用十进制的数字表示，每段数字范围为 1～254，各段之间采用句点隔开，如 202.206.65.110。就像一个完整的电话号码由区位号与本机号码组成一样，IP 地址也有两部分，一部分为网络地址，另一部分为主机地址。

根据网络地址所占位数的不同，IP 地址可以分为 A、B、C、D、E 这 5 类，其中常用的有 B 和 C 两类。从 IP 地址第一段的数字可以判断其所属类别（A 类为 1～127，B 类为 128～191，C 类为 192～223，D 类为 224～239，E 类为 240～254），如 202.206.65.110 属于 C 类地址。A 类地址可以表示最多 16777214 台主机，而 B 类地址可以表示最多 65534 台主机，C 类地址可以表示最多 254 台主机。D 类地址用于多点广播，而 E 类地址留着将来使用。

（4）域名系统

尽管 IP 地址可以唯一地标识网络上的计算机，但其毕竟是采用数字来表示的，对使用网络的用户来说，记住那些毫无意义的地址是件困难的事，因此人们引入了便于记忆的字符串，如 nhic.edu.cn。然而网络上的计算机只认识 IP 地址，因此必须有一些机制把字符串转换成 IP 地址，这种机制就是域名系统（Domain Name System，DNS）。

域名具有一定的层次关系，最右边为顶层，而最左边为底层，就像英文中书写地址的层次一样。如 nhic.edu.cn 的顶层为 cn，表示中国，而 nhic 为该域名的底层，表示南华工商学院。Internet 中域名的顶层分为两大类：通用的和国家的。通用的域包括 com（商业）、edu（教育机构）、gov（政府）、int（国际组织）、mil（军事机构）、net（网络机构）和 org（非营利组织）等。国家或地区域是指为每个国家或地区所分配的顶层域名，如英国为 uk、澳大利亚为 au。

在 Internet 中，域名具有唯一性，是独一无二的。在使用域名之前，用户首先需要向域名管理组织进行申请，域名管理组织必须保证域名的唯一性。

6.1.2　接入 Internet

要使用 Internet，首先必须接入 Internet。接入方式有几种，各自具有不同的特点，可以根据需要选择适当的方式。接入 Internet 的方式一般有普通拨号上网、局域网接入、光纤接入以及无线接入等。下面介绍目前普遍采用的家庭光纤接入 Internet 的方法。

在家庭利用光纤上网组建家庭局域网，需要安装光猫、路由器，并完成路由器的设置。

（1）安装光纤硬件

所需设备：开通上网业务时运营商提供的光猫、路由器、计算机（带网卡）、网线、手机等设备。家庭光纤连接如图 6-1 所示。

图 6-1　家庭光纤连接

（2）设置路由器

① 在浏览器地址栏中输入路由器默认 IP 地址 http://192.168.0.1，出现图 6-2 所示的界面后输入密码进行登录（有些路由器需输入用户名及密码）。账号、密码请查看说明书或路由器背面。

图 6-2　路由器管理页面登录

② 路由器外网设置。输入开通 Internet 业务时运营商提供的宽带账号及密码，如图 6-3 所示。

图 6-3　路由器外网设置

单击"连接"按钮拨通外网（一般指 Internet），开始计算接入时长，如图 6-4 所示。平时长时间不使用，路由器可能会自动停止连接外网，当有手机或计算机等客户端设备访问外网时，路由器会自动拨通外网。

③ 路由器无线设置。设置无线名称（热点名称）和密码，如图 6-5 所示。

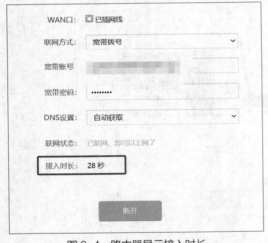

图 6-4　路由器显示接入时长

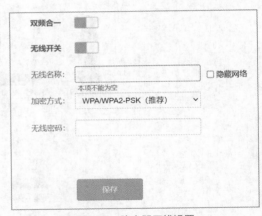

图 6-5　路由器无线设置

至此家庭光纤网络的路由器连接和设置完成，现在可以利用网线连接路由器，也可以连接 Wi-Fi 热点上网了。

6.1.3　浏览器的使用

WWW（World Wide Web）即环球信息网，或称万维网，其采用 HTML（Hypertext Markup Language，超文本标记语言）的文件格式，并遵循 HTTP（Hypertext Transfer Protocol，超文本传输协议）。其最主要的特征就是具有许多超文本链接（Hypertext Links），可以打开新的网页或者新的网站，到世界任何网站上调用所需的文本、图像和声音等资源。

1. URL

URL（Uniform Resource Locator）即统一资源定位器，是用来标识 Web 上文档的标准方法，也就是 Web 上可用的各种资源（HTML 文档、图像、视频、声音等）的地址。URL 一般由 3 部分组成。

（1）访问资源的传输协议

由于不同的网络资源使用不同的传输协议，因此其 URL 也不同。除了前面所说的 HTTP 之外，常用的还有文件传送协议（File Transfer Protocol，FTP）。例如，对于域名为 nhic.edu.cn 的服务器，如果要浏览其上面的网站首页，那么 URL 为 http://www.nhic.edu.cn；如果要浏览其上面的 FTP 文件，那么 URL 为 ftp://ftp.nhic.edu.cn。

（2）服务器名称

http://www.nhic.edu.cn 中的 www.nhic.edu.cn 就是所要访问网站的服务器名称，其中 www 为所提供的服务名称，而 nhic.edu.cn 为该网站的域名。

（3）目录或文件名

同一个服务器上，可能有很多个目录或文件供用户访问，为了准确定位，需要明确目标。例如，要访问 www.nhic.edu.cn 服务器 info 目录下的 news.htm 文件，就要写成 http://www.nhic.edu.cn/ info/news.htm。

2. 浏览网站

在确保计算机已经连接到 Internet 之后，就可以利用 Windows 10 自带的 Microsoft Edge 浏览器来浏览网站了。双击桌面的 Microsoft Edge 图标就可以启动该浏览器，或者选择"开始"→"Microsoft Edge"命令来启动。

（1）地址栏

要访问一个网页，首先要知道网址，即上面所说的 URL。Microsoft Edge 的地址栏就是输入 URL 的地方。在地址栏中输入要访问的地址，然后按"Enter"键访问网页。图 6-6 所示为当当网网站首页。

图 6-6　使用 Microsoft Edge 浏览器上网

一般而言，采用域名访问网站时，前面的传输协议可以省略。例如要访问当当网，只要在地址栏中输入 www.dangdang.com 后按 "Enter" 键即可，Microsoft Edge 会根据该地址在前面自动添加 http://。但是，当使用 IP 地址来进行访问或者传输协议不是 HTTP 时，就要手动输入协议名称。例如要访问 192.168.0.1/info/news.htm 上的网页，就必须输入完整的 URL，即 http://192.168.0.1/info/news.htm；如果要访问 192.168.0.1 上的 FTP 服务中的 show.doc 文件，就应该输入 ftp://192.168.0.1/show.doc；如果首次访问 https://www.nhic.edu.cn，就应该输入完整的地址 https://www.nhic.edu.cn，访问过后 Microsoft Edge 会记忆完整地址，下次再访问只需要输入域名 www.nhic.edu.cn 即可。

（2）保存网页

保存浏览过的网页，可以在脱机状态下对其继续浏览。保存网页的方法和保存一般文档的方法相似，右击 Microsoft Edge 浏览器中的空白处，选择 "另存为" 命令，弹出 "另存为" 对话框，就可以保存了。如有需要，可以对网页进行重命名，在 "文件名" 文本框中输入名称。另外，还可以选择网页保存的类型，有 3 种可供选择，下面分别进行说明。

① 网页，完全 html（*.htm;*html）。选择这一类型进行网页保存时，将保存该网页的 HTML 文件以及网页上的图片，并且图片文件和 HTML 文件分开保存。

② 网页，单个文件（*.mhtml）。选择这一类型对网页进行保存时，网页将整体保存成一个 MHTML 文件，不再分离图片。

③ 网页，仅 html（*.html;*.htm）。选择这一类型对网页进行保存时，只保存该网页的 HTML 或 HTM 文件，其他的不进行保存。

（3）保存网页中的图片

可以单独保存网页上的图片。保存时，只要右击图片，然后选择 "将图像另存为" 命令，并选择要保存的位置即可。

6.2　信息搜索

可以把 Internet 比喻成一个信息量庞大的 "百科全书"，它不仅提供了文字、图片、声音、视频，还提供了法律法规、教育知识、科技发展、商业信息、娱乐信息等。另一方面，由于 Internet 的信息量庞大，要获取有用的信息难于大海捞针，所以需要一种搜索服务，将网上杂乱无章的信息条理化，对其按一定的规则进行分类。在这个信息的 "海洋" 里，如何寻找所需的信息呢？本节将详细介绍如何通过 Internet 进行信息搜索。

6.2.1　搜索引擎

Internet 提供了很多资源，要在海量的信息里快速查找到自己需要的内容，就需要用到搜索引擎，利用搜索引擎可以有效地搜索各种信息和解决各种问题。搜索引擎是指在万维网中主动搜索信息并能自动索引、提供查询服务的一类网站，其功能包括信息搜集、信息整理和用户查询 3

部分。搜索引擎从 Internet 上某个网页开始，然后搜索所有与其链接的网页，把网页中的相关信息加工处理后存放到数据库中，以便用户以后搜索。下面介绍几个常用的搜索引擎网站。

（1）百度

百度诞生于 2000 年 1 月，是目前为止全球最大的中文搜索引擎之一。百度每天响应来自一百多个国家超过数亿次的搜索请求，用户可以通过百度主页，在瞬间找到相关的搜索结果，这些结果来自超过十亿的中文网页的数据库。

（2）天网搜索

天网搜索是我国"九五"重点科技攻关项目"中文编码和分布式中英文信息发现"的研究成果，由网络实验室研制开发，于 1997 年 10 月 29 日正式在 CERNET 上提供服务，收录网页数约 6000 万，有效利用教育网的优势，拥有强大的 FTP 搜索功能。

6.2.2　应用搜索

1．简单搜索

搜索是通过关键词来完成的。关键词就是能表达主要内容的词语，其准确与否决定了搜索结果的有效性和准确度。进行搜索时，打开搜索网站，然后在搜索框内输入需要查询的关键词，单击"搜索"按钮即可，如图 6-7 所示。

图 6-7　利用百度进行搜索

进行搜索时，输入的关键词可以是中文、英文、数字或者中英文和数字的混合体等。

2．高级搜索

在简单搜索中，搜索出来的结果往往很多，难以从中寻找需要的信息。为了提高搜索的准确度，可以采用高级搜索功能。在百度搜索网站上，单击"高级搜索"超链接，就可以进入"高级搜索"页面。

（1）指定关键词

为了提高搜索的有效性，在搜索时要提供尽可能准确的关键词，也可以提供多个关键词。例如，想搜索"飞人"乔丹时，可以在输入"乔丹"字样的同时，输入"飞人"，即输入"乔丹 飞人"，或者"飞人 乔丹"，这样就可以排除其他名字中含有"乔丹"的人的资料了。对于多个关键词，搜索引擎提供一些运算规则，以便于用户搜索准确的信息。在"高级搜索"页面中的"搜索结果"选项中，提供了多种关键字运算规则，如表 6-1 所示。

表6-1 百度"高级搜索"多关键词运算规则

名称	含义	例子
包含全部关键词	表示多个关键词同时出现在结果中	广州摩托（表示结果同时包括"广州"和"摩托"字样）
包含完整关键词	表示多个关键词以一个完整的词组出现在结果中	广州摩托（表示结果中包括"广州摩托"字样）
包含任意关键词	表示结果中至少包括一个关键词	广州摩托（表示结果包括"广州"或者"摩托"字样）
不包括关键词	表示关键词不出现在结果中	摩托（表示结果中不包括"摩托"字样）

（2）限定要搜索的网页的时间、地区以及语言

通过限定要搜索的网页的时间，可以指定所要搜索的内容被添加到百度中的时间范围，例如，要搜索最近才发生的一些新闻，可以指定最近的时间范围。需要注意的是，内容被添加到百度中的时间比相应新闻发生的时间要迟一些，因些通过搜索引擎经常搜索不到刚刚发生的事情。

另外通过地区与语言，还可以指定要搜索的网页所在的地区以及所用的语言，如"简体中文"。

（3）限定文档的格式

在搜索时，可以通过限定文档的格式来指定针对哪些文档格式的内容进行搜索，以提高搜索的准确度。例如，要搜索内容包括"软件设计"的 Word 文档，就可以输入"软件设计"，在文档格式中选择"微软 Word（.doc）"选项进行搜索，那么搜索的结果只包括 Word 文档。

（4）限定关键词所在位置

通常，搜索引擎根据输入的关键词对网页中的所有内容进行搜索，如果只需对网页中特定的部分进行搜索，例如，只对网页的标题进行搜索，或者只对网页的 URL 进行搜索，可以指定位置，以提高搜索的准确度。

（5）限定搜索范围为特定的网站

可以限定搜索引擎只对指定的网站进行搜索，以提高搜索的准确度。例如，要在太平洋电脑网上查找关于笔记本电脑的信息，可以输入关键词"笔记本"，然后指定站内搜索为 pconline. com.cn。这样搜索结果只来自太平洋电脑网。

3. 搜索图片

在百度搜索引擎中，不仅可以搜索文字信息，还可以搜索图片、音乐等多媒体资源，下面介绍如何应用百度图片搜索功能。

① 在浏览器中输入 https://image.baidu.com/，进入百度图片搜索页面，如图 6-8 所示。

图 6-8　百度图片搜索页面

② 在搜索框中输入需要搜索的图片的描述，例如，在搜索框中输入"狗"，将显示与之相关的图片，如图 6-9 所示。

图 6-9　百度图片搜索结果

③ 在搜索的结果中，可以单击搜索框下方的"图片筛选"超链接，显示筛选条件，包括图片大小、图片颜色、图片类型，通过这些筛选条件，可以更准确地搜索需要的图片。

4. 使用百度地图

当我们要去一个陌生的地方时，需要知道去该地方的路线，如果可以看到该地方的实景，那将为我们的出行提供很大的方便。下面介绍如何应用百度地图来达到这个目的。

① 打开浏览器，输入地址 https://map.baidu.com/，将显示用户目前所处城市的地图，如图 6-10 所示。

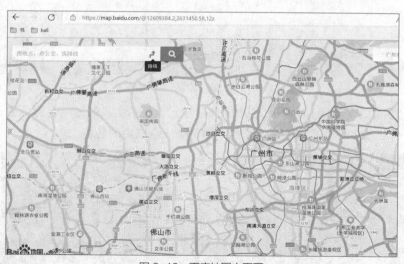

图 6-10　百度地图主页面

② 在搜索框中输入需要了解的地方，假设需要去"广州火车东站"，输入该地点后单击"搜索"按钮，可以显示该地点的所在位置，如图 6-11 所示，如果搜索的地点有几个相近的结果，用户可以选择下方列出的选项。

图 6-11　显示搜索地点

③ 如果需要去往所搜索出来的地点，则单击"到这去"；如果从该地点出发，则单击"从这出发"，然后根据需要输入出发地或目的地，百度地图将为用户提供出行方案，如图 6-12 所示。

图 6-12　提供出行线路规划

④ 单击右下角的全景图标，然后移动鼠标指针到要显示实景的地点名称上面，单击进入实景界面，如图 6-13 所示。该功能方便用户提前熟悉该地点周边的环境。

图 6-13　百度全景地图

6.3 下载与上传文件

网络提供了资源共享功能，人们可以很方便地进行资源交换，最常见的就是文件的下载和上传。

6.3.1 下载文件

下载文件的方法有很多种，可以直接从网站下载，也可以通过下载软件进行下载。当在网站上获取下载地址后，右击该地址的超链接并选择"目标另存为"命令，设置要保存的目录，即可直接下载。如果已安装下载软件，在右击超链接时，可以选择使用下载软件进行下载。

如果要下载的文件采用 FTP 进行传输，可以在 Microsoft Edge 地址栏中输入用于下载的 FTP 地址，然后按"Enter"键，打开登录对话框，按要求输入用户名和密码，如图 6-14 所示。输入正确的用户名和密码后，就可以在浏览器中查找所要下载的文件，采用复制操作即可把该文件下载到本地计算机上。也可以利用一些 FTP 软件来进行 FTP 文件的下载。

图 6-14　FTP 登录界面

6.3.2 上传文件

人们常采用 FTP 在两台计算机之间互相传送文件。文件的上传一般通过 FTP 软件来完成，当然也可以采用 Microsoft Edge 浏览器进行文件上传。下面介绍采用 Microsoft Edge 进行文件上传的操作。

采用 Microsoft Edge 进行文件上传的操作比较简单，首先打开浏览器，在地址栏中输入所要上传到的空间的 FTP 地址（主机地址），如 ftp:\\ftp.online.abced.com，按"Enter"键后，弹出一个验证对话框。在该对话框中输入正确的用户和密码，就可以看到该 FTP 空间了，这时即可把所要上传的文件复制到该空间，复制过程需要一定的时间。放入该空间的文件也可以进行修改操作，如删除、重命名等。

6.4 信息交流

6.4.1 即时通信

大家都知道手机有一个互发信息的功能，一个用户通过一部手机，可以与另一个手机用户进行信息交流，这为人们的生活提供了极大的方便。在网络上，通过即时通信软件，同样可以实现这种功能，而且费用远远低于手机信息的费用。

即时通信（Instant Messaging，IM）是一种能在网上识别在线用户并与其即时交换消息的技术。目前，比较有代表性的即时通信软件有腾讯 QQ 和微信。

1. 腾讯 QQ

腾讯 QQ（简称 QQ）是腾讯公司开发的一款基于 Internet 的即时通信软件。通过该软件，用户可以和好友进行信息交流、语音 / 视频聊天。该软件提供手机聊天、QQ 对讲机、聊天室、QQ 群组、文件传输和共享等功能。下面介绍如何使用 QQ。

（1）安装 QQ 并申请 QQ 号

在 http://im.qq.com/qq 页面上可以下载最新版本的 QQ，双击下载的安装软件即可进行安装。用户在使用 QQ 之前，还必须拥有一个 QQ 号码。在腾讯 QQ 网站上填写一些基本信息，可以申请 QQ 号码。

（2）登录 QQ

有了 QQ 号码，在登录界面输入 QQ 号码及密码就可以登录了。登录成功后，QQ 界面如图 6-15 所示。

图 6-15 QQ 界面

（3）添加好友

要向某 QQ 账号发送信息之前，必须先将其添加为 QQ 好友。在主面板上单击"查找"按钮来打开查找好友窗口，可以通过要查找的人的 QQ 昵称或号码来查找，然后将其添加为 QQ 好友。

（4）发送与接收信息

在 QQ 的好友栏中，双击好友的头像，就可以向其发送信息了。要接收好友发送的信息，可以按快捷键"Ctrl+Alt+Z"来调出对话窗口。

2. 微信

微信（WeChat）是腾讯公司推出的一款智能终端即时通信软件，可以发送语音、图文，把图文分享到朋友圈中，通过关注公众平台来获取一些公司或服务机构的最新信息。微信除了智能终端的 App 之外，还有针对 PC 端开发的网页版，下面主要介绍网页版微信的使用方法。

（1）安装微信 App

在使用网页版微信之前，首先需要在手机上安装 App，并且注册一个账号。网页版微信其实是使用 App 上的账号来登录的。

（2）登录网页版微信

① 在浏览器中输入 https://wx.qq.com/，出现图 6-16 所示的二维码界面。

② 登录手机的微信 App，找到微信右上角的"扫一扫"功能，扫描网页上的二维码，接着在手机中确定网页登录信息，即可进入网页版微信主界面，如图 6-17 所示。

图 6-16　网页版微信登录二维码

图 6-17　网页版微信主界面

选择一个微信群或联系人，就可以进行信息交流了。但是网页版微信不提供朋友圈功能。

6.4.2　电子邮件

1. 电子邮件概述

电子邮件（Electronic mail，E-mail）是指通过 Internet 书写、发送和接收的信件，其已经成为人们日常生活中进行联系的一种通信手段，具有快速、简便、价廉等特点。传统的邮件正在逐渐被电子邮件代替。电子邮件是互联网最受欢迎的功能之一。目前，电子邮件主要采用简单邮件传送协议（Simple Mail Transfer Protocol，SMTP）来进行传递。

（1）电子邮件地址

要把信件送到收信人的手里，信件的地址将起到重要作用。同样，电子邮件也要依靠地址来进行正确的传递。电子邮件地址的结构为:用户名 @ 服务器域名。该地址由符号"@"分成两部分，左边为用户名，右边为邮箱所在的邮件服务器的域名。例如，在 www.126.com 网站上申请了一个用户名为 nhjsjabc 的邮箱，那么该电子邮件的地址就为 nhjsjabc@126.com。

（2）申请电子邮箱

要利用网络来收发电子邮件，首先要申请电子邮箱，申请成功后，就拥有了该邮箱所分配的地址，人们可以通过该地址来向你发送电子邮件。申请邮箱的一般过程如下。

① 登录要申请邮箱的网站，找到注册邮箱的超链接，进入申请页面。

② 阅读服务条款，填写用户名，并检测用户名是否可用。如果可用，进入下一步。

③ 设置密码。一般来讲，需要输入两次密码，当两次输入一致时，才能进入下一步。

④ 设置其他信息，除了用户名、密码这两个基本信息之外，有些网站还要求设置其他信息。

⑤ 提交信息，完成申请过程。

2. 写信与收信

传统的信件是由邮递员送到家门口，而电子邮件则需要自己去"邮局"查看，只不过用户可以在家里通过计算机连接到"邮局"。假设电子邮件地址为 nhjsjabc@126.com，那么先打开 www.126.com 网站，在对应的位置输入用户名 nhjsjabc（注意不要输入整个地址 nhjsjabc@126.com），在"密码"文本框中输入密码，然后即可进入邮箱界面，如图 6-18 所示。左边显示了"收信"按钮与"写信"按钮，通过这两个按钮，用户就可以查看收到的邮件与写邮件了。

图 6-18　电子邮箱

（1）写信

成功登录邮箱之后，单击"写信"按钮，就可以写邮件了。在写邮件时，需要填写几个主要的内容：收件人地址、邮件的主题、邮件的内容以及附件。图 6-19 所示为写邮件的界面，其中的"收件人"文本框中为收件人的电子邮件地址，当同时要向多个人发送同一封邮件时，用"，"把多个地址隔开。填写好主题和内容后，如果需要加入附件，可以单击"附件"按钮，弹出选择文件对话框，在计算机中找到需要的文件，粘贴到该邮件中。完成这些之后，就可以单击"发送"按钮来进行发送。

图 6-19　写信

（2）收信

当有人发送电子邮件过来时，可以查看该邮件。要查看电子邮件，先单击"收信"按钮，在右边就会显示出所有电子邮件的列表，如图 6-20 所示。单击要查看的邮件，就可以显示该邮件的内容。如果有附件，可以右击该附件的链接地址，在弹出的快捷菜单中选择"目标另存为"命令，将其下载到计算机上。

图 6-20　收信

6.5　网络应用

随着 Internet 的进一步发展,网络不仅在各方面为人们提供了便利,也改变了人们的生活方式,使人们不但可以通过不同的方式来跟朋友和家人进行交流,还可以利用电子商务平台进行商品交易。

6.5.1　博客与微博

早期的互联网上,人们主要通过论坛的方式来进行讨论。随着新技术的推动以及网络新观念的出现,Internet 从 Web 1.0 进入了 Web 2.0,为网络用户带来了真正的个性化、去中心化服务,用户拥有了信息自主权。此后涌现出了许多新的网络事物,博客就是其中一种。

博客是英文 Blog 的中文名称,而 Blog 是 Web log 的缩写,因此也称网络日志,可以表达个人思想、心声,也可以收集自己感兴趣的资料,如新闻评论、别人的文章以及网站的链接地址等。虽然博客主要用来组织个人的想法,但也可以获得别人的反馈以及进行交流,这点就像论坛中的回复功能一样。

要获得个人博客,可以到一些博客网站进行申请,申请成功后,即可拥有一个展现个性的空间。博客最大的特点是可以进行个性化设置,包括网页的图片、标题以及样式等,也可以设置所要显示的内容栏目等。总之,博客是一个突出个性化的空间。

微博,即微博客(MicroBlog)的简称,是一个基于用户关系的信息分享、传播及获取平台,用户可以通过 Web、WAP 以及各种客户端组建个人社区,并以 140 字以内的文字更新信息,实现即时分享。与博客不一样的是,微博可运行在桌面、浏览器、移动终端等多个平台上,这也使得人们可以随时随地进行信息分享。跟博客一样,要拥有自己的微博,需要进行申请,当申请成功之后,就可以用自己的账户发表个人看法以及接收所关注的人的动态了。

6.5.2 电子商务

随着计算机的普及以及 Internet 技术的发展，商店也开始出现在网络上。通过网络来进行商品交易，开创了"电子商务时代"。通过电子商务平台，人们可以开设网上商店，也可以在线进行商品购买。与传统的商店相比，网上商店大大降低了人力、物力及成本，其不受空间、时间的限制，使得网上商品能提供较低的价格。但是，由于消费者对网上商品不能进行实物鉴别，所以也经常出现货不对版的情况。

1. 电子商务平台分类

电子商务平台是一个为个人或企业提供在线交易服务的平台，按照交易对象，电子商务平台可以分为下面几种类型。

① B2C（Business to Customer）。企业与消费者之间的电子商务，该模式在我国产生较早，目前大量的电子商务都是该类型，如天猫商城、京东、一号店等。

② C2C（Customer to Customer）。消费者与消费者之间的电子商务，为买卖双方提供一个在线交易平台，使卖方可以主动提供商品上网拍卖，而买方可以自行选择商品进行竞价，如淘宝网、易趣网、拍拍网等。

③ B2B（Business to Business）。企业与企业之间的电子商务，该模式主要为企业提供产品展示和采购的平台，如阿里巴巴、环球资源、中国制造网等。

④ O2O（Online to Offline）。线上和线下结合的电子商务，线上交易线下体验方式提供了全新的用户体验模式，达到实体店与网络结合，如百度外卖、拉手网等。

2. 在线支付方式

在线支付是一种电子支付的形式，通过第三方提供的与银行的接口进行支付，极大地提高在线购物的方便性。目前，在线支付的方式有很多种，下面介绍人们常用的几种支付方式。

① 支付宝。支付宝是目前国内使用人数较多的第三方支付平台，从 2004 年诞生至今极大地推动了我国电子商务的发展。支付宝主要提供支付及理财服务，包括网购担保交易、网络支付、转账、信用卡还款、手机充值、水电煤缴费、个人理财等。在进入移动支付领域后，为零售百货、电影院线、连锁商超和出租车等多个行业提供服务。

② 微信支付。微信支付是微信软件集成的支付功能，用户通过手机上的微信来快速地完成支付流程。另外，通过对网页支付的二维码进行扫描，也可以完成支付。

③ 快钱。快钱是独立的第三方支付平台，它为企业与个人提供安全、便捷的综合化互联网金融服务，包括支付、理财、融资等。

④ 网上银行支付。网上银行是指利用用户的银行账号开办网络支付业务，之后就可以通过网络进行交易支付。网上银行不仅把银行业务拓展到线上，也增加了许多针对网络的新业务。

3. 在线购物

电子商务的推广改变了人们购物的习惯，只要是存在网络的地方，人们就可以上网购物。一般在线购物的流程主要包括注册账户→搜索商品→添加购物车→填写订单信息→确认收货并评论。下面以京东商城为例，介绍在线购物的流程。

信息技术应用教程（Windows 10+Office 2016）

① 注册账户。首先打开京东商城首页 http://www.jd.com，单击顶部的"免费注册"超链接，进入注册页面，填写用户名、密码、手机号码等信息，并输入接收到的手机验证码以及图片验证码，最后单击"完成注册"按钮，完成注册。注册成功之后，先进行登录。

② 搜索商品。打开京东商城首页，在上面的搜索框中输入需要购买的商品的名称，例如，输入"手机"，然后单击"搜索"按钮，显示相关的商品列表。另外，也可以通过左侧的商品分类列表来查找所需的商品。

③ 添加购物车。如果浏览到想购买的商品,可单击该商品,进入商品的详细页面,然后单击"加入购物车"按钮，把该商品加入购物车中。采用同样的方法，可以把多个需要购买的商品添加到购物车中。

④ 填写订单信息。在挑选好商品之后，单击页面右上角的"我的购物车"按钮，进入购物车的页面，接着单击"去结算"按钮，进入填写订单信息页面，填写收货人的姓名、地址、手机号码以及支付方式。接着进行在线支付，完成下单。

⑤ 确认收货并评论。经过平台的订单确认之后，经过一段时间，快递人员把用户所购买的商品送达收货地址，用户签收后，登录京东商城，单击"确定收货"按钮，并进行商品评价，完成整个购物流程。

6.6　小型局域网的组建

在一个单位或者一个宿舍中，可能同时存在多台计算机，如果想在这些计算机之间进行文件或者打印机共享，可以通过组建局域网来实现。

6.6.1　局域网的工作模式

1. 客户机 / 服务器

在局域网中，将可能用到的公共数据存放到一台或者几台配置较高的计算机上，这些计算机就称为服务器。服务器除了一般的资源共享功能之外，还具有管理的功能，可以对整个局域网的用户进行集中管理、并发控制以及事务管理等。另一方面，连接到服务器的计算机称为客户机或者工作站。

Windows 10 提供了域的方式来共享同一个安全策略和用户账户数据库，域的方式集中了用户账户、数据库和安全策略，这样使得系统管理员可以用一个简单而有效的方法来维护整个网络的安全。

很明显，这种工作模式需要一台或者几台计算机作为服务器，虽然成本较高，却为数据和局域网的共享提供了方便。这种模式在一个单位中较常应用。

2. 对等式

跟客户机 / 服务器模式相比，对等式模式没有专用的服务器，每台计算机既可以是客户机，也可以是服务器，其地位是平等的。由于不用另外设置服务器，因此对等式模式应用于投资少、高性价比的小型网络系统，较适合家庭或者较小型的办公网络。

Windows 10 提供了工作组的方式来对局域网中的计算机进行分组，将不同的计算机列入对应的组中，以便对其进行划分。

6.6.2 组建局域网

1. 连接硬件

进行局域网的组建需要用到下面的设备，如图 6-21 所示。

- 计算机。
- 集线器（或者交换机、路由器）。
- 网卡。
- 双绞线（带水晶头）。

通过双绞线，把计算机连接到集线器上，如图 6-22 所示。

图 6-21 集线器、水晶头及带水晶头的双绞线

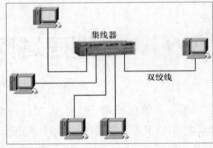

图 6-22 局域网结构

观察集线器上的指示灯，如对应端口的指示灯亮，则表明计算机到集线器的物理连接没有问题。

2. 设置协议

① 选择"开始"→"设置"命令，接着选择"网络和 Internet"，在"网络和 Internet"界面中切换到"以太网"选项卡，如图 6-23 所示，单击右上角的以太网图标，可能叫"以太网 1""以太网 2"……，再在出现的界面中单击 IP 设置中的"编辑"按钮。

② 选择"手动"，如图 6-24 所示。

③ 单击 IPv4 下的开关按钮，输入 IP 地址和子网掩码（IP 地址可以为 192.168.0.1 ～ 192.168.0.254 的任意一个，子网掩码为 255.255.255.0），注意在同一个网络中要保证 IP 地址的唯一性，如图 6-25 所示。

要测试网络是否配置成功，可以选择"开始"→"运行"命令，在弹出的对话框中输入 ping+IP 地址，如 ping 192.168.10.1。图 6-26 所示的结果表示到该计算机的连接成功，图 6-27 所示的结果则表示连接失败。

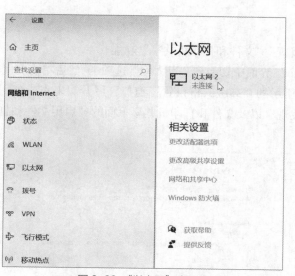

图 6-23 "以太网"选项卡

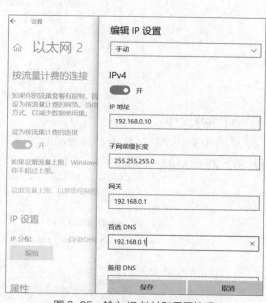

图 6-25 输入 IP 地址和子网掩码

编辑 IP 设置

手动

IPv4

○ 关

IPv6

○ 关

保存　　　　　取消

图 6-24 "编辑 IP 设置"对话框

```
C:\WINDOWS\system32\cmd.exe

C:\>ping 192.168.0.1

正在 Ping 192.168.0.1 具有 32 字节的数据:
来自 192.168.0.1 的回复: 字节=32 时间=1ms TTL=64
来自 192.168.0.1 的回复: 字节=32 时间=2ms TTL=64
来自 192.168.0.1 的回复: 字节=32 时间=4ms TTL=64
来自 192.168.0.1 的回复: 字节=32 时间=2ms TTL=64

192.168.0.1 的 Ping 统计信息:
    数据包: 已发送 = 4, 已接收 = 4, 丢失 = 0 (0% 丢失),
往返行程的估计时间(以毫秒为单位):
    最短 = 1ms, 最长 = 4ms, 平均 = 2ms

C:\>
```

图 6-26 网络配置成功

```
C:\WINDOWS\system32\cmd.exe

C:\>ping 192.168.0.5

正在 Ping 192.168.0.5 具有 32 字节的数据:
来自 192.168.0.161 的回复: 无法访问目标主机。
来自 192.168.0.161 的回复: 无法访问目标主机。
来自 192.168.0.161 的回复: 无法访问目标主机。
来自 192.168.0.161 的回复: 无法访问目标主机。

192.168.0.5 的 Ping 统计信息:
    数据包: 已发送 = 4, 已接收 = 4, 丢失 = 0 (0% 丢失),

C:\>
```

图 6-27 网络配置失败

3. 设置共享

（1）启用"网络发现""文件和打印机共享"功能

在"网络和 Internet"界面中切换到"以太网"选项卡，然后单击右侧的"更改高级共享设置"超链接，进入图 6-28 所示的"高级共享设置"窗口，展开"来宾或公用"卷展栏，选中网络发现下面的"启用网络发现"以及文件和打印机共享下面的"启用文件和打印共享"，最后单击"保存更改"按钮。

图 6-28　"高级共享设置"窗口

（2）共享文件

① 右击要共享的文件夹，在弹出的快捷菜单中选择"授予访问权限"→"特定用户"命令，打开图 6-29 所示的"网络访问"窗口。

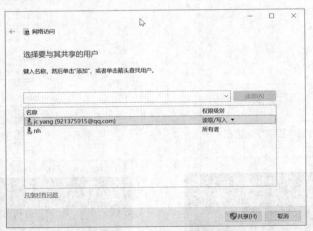

图 6-29　"网络访问"窗口

② 在下拉列表中选择"Everyone"，单击"添加"按钮。然后根据需要设置"Everyone"用户访问共享文件夹的权限。默认为"读取"，也可以修改为"读取 / 写入"或"删除"。最后单击"共享"按钮完成文件共享，此时在同一个局域网上的计算机就可以访问该共享文件。

③ 为了提高文件共享的安全性，可以给共享访问设置访问账号和密码，即启用密码保护共享功能。在"高级共享设置"界面中，展开最下面的"所有网络"卷展栏，选择密码保护的共享

下面的"有密码保护的共享"，并单击"保存更改"按钮。这样则只有输入该计算机的用户名和密码才可以访问。

6.7 计算机网络应用实训

本实训所有的素材均在"计算机网络应用实训"文件夹内。

实训 1　Internet 起步

1. 技能掌握要求

① 采用 Microsoft Edge 进行网页浏览以及信息保存。
② 采用搜索引擎进行信息搜索。
③ 采用 FTP 上传与下载文件。

2. 实训过程

要顺利地完成下面的实训，需要将实训环境接入 Internet，并且需要在服务器上安装 petshop 网站以及 FTP 网站，并了解服务器的 IP 地址以及账号和密码。

（1）采用 Microsoft Edge 上网

① 双击桌面的 Microsoft Edge 图标，或者选择"开始"→"Microsoft Edge"命令启动 Microsoft Edge 浏览器。

② 在地址栏中输入要浏览的网站的 URL，如 http://www.taobao.com，并按"Enter"键，即可打开网站的首页，如图 6-30 所示。

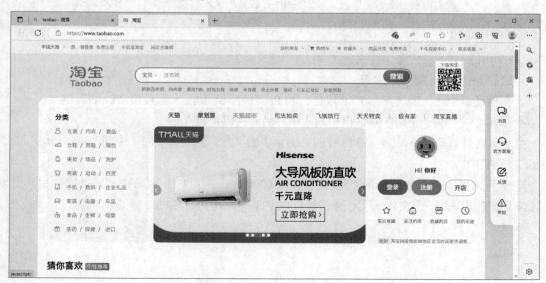

图 6-30　采用 Microsoft Edge 上网

③ 右击 Microsoft Edge 浏览器空白处，选择"另存为"命令，保存打开的网页到"Internet 实训一 \web1"文件夹中，保存类型设为"网页，全部（*.htm;*.html）"，然后查看保存结果中有哪些文件及文件夹。

④ 再将打开的网页保存到"Internet 实训一 \web2"文件夹中，保存类型设为"Web 档案，单一文件（*.mht）"，然后查看保存结果中有哪些文件。

⑤ 采用 Microsoft Edge 访问实验室服务器中的 petshop 网站，地址为 http:// 服务器 IP 地址 /petshop，其中的"服务器 IP 地址"为实验室服务器的实际 IP 地址。

⑥ 将打开的网页中的"奇妙米老鼠 (米奇米妙) 一对"的图片保存到"Internet 实训一 \pic"文件夹中，并将该图片命名为 mini.jpg。

（2）利用搜索引擎搜索信息

① 启动 Microsoft Edge，并访问百度搜索引擎，如图 6-31 所示。

图 6-31　百度搜索引擎

② 搜索关键字为"博客"的网页，查看搜索结果有多少篇。

③ 搜索关键字为"和谐社会"的新闻，并查看搜索结果有多少篇。

④ 搜索 MP3 歌曲"再回首"。

⑤ 通过"图片"选项，搜索"狗"的图片，并保存前 3 张图片到"Internet 实训一 \Searchpic"文件夹中。

拓展　　使用搜索引擎时，如何让搜索结果中只包括 DOCX 文档或者 PPTX 文档?

（3）利用 FTP 下载或者上传文件

① 启动 Microsoft Edge 浏览器。

② 在地址栏中输入要访问的 FTP 地址，如 ftp://192.168.10.3/，然后按"Enter"键。

③ 在弹出的"登录身份"对话框中输入用户名和密码进行登录。

④ 下载文件。登录成功后，将看到 FTP 网站中的文件，复制其中的一个到"Internet 实训二 \ftpdoc"文件夹中。

⑤ 上传文件。上传"Internet 实训二 \ftpdoc\0208.docx"到 FTP 网站中。登录成功后，可以复制本地计算机中的一个文件或文件夹，然后在 FTP 网站中进行粘贴。

信息技术应用教程（Windows 10+Office 2016）

实训 2　收发邮件

1．技能掌握要求

① 收取邮件。

② 发送邮件。

2．实训过程

① 在新浪网站上注册一个 E-mail 账号，并记住该账号和密码。

② 利用刚申请的账号和密码，登录邮箱，查收网站发来的第一封邮件。

③ 向同学发送一封邮件，邮件的主题为"第一封"；内容为"你好，这是我发送的第一封邮件，请查收附件中的文件"；设置附件添加路径为 Internet 实训二 \email\dog.jpg。然后单击"发送"按钮。

④ 查看同学发来的邮件，并下载其中的附件到"Internet 实训二"文件夹中。

⑤ 添加一位同学的 E-mail 地址到个人邮箱"通讯录"的"联系人"中。

本章小结

计算机网络为我们的生活提供了各种应用服务，在一定程度上改变了人们的生活习惯。

1．Microsoft Edge 的使用

① 当需要保存正在浏览的网页时，可以右击 Microsoft Edge 浏览器中的空白处，选择"另存为"命令，保存时，可以选择网页保存的类型。

② 为了保存网页中的图片，可以右击该图片，在弹出的快捷菜单中选择"将图像另存为"命令。

2．下载和上传文件

当采用 FTP 来下载和上传文件时，需要先通过账号和密码登录到 FTP 服务器上。如果需要下载，可直接把文件复制到本地硬盘中；如果需要上传，则把本地的文件复制到 FTP 空间中。

第7章

新一代信息技术与应用

07

本章介绍新一代信息技术与应用的知识，要求读者在学习完本章后掌握以下知识。

职业能力目标
① 掌握云计算相关知识，了解云计算的应用。
② 掌握物联网相关知识，了解物联网的应用。
③ 掌握大数据相关知识，了解大数据的应用。
④ 掌握人工智能相关知识，了解人工智能的应用。

7.1 云计算技术与应用

随着互联网的出现，人们提出和实现了基于网络的多台计算机的协同技术，例如分布式技术、服务器集群技术、负载均衡技术等，在互联网的基础上对这些技术进行拓展，再融入创新元素，实现大规模分布式计算技术，就构成了"云计算"。

大规模分布式计算技术为云计算（Cloud Computing）的概念起源，云计算又称为网络计算。最简单的云计算技术在网络服务中已经随处可见，例如搜索引擎、网络信箱等，使用者只要输入简单指令就能得到大量信息。

7.1.1 云计算的定义

云计算已在各个行业领域中广泛应用，如云桌面、云存储、云主机、云视频等。"云"实质上就是一个网络，狭义地讲，云计算就是一种提供资源的网络，使用者可以随时获取"云"上的资源，按需求量使用，按使用量付费，并且资源可以看成是无限扩展的，只要按使用量付费就可以。"云"是一个巨大的资源池，用户可按需购买，像自来水、电和天然气一样按使用量进行付费。从广义上说，云计算是与信息技术、软件、互联网相关的一种服务，这种计算资源共享池叫作"云"。

云计算把许多计算资源集合起来，通过软件实现自动化管理，只需要很少的人参与，就能快速提供资源。也就是说，计算能力作为一种商品，可以在互联网上流通，就像水、电、天然气一样，可以方便地取用，且价格较为低廉。总之，云计算不是一种全新的网络技术，而是一种全新的网络应用概念，云计算的核心概念就是以互联网为中心，在网站上提供快速且安全的云计算服务与数据存储，让每一个使用互联网的人都可以使用网络上的庞大计算资源与数据中心。

云计算是一种基于并高度依赖于 Internet 的计算资源交付模型，集合了大量服务器、应用程序、数据和其他资源，通过 Internet 以服务的形式提供这些资源，并且采用按使用量付费的模式。用户可以根据需要从诸如 Amazon Web Services（AWS）的云服务提供商那里获得技术服务，例如数据计算、存储和数据库，而无须购买、拥有和维护物理数据中心及服务器。

云计算是分布式计算技术的一种，其工作原理是通过网络"云"将庞大的计算处理程序自动拆分成无数个较小的子程序，再交由多部服务器所组成的庞大系统，搜寻、计算、分析之后将处理结果回传给用户。通过这项技术，网络服务提供者可以在很短的时间内（数秒之内），完成对数以千万计甚至亿计数据的处理，提供和"超级计算机"同样强大效能的网络服务。现阶段所说的云服务已经不单单是一种分布式计算，而是分布式计算、效用计算、负载均衡、并行计算、网络存储、热备份冗杂和虚拟化等计算机技术混合演进并跃升的结果。

7.1.2 云计算的服务交付模式

大多数云计算服务都可归为四大类：适用于对存储和计算能力进行基于 Internet 的访问的基础设施即服务（Infrastructure as a Service，IaaS）、能够为开发人员提供用于创建和托管 Web 应用程序工具的平台即服务（Platform as a Service，PaaS）、适用于基于 Web 的应用程序的软件即服务（Software as a Service，SaaS）和无服务器计算。每种类型的云计算服务都提供不同级别的控制和管理功能，具有灵活性，因此用户可以根据需要选择合适的服务集。

（1）基础设施即服务

IaaS 是主要的服务类别之一，云服务提供商以即用即付的方式向用户提供虚拟化计算资源，例如虚拟机、服务器、存储、负载均衡、网络和操作系统等服务。IaaS 包含云 IT 的基本构建块。它通常提供对网络功能、计算机（虚拟或专用硬件）和数据存储空间的访问。IaaS 为用户提供最高级别的灵活性，并使用户可以对 IT 资源进行管理、控制。它与许多 IT 部门和开发人员熟悉的现有 IT 资源最为相似。

（2）平台即服务

PaaS 为开发人员提供通过全球互联网构建应用程序和服务的平台。可以为开发、测试、交付和管理应用程序提供按需开发环境，让开发人员能够更轻松快速地创建 Web 或移动应用，而无须考虑开发所必需的服务器、存储空间、网络和数据库基础结构的设置或管理，从而可以将更多精力放在应用程序的部署和管理上面。这有助于提高效率，因为用户不用操心资源购置、容量规划、软件维护、补丁安装或与应用程序运行有关的任何无差别的繁重工作。

（3）软件即服务

SaaS 通过互联网提供按需付费应用程序，云服务提供商托管和管理应用程序，并允许其用户连接到应用程序和通过全球互联网访问应用程序，主要提供客户关系管理、虚拟桌面、通信等服务。

使用 SaaS 时，云服务提供商托管并管理应用程序和基础结构。用户通过 Internet（通常使用电话、平板电脑或 PC 上的 Web 浏览器）连接到应用程序。

SaaS 提供了一种完善的产品，其运行、管理、软件升级和安全修补等维护工作皆由服务提供商负责。使用 SaaS 产品，用户无须考虑如何维护服务或管理基础设施，只需要考虑如何使用特定软件。

（4）无服务器计算

无服务器计算侧重于构建应用功能，无须花费时间继续管理要求管理的服务器和基础结构。云服务提供商可为用户处理设置、容量规划和服务器管理。无服务器体系结构具有高度可缩放和事件驱动的特点，且仅在出现特定函数或事件时才使用资源。

7.1.3　云计算的部署模式

云计算按部署模式可以分为公有云、私有云和混合云。

① 公有云：公有云是最常见的云计算部署类型。公有云计算服务由第三方云服务提供商承载和运营，通过 Internet 进行访问和使用，所涉及的硬件、软件和其他支持性基础结构，均由云服务提供商提供和管理。用户仅需对所使用的计算资源进行付费使用。

公有云的优势：成本低，无须购买硬件或软件，仅对使用的计算资源付费；不需要单独储备维护人员，维护由云服务提供商进行；弹性提供资源，计算资源按业务需求弹性增减；可靠，云服务提供商拥有服务器集群，能极大降低因故障造成的影响。

但公有云的数据安全性低于私有云。

② 私有云：私有云指专供一个企业或组织使用的云计算资源。私有云所涉及的硬件（如服务器）、支持性基础结构位于用户的数据中心，也可由第三方云服务提供商管理。私有云可根据使用方的需求自定义资源，满足特定的使用需求。私有云的使用对象通常为政府部门、金融机构和其他对业务有较高保密性的机构或组织。

私有云的优势：使用方可自定义资源，满足特定的业务需求；资源不与用户外的其他组织共享使用，具有更高的控制力和隐私性；与本地服务器资源相比，私有云可根据使用情况进行拓展、延伸。

私有云可充分保障云服务资源的安全，但投入成本相对公有云更高。

③ 混合云：混合云指公有云与本地服务器资源（或私有云）结合在一起，数据可在两者间进行移动和应用。其管理和运维由用户和第三方云服务提供商协同进行。该模式可满足用户扩展计算资源的需求，且避免了处理短期需求或高峰时投入大量资金。用户仅需对所使用的资源按需付费，大大降低了用户（或企业）的投入。

7.1.4　云计算的优势与特点

云计算的可贵之处在于高灵活性、可扩展性和高性价比等，与传统的网络应用模式相比，其具有如下优势与特点。

1. 虚拟化技术

虚拟化突破了时间、空间的界限，是云计算最为显著的特点，虚拟化技术包括应用虚拟和资源虚拟两种。物理平台与应用部署的环境在空间上是没有任何联系的，云计算正是通过虚拟平台对相应终端操作完成数据备份、迁移和扩展等。

2. 动态扩展

云计算具有高效的运算能力，在原有服务器基础上增加云计算功能能够使计算速度迅速提高，最终实现动态扩展虚拟化要求，达到对应用进行扩展的目的。

用户可以利用应用软件的快速部署条件来更为简单、快捷地将自身所需的已有业务以及新业务进行扩展。例如，云计算系统中出现设备的故障，对用户来说，无论是在计算机层面上，还是在具体运用上都不会受到阻碍，可以利用云计算具有的动态扩展功能来对其他服务器开展有效扩展。这样一来就能够确保任务得以有序完成。在对虚拟化资源进行动态扩展的情况下，能够高效扩展应用，提高云计算的操作水平。

3. 按需部署

"云"是一个巨大的资源池，包含了许多应用，不同的应用对应的数据资源库不同，用户运行不同的应用需要较强的计算能力对资源进行部署，而云计算平台能够根据用户的需求快速配备计算能力及资源。

4. 灵活性高

当前，企业业务变化快，因此企业所需要的工具和软件需要顺应业务的需求变化。目前市场上大多数 IT 资源、软件、硬件都支持虚拟化，例如存储网络，操作系统和开发软、硬件等。虚拟化要素统一放在云系统资源虚拟池当中进行管理，可见云计算的兼容性非常强，可以兼容低配置计算机、不同厂商的硬件产品，并实现更高性能的计算。

5. 可靠性高

云计算即使出现服务器故障也不会影响计算与应用的正常运行，因为单点服务器出现故障可以通过虚拟化技术将分布在不同物理服务器上的应用进行恢复或利用动态扩展功能部署新的服务器进行计算。

6. 性价比高

将资源放在虚拟资源池中统一管理在一定程度上优化了物理资源，用户不再需要昂贵、存储空间大的主机，可以选择相对廉价的计算机组成云，一方面减少了费用，另一方面计算性能不逊于大型主机。云计算"按需服务""按使用量付费"，大幅度减少了前期投入。

7.1.5　云计算的应用领域

如今，云计算技术已经融入社会生活的方方面面。云计算常用的应用领域有以下几个方面。

1. 存储云

存储云，又称云存储，是在云计算技术上发展起来的一个新的存储技术。云存储是一个以数据存储和管理为核心的云计算系统。用户可以将本地的资源上传至云端，可以在任何地方连入互联网来获取"云"上的资源。大家所熟知的谷歌、微软等大型网络公司均提供云存储服务，在国内，百度云和微云则是市场占有量较大的云存储。云存储向用户提供了存储容器服务、备份服务、归档服务和记录管理服务等，大大方便了使用者对资源的管理。

2. 医疗云

医疗云，是指在云计算、移动技术、多媒体、5G 通信、大数据以及物联网等新技术的基础上，结合医疗技术，使用"云计算"来创建医疗健康服务云平台，实现医疗资源的共享和医疗范围的扩大。医疗云运用云计算技术，提高医疗机构的效率，方便居民就医。现在医院的预约挂号、电子病历、医保等都是云计算与医疗领域结合的产物，医疗云还具有数据安全、信息共享、动态扩展、布局全国的优势。

3. 金融云

金融云，是指利用云计算的模型，将信息、金融和服务等功能分散到由庞大分支机构构成的互联网"云"中，旨在为银行等金融机构提供互联网处理和运行服务，同时共享互联网资源，从而解决现有问题并且达到高效、低成本的目标。现在，金融与云计算的结合基本实现了快捷支付，只需要在手机上简单操作，就可以完成银行存款、购买保险和基金买卖。目前已有多家企业推出了自己的金融云服务。

4. 教育云

教育云可以将所需要的教育硬件资源虚拟化，然后将其传入互联网中，以向教育机构和学生、教师提供一个方便、快捷的平台。慕课 MOOC（大规模开放的在线课程）就是教育云的一种应用。

5. 服务云

用户使用在线服务来发送邮件、编辑文档、看电影或电视剧、听音乐、玩游戏或存储图片和其他文件，这些都属于服务云的范畴。

7.1.6 如何选择云服务提供商

云服务提供商是提供基于云的平台、基础结构、应用程序或存储服务并通常收取费用的公司。决定采用云计算后，下一步就是选择云服务提供商。选择云服务提供商应考虑以下事项。

1. 业务运行状况和流程

业务运行状况和流程应考察以下诸方面。

① 财务运行状况。云服务提供商应对稳定性进行跟踪记录，并且财务状况良好，具有长期顺利运营所需的充足资本。

② 组织、监管、规划和风险管理。云服务提供商应具有正式的管理结构、已确立的风险管

理策略以及访问第三方云服务提供商的正式流程。

③ 云服务提供商的可信任度。应认同云服务提供商公司及其理念，查看云服务提供商的声誉及其合作伙伴，了解其云经验级别，阅读评论，并咨询境况相似的其他客户。

④ 业务知识和技术专长。云服务提供商应了解客户的业务和计划，并能够将其技术专业知识应用到这些业务和计划中。

⑤ 符合性审核。云服务提供商应能够经第三方审核机构验证，符合客户的所有要求。

2. 管理支持

管理支持应考察以下诸方面。

① 服务等级协定（Service Level Agreement，SLA）。云服务提供商应能够保证提供令客户满意的基础级服务。

② 性能报告。云服务提供商应能够提供性能报告。

③ 资源监视和配置管理。云服务提供商应具有足够的控制权来跟踪和监视提供给客户的服务及对其系统所做的任何更改。

④ 计费与记账。云服务提供商应能自动进行计费与记账操作，让客户能够监视所用资源及其费用，避免产生超出预期的费用，还应提供对计费相关问题的支持。

3. 技术能力和流程

技术能力和流程应考察以下诸方面。

① 部署、管理和升级。确保云服务提供商拥有便于客户配置、管理和升级应用程序的机制。

② 标准接口。云服务提供商应使用标准应用程序接口（Application Programming Interface，API）和数据转换，让客户能够轻松连接到云。

③ 事件管理。云服务提供商应具有与其监视管理系统集成的正式事件管理系统。

④ 变更管理。云服务提供商应具有请求、记录、批准、测试和接受更改的正式流程文件。

⑤ 混合能力。即使起初不计划使用混合云，也应确保云服务提供商能够支持该模式。

4. 安全性准则

安全性准则应考察以下诸方面。

① 安全基础结构。应有用于所有级别和类型云服务的综合性安全基础结构。

② 安全策略。应备有综合性安全策略和规程，用于管理对云服务提供商和客户系统的访问权限。

③ 身份管理。对任何应用程序服务或硬件组件进行的更改，应以个人或组角色为基础进行授权，还应要求对更改应用程序或数据的任何人进行身份验证。

④ 数据备份和保留。应备有可操作的用于确保客户数据完整性的策略和规程。

⑤ 物理安全性。应备有确保物理安全性的控制权，包括对共存硬件的访问权限。此外，数据中心应采取环境保护措施来保护设备和数据免受破坏事件影响，应有冗余网络和电源，以及灾难恢复和业务连续性计划文件。

大数据本身是一个抽象的概念，指的是所涉及的数据规模巨大到无法采用常规软件工具进行获取、存储、管理和处理的数据集合，需要采用新的处理模式才能具有更强的决策力、洞察力和流程优化能力来适应海量、高增长率和多样化的信息资产。

大数据技术主要包括数据采集、数据存储、数据加工以及数据分析等阶段所应用的技术，需要用到大规模并行处理（Massively Parallel Processing，MPP）数据库、数据挖掘电网、分布式文件系统、分布式数据库、云计算平台、互联网和可扩展的存储系统。

7.2 物联网技术与应用

在物品上嵌入电子标签、条形码等能够存储物体信息的标识，通过无线网络的方式将其即时信息发送到后台信息处理系统，各大信息系统可互连形成一个庞大的网络，从而可达到对物品进行实时跟踪、监控等智能化管理的目的。这个网络就是物联网（Internet of Things，IoT）。通俗来讲，物联网可实现人与物的信息沟通。

7.2.1 物联网的定义

物联网是指通过各种信息传感器、射频识别（Radio Frequency Identification，RFID）技术、全球定位系统、红外感应器、激光扫描器等各种装置与技术，实时采集任何需要监控、连接、互动的物体或过程的声、光、热、电、力学、化学、生物、位置等各种需要的信息，通过各类可能的网络接入，实现物与物、物与人的泛在连接，实现对物品和过程的智能化感知、识别和管理。物联网是一个基于互联网、传统电信网等的信息承载体，它让几乎所有能够被独立寻址的普通物理对象形成互联互通的网络。

7.2.2 物联网的工作原理

物联网是在计算机互联网的基础上，利用 RFID、无线数据通信等技术，构造一个覆盖世界上万事万物的"Internet of Things"。在这个网络中，物品（商品）能够彼此"交流"，而不需要人的干预。其实质是利用 RFID 技术，通过计算机互联网实现物品（商品）的自动识别和信息的互连与共享。

RFID 是能够让物品"开口说话"的一种技术。在物联网的构想中，RFID 标签中存储着规范而具有互用性的信息，通过无线数据通信网络把它们自动采集到中央信息系统，实现物品（商品）的识别，进而通过开放性的计算机网络实现信息交换和共享，实现对物品的"透明"管理。

物联网概念的问世，打破了之前的传统思维。过去的思路一直是将物理基础设施和 IT 基础设施分开：一方面是机场、公路、建筑物，而另一方面是数据中心，包括个人计算机、宽带等。而在"物联网时代"，钢筋混凝土、电缆将与芯片、宽带整合为统一的基础设施，在此意义上，基础设施更像一块新的"地球工地"，世界的运转就在它上面进行，其中包括经济管理、生产运行、社会管理乃至个人生活。

7.2.3　物联网的主要特征

物联网具有以下主要特征。

① 全面感知，即利用 RFID、传感器、二维码等随时随地获取物体的信息。

② 可靠传递，通过各种电信网络与互联网的融合，将物体的信息实时、准确地传递出去。

③ 智能处理，利用云计算、模糊识别等各种智能计算技术，对海量的数据和信息进行分析和处理，对物体实施智能化的控制。

7.2.4　物联网的体系结构

目前，物联网还没有一个被广泛认同的体系结构，但是，我们可以根据物联网对信息感知、传输、处理的过程将其划分为 3 层结构，即感知层、网络层和应用层。

① 感知层：主要用于对物理世界中的各类物理量、标识、音频、视频等数据进行采集与感知。数据采集主要涉及传感器、RFID、二维码等技术。

② 网络层：主要用于实现更广泛、更快速的网络互连，从而将感知到的数据信息可靠、安全地传送。目前能够用于物联网的通信网络主要有互联网、无线通信网、卫星通信网与有线电视网。

③ 应用层：主要包含应用支撑平台子层和应用服务子层。应用支撑平台子层用于支撑跨行业、跨应用、跨系统的信息协同、共享和互通。应用服务子层包括智能交通、智能家居、智能物流、智能医疗、智能电力、数字环保、数字农业、数字林业等领域。

7.2.5　物联网的应用案例

1. 物联网在农业中的应用

（1）农业标准化生产监测

将农业生产中最关键的温度、湿度、二氧化碳含量、土壤温度、土壤含水率等数据信息实时采集，实时掌握农业生产的各种数据。

（2）动物标识溯源

实现各环节一体化全程监控，实现动物养殖、防疫、检疫和监督的有效结合，对动物疫情和动物产品的安全事件进行快速、准确的溯源和处理。

（3）水文监测

将传统近岸污染监控、地面在线检测、卫星遥感和人工测量整合为一体，为水质监控提供统一的数据采集、数据传输、数据分析、数据发布平台，为湖泊观测和成灾机理的研究提供实验与验证途径。

2. 物联网在工业中的应用

（1）电梯安防管理系统

通过安装在电梯外围的传感器采集电梯正常运行、冲顶、蹲底、停电、关人等数据，并经无线传输模块将数据传送到物联网的业务平台。

（2）输配电设备监控、远程抄表

基于移动通信网络，实现实时采集所有供电点及受电点的电力电量信息、电流／电压信息、供电质量信息及现场计量装置状态信息，以及远程控制用电负荷。

（3）一卡通系统

基于 RFID-SIM 卡的企事业单位的门禁、考勤及消费管理系统，校园一卡通及学生信息管理系统等。

3. 物联网在服务产业中的应用

（1）个人保健

在人身上安装不同的传感器，对人的健康参数进行监控，并且实时传送到相关的医疗保健中心。如果有异常，保健中心通过手机提醒体检。

（2）智能家居

以计算机技术和网络技术为基础，包括各类消费电子产品、通信产品、信息家电及智能家居等，实现家电控制和家庭安防功能。

（3）移动电子商务

实现手机支付、移动票务、自动售货等功能。

（4）机场防入侵

铺设多个传感节点，覆盖地面、栅栏和低空探测，防止人员翻越、偷渡、恐怖袭击等攻击性入侵。

4. 物联网在公共事业中的应用

（1）智能交通

通过连续定位系统（Continuous Positioning System，CPS）、监控系统，可以查看车辆运行状态，关注车辆预计到达时间及车辆的拥挤状态。

（2）平安城市

利用监控探头，实现图像敏感性智能分析并与 110、119、112 等交互，从而构建和谐、安全的城市生活环境。

（3）城市管理

运用地理编码技术，实现城市部件的分类、分项管理，可实现对城市管理问题的精确定位。

（4）环保监测

将传统传感器所采集的各种环境监测信息，通过无线传输设备传输到监控中心，进行实时监控和快速反应。

（5）医疗卫生

物联网在医疗卫生领域的应用包括远程医疗、药品查询、卫生监督、急救及探视视频监控等。

5. 物联网在物流产业中的应用

物流领域是物联网相关技术最有现实意义的应用领域之一。物联网的建设，会进一步提升物流智能化、信息化和自动化水平，推动物流功能整合，对物流服务各环节运作将产生积极影响。具体地讲，主要有以下几个方面。

（1）生产物流环节

基于物联网的物流体系可以实现整个生产线上的原材料、零部件、半成品和产成品的全程识别与跟踪,减少人工识别成本和出错率。通过产品电子代码（Electronic Product Code, EPC）技术,就能识别电子标签来快速从种类繁多的库存中准确地找出工位所需的原材料和零部件,并能自动预先形成详细补货信息,从而实现流水线均衡、稳步生产。

（2）运输环节

物联网能够使物品在运输过程中的管理更透明,可视化程度更高。通过在货物和车辆上贴上EPC标签,在运输线的一些检查点上安装上 RFID 接收转发装置,企业能实时了解货物目前所处的位置和状态,实现运输货物、线路、时间的可视化跟踪管理。此外,物联网还能帮助实现智能化调度,提前预测和安排最优的行车路线,缩短运输时间,提高运输效率。

（3）仓储环节

将物联网技术（如 EPC 技术）应用于仓储管理,可实现仓库的存货、盘点、取货的自动化操作,从而提高作业效率,降低作业成本。可以实现自由放置入库储存的商品,提高仓库的空间利用率;通过实时盘点,能快速、准确地掌握库存情况,及时进行补货,提高库存管理能力,降低库存水平。同时按指令准确高效地拣取多样化的货物,减少了出库作业时间。

（4）配送环节

在配送环节,采用 EPC 技术能准确了解货物存放位置,大大缩短拣选时间,提高拣选效率,加快配送的速度。读取 EPC 标签,与拣货单进行核对,可以提高拣货的准确性。此外,可以确切了解目前有多少货箱处于转运途中、转运的始发地和目的地,以及预期的到达时间等信息。

（5）销售物流环节

当贴有 EPC 标签的货物被客户提取时,智能货架会自动识别并向系统报告,物流企业可以实现敏捷反应,并通过历史记录预测物流需求和服务时机,从而使物流企业更好地开展主动营销和主动式服务。

7.3　大数据技术与应用

近年来,随着互联网、物联网、信息获取、社交网络等技术的快速发展,信息的积累已经到了一个非常庞大的地步,而数据已经渗透到每一个行业和业务职能领域,成为重要的生产因素。当数据的规模达到一定的级别时,必须使用新的技术来进行存储和分析。

7.3.1　大数据的定义

大数据,或称巨量资料,指的是所涉及的资料量规模巨大到无法通过主流软件工具在合理时间内撷取、管理、处理,并整理成为帮助企业经营决策的资讯。

7.3.2　大数据的特点

目前,对大数据虽然还没有一个统一的定义,但是大家普遍认为,大数据具有大量（Volume）、多样（Variety）、高速（Velocity）和价值（Value）,即所谓的 4V,如图 7-1 所示。大量指数据规模大,多样指数据类型多样，高速指数据增长速度和处理速度快，价值指数据价值密度低但商业价值高。

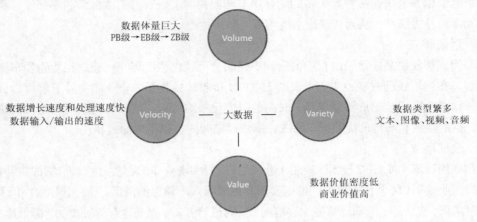

图7-1 大数据的"4V"特征

（1）大量

大数据的数据体量巨大。随着互联网、物联网、移动互联技术的发展，人和事物的所有轨迹都可以被记录下来，数据呈现出爆发性增长，存储单位从过去的 GB 到 TB，乃至现在的 PB、EB 级别。只有数据体量达到了 PB 级别以上，才能被称为大数据。相关计量单位的换算关系如表 7-1 所示。

表7-1 相关计量单位的换算关系

单位	换算关系
Byte	1Byte=8bit
KB	1KB= 1024Byte
MB	1MB= 1024KB
GB	1GB= 1024MB
TB	1TB= 1024GB
PB	1PB= 1024TB
EB	1EB= 1024PB
ZB	1ZB= 1024EB

例如，淘宝网有 4 亿会员，每天有 6000 万名会员登录，生成 800 万笔交易，每天新增 50TB 数据。又如，在智慧城市建设中，一个中型城市的视频监控产生的数据一天就能达到几十 TB，而一线城市每天的数据量更达到惊人的几十 PB。

（2）高速

大数据的数据产生、处理和分析的速度在持续加快。在"大数据时代"，大数据的交换和传播主要是通过互联网和云计算等方式实现的，其生产和传播数据的速度是非常迅速的，在 5G 应用普及之后，这个速度将会更上一个级别。另外，大数据还要求处理数据的响应速度要快，例如，上亿条数据的分析必须在几秒内完成。数据的输入、处理与丢弃必须立刻见效，几乎无延迟。

（3）多样

大数据的数据类型、格式和形态繁多。传统 IT 产业产生和处理的数据类型较为单一，大部分是结构化数据。随着传感器、智能设备、社交网络、物联网、移动计算、在线广告等新的渠道和技术不断涌现，产生的数据类型无以计数。

现在的数据类型不再只是格式化数据，更多的是半结构化或者非结构化数据，例如 XML 文档、邮件、博客、即时消息、视频、音频、图片、单击流、日志文件、地理位置等多类型的数据。企业需要整合、存储和分析来自复杂的传统和非传统信息源的数据，包括企业内部和外部的数据。

（4）价值

大数据的数据价值密度低。大数据由于体量不断加大，数据的价值密度在不断降低，然而数据的整体价值在提高。大数据包含很多深度的价值，大数据分析、挖掘和利用将带来巨大的商业价值。以监控视频为例，在 1 小时的视频中，在不间断的监控过程中，有用的数据可能仅有一两秒，但是却非常重要。

7.3.3 大数据的作用

大数据孕育于信息通信技术，它对社会、经济、生活产生的影响绝不限于技术层面。更本质上，它是为我们看待世界提供了一种全新的方法，即决策行为将日益基于数据分析，而不是像过去更多凭借经验和直觉。

具体来讲，大数据将有以下作用。

（1）对大数据的处理、分析正成为新一代信息技术融合应用的结点

移动互联网、物联网、社交网络、数字家庭、电子商务等是新一代信息技术的应用形态，这些应用不断产生大数据。云计算为这些海量、多样化的大数据提供存储和运算平台。通过对不同来源数据的管理、处理、分析与优化，将结果反馈到上述应用中，将创造出巨大的经济和社会价值。

（2）大数据是信息产业持续高速增长的新引擎

面向大数据市场的新技术、新产品、新服务、新业态会不断涌现。在硬件与集成设备领域，大数据将对芯片、存储产业产生重要影响，还将催生一体化数据存储处理服务器、内存计算等市场。在软件与服务领域，大数据将促进数据快速处理分析、数据挖掘技术和软件产品的发展。

（3）大数据利用将成为提高核心竞争力的关键因素

各行各业的决策正在从"业务驱动"向"数据驱动"转变。企业等组织利用相关数据分析帮助他们降低成本、提高效率、开发新产品、做出更明智的业务决策等。把数据集合并后进行分析得出的信息和数据关系性，可以用来察觉商业趋势、判定研究质量、避免疾病扩散、打击犯罪或测定即时交通路况等。在商业领域，对大数据的分析可以使零售商实时掌握市场动态并迅速做出应对，可以为商家制定更加精准、有效的营销策略提供决策支持，可以帮助企业为消费者提供更加及时和个性化的服务；在医疗领域，大数据可提高诊断准确性和药物有效性；在公共事业领域，大数据也开始发挥促进经济发展、维护社会稳定等重要作用。

（4）"大数据时代"科学研究的方法将发生重大改变

例如，抽样调查是社会科学的基本研究方法。在"大数据时代"，可通过实时监测、跟踪研究对象在互联网上产生的海量行为数据，进行挖掘、分析，揭示出具有规律性的内容，提出研究结论和对策。

7.3.4　大数据技术的主要应用行业

经过近几年的发展，大数据技术已经慢慢地渗透到各个行业。不同行业的大数据应用程度，与行业的信息化水平、行业与消费者的距离、行业的数据拥有程度有着密切的关系。总体看来，应用大数据技术的行业可以分为以下四大类。

1. 互联网和营销行业

互联网行业是离消费者最近的行业，同时拥有大量实时产生的数据。业务数据化是其企业运营的基本要素，因此，互联网行业的大数据应用的程度是最高的。与互联网行业相伴的营销行业，是围绕互联网用户行为分析，以为消费者提供个性化营销服务为主要目标的行业。

2. 信息化水平比较高的行业

金融、电信等行业比较早地进行信息化建设，内部业务系统的信息化相对比较完善，对内部数据有大量的历史积累，并且有一些深层次的分析分类应用，目前正处于将内、外部数据结合起来共同为业务服务的阶段。

3. 政府及公用事业行业

不同部门的信息化程度和数据化程度差异较大，例如，交通行业目前已经有了不少大数据应用案例，但有些行业还处在数据采集和积累阶段。政府将会是未来整个大数据产业快速发展的关键，通过政府及公用数据开放可以使政府数据在线化走得更快，从而激发大数据应用的大发展。

4. 制造业、物流、医疗、农业等行业

制造业、物流、医疗、农业等行业的大数据应用水平还处在初级阶段，但未来消费者驱动的C2B模式会倒逼着这些行业的大数据应用进程逐步加快。

据统计，目前我国大数据IT应用投资规模最高的有五大行业，其中，互联网行业占比最高，占大数据IT应用投资规模的28.9%，其次是电信领域（19.9%），第三为金融领域（17.5%），政府和医疗分别为第四和第五。

国际知名咨询公司麦肯锡在《大数据的下一个前沿：创新、竞争和生产力》报告中指出，在大数据应用综合价值潜力方面，信息技术、金融保险、政府及批发贸易四大行业的潜力最高，信息、金融保险、计算机及电子设备、公用事业4类的数据量最大。

7.3.5　大数据预测及其典型应用领域

大数据预测是大数据最核心的应用之一，它将传统意义的预测拓展到"现测"。大数据预测的优势体现在，它把一个非常困难的预测问题，转化为一个相对简单的描述问题，而这是传统小数据集无法企及的。从预测的角度看，大数据预测所得出的结果不仅是用于处理现实业务的简单、客观的结论，更是能用于帮助企业经营的决策。

1. 预测是大数据的核心价值

大数据的本质是解决问题，大数据的核心价值就在于预测，而企业经营的核心也是基于预测

做出正确判断。在谈论大数据应用时，最常见的应用案例便是"预测股市""预测流感""预测消费者行为"等。

大数据预测是基于大数据和预测模型去预测未来某件事情的概率。让分析从"面向已经发生的过去"转向"面向即将发生的未来"是大数据与传统数据分析的最大不同。

大数据预测的逻辑基础是：每一种非常规的变化事前一定有征兆，每一件事情都有迹可循，如果找到了征兆与变化之间的规律，就可以进行预测。大数据预测无法确定某件事情必然会发生，它更多的是给出一个事件会发生的概率。

实验的不断反复、大数据的日积月累让人类不断发现各种规律，从而能够预测未来。利用大数据预测可能的灾难，利用大数据分析癌症可能的引发原因并找出治疗方法，都是未来能够惠及人类的事业。

例如，谷歌流感趋势利用搜索关键词预测禽流感的散布；麻省理工学院利用手机定位数据和交通数据进行城市规划；气象局通过整理近期的气象情况和卫星云图，更加精确地判断未来的天气状况。

2. 大数据预测的思维改变

在过去，人们的决策主要是依赖 20% 的结构化数据（例如公司的销售数据、员工的基本信息等），而大数据预测则可以利用另外 80% 的非结构化数据（例如图像、影像、电子邮件等数据）来做决策。大数据预测具有更多的数据维度，更高的数据频率和更广的数据宽度。与小数据预测相比，大数据预测在思维上大大改变：实样而非抽样、预测效率而非精确、相关性而非因果关系。

（1）实样而非抽样

在"小数据时代"，由于缺乏获取全体样本的手段，人们发明了"随机调研数据"的方法。理论上，抽取样本越随机，就越能代表整体样本。但问题是获取一个随机样本的代价极高，而且很费时。人口调查就是一个典型例子，一个国家很难做到每年都完成一次人口调查，因为随机调研实在太耗时耗力，然而云计算和大数据技术的出现，使得获取足够大的样本数据乃至全体数据成为可能。

（2）预测效率而非精确

在"小数据时代"，由于使用抽样的方法，所以需要在数据样本的具体运算上非常精确，否则就会"差之毫厘，失之千里"。例如，在一个总样本为 1 亿的人口中随机抽取 1000 人进行人口调查，如果在 1000 人上的运算出现错误，那么放大到 1 亿中时，偏差将会很大。但在全样本的情况下，有多少偏差就是多少偏差，不会被放大。

在"大数据时代"，快速获得一个大概的轮廓和发展脉络，比严格的精确性要重要得多。有时候，当掌握了大量新型数据时，精确性就不那么重要了，因为我们仍然可以掌握事情的发展趋势。大数据基础上的简单算法比小数据基础上的复杂算法更加有效。数据分析的目的并非单纯的数据分析，而是将结果用于决策，故而时效性也非常重要。

（3）相关性而非因果关系

大数据研究不同于传统的逻辑推理研究，它需要对数量巨大的数据做统计性的搜索、比较、聚类、分类等分析归纳，并关注数据的相关性或称关联性。相关性是指两个或两个以上变量的取值之间存在某种规律性。相关性没有绝对，只有可能性。

相关性可以帮助我们捕捉现在和预测未来。如果 A 和 B 经常一起发生，则我们只需要注意到 B 发生了，就可以预测 A 也发生了。

根据相关性，我们理解世界不再需要建立在假设的基础上，这个假设是指针对现象建立的有关其产生机制和内在机理的假设。因此，我们也不需要建立这样的假设，如哪些检索词条可以表示流感在何时何地传播，航空公司怎样给机票定价，顾客的烹饪喜好是什么。取而代之的是，我们可以对大数据进行相关性分析，从而知道哪些检索词条是最能显示流感的传播的，飞机票的价格是否会飞涨，哪些食物是台风期间待在家里的人最想吃的。

数据驱动的关于大数据的相关性分析法，取代了基于假想的易出错的方法。大数据的相关性分析法更准确、更快，而且不易受偏见的影响。建立在相关性分析法基础上的预测是大数据的核心。

相关性分析本身的意义重大，同时它也为研究因果关系奠定了基础。通过找出可能相关的事物，我们可以在此基础上进行进一步的因果关系分析。如果存在因果关系，则再进一步找出原因。这种便捷的机制通过严格的实验降低了因果分析的成本。我们也可以从相关性中找到一些重要的变量，这些变量可以用到验证因果关系的实验中去。

3. 大数据预测的典型应用领域

互联网给大数据预测应用的普及带来了便利条件，结合国内外案例来看，以下 10 个领域是最有前景的大数据预测应用领域。

（1）天气预报

天气预报是典型的大数据预测应用领域。天气预报粒度已经从天缩短到小时，有严苛的时效要求。如果基于海量数据通过传统方式进行计算，则得出结论时明天早已到来，预测并无价值，而大数据技术的发展则提供了高速计算能力，大大提高了天气预报的时效性和准确性。

（2）体育赛事预测

2014 年世界杯期间，谷歌、百度、微软和高盛等公司都推出了比赛结果预测平台。百度公司的预测结果最为亮眼，全程 64 场比赛的预测准确率为 67%，进入淘汰赛后准确率为 94%。

从互联网公司的成功经验来看，只要有体育赛事历史数据，并且与指数公司进行合作，便可以进行未来体育赛事的预测。

（3）股票市场预测

研究发现，用户通过搜索引擎搜索的金融关键词或许可以预测金融市场的走向，相应的投资战略收益高达 326%。此前则有专家尝试通过 Twitter 博文情绪来预测股市波动。

（4）市场物价预测

单个商品的价格预测更加容易，尤其是机票这样的标准化产品，去哪儿网提供的"机票日历"就是价格预测，它能告知用户几个月后机票的大概价位。

由于商品的生产、渠道成本和大概毛利在充分竞争的市场中是相对稳定的，与价格相关的变量是相对固定的，商品的供需关系在电子商务平台上可实时监控，因此价格可以预测。基于预测结果可提供购买时间建议，或者指导商家进行动态价格调整和营销活动以实现利益最大化。

（5）用户行为预测

基于用户搜索行为、浏览行为、评论历史和个人资料等数据，互联网业务可以洞察消费者的整体需求，进而进行有针对性的产品生产、改进和营销。百度公司基于用户喜好进行精准广告营销，阿里巴巴公司根据天猫用户特征包下生产线定制产品。

受益于传感器技术和物联网的发展，线下的用户行为洞察正在酝酿。免费商用 Wi-Fi、iBeacon 技术、摄像头影像监控、室内定位技术、近场通信（Near Field Communication，NFC）

传感器网络、排队叫号系统，可以探知用户线下的移动、停留、出行规律等数据，从而进行精准营销或者产品定制。

（6）人体健康预测

中医可以通过望闻问切的手段发现一些人体内隐藏的慢性病，甚至通过看体质知晓一个人将来可能会出现什么症状。人体体征变化有一定规律，而慢性病发生前人体已经会有一些持续性异常。从理论上来说，如果大数据掌握了这样的异常情况，便可以进行慢性病预测。

智能硬件使慢性病的大数据预测变为可能，可穿戴设备和智能健康设备可收集人体健康数据，如心率、体重、血脂、血糖、运动量、睡眠质量等状况。如果这些数据足够精准、全面，并且有可以形成算法的慢性病预测模式，或许未来这些设备就会提醒用户身体罹患某种慢性病的风险。

（7）疾病疫情预测

疾病疫情预测是指基于人们的搜索情况、购物行为预测大面积疫情爆发的可能性，最经典的"流感预测"便属于此类。如果来自某个区域的"流感""板蓝根"搜索需求越来越多，自然可以推测该处有流感趋势。

（8）灾害灾难预测

气象预测是最典型的灾难灾害预测。地震、洪涝、高温、暴雨这些自然灾害如果可以利用大数据进行更加提前的预测和告知，便有助于减灾、防灾、救灾、赈灾。与过往不同的是，过去的数据收集方式存在着有死角、成本高等问题，而在"物联网时代"，人们可以借助廉价的传感器摄像头和无线通信网络，进行实时的数据监控收集，再利用大数据预测分析，做到更精准的自然灾害预测。

（9）环境变迁预测

除了进行短时间微观的天气、灾害预测之外，还可以进行更加长期和宏观的环境和生态变迁预测。森林和农田面积缩小、野生动植物濒危、海平面上升、温室效应等问题是地球面临的"慢性问题"。人类知道越多地球生态系统以及天气形态变化的数据，就越容易模型化未来环境的变迁，进而阻止不好的转变发生。大数据可帮助人类收集、储存和挖掘更多的地球数据，同时提供预测的工具。

（10）交通行为预测

交通行为预测是指基于用户和车辆的基于位置的服务（Location Based Services，LBS）定位数据，分析人车出行的个体和群体特征，进行交通行为的预测。交通部门可通过预测不同时间、不同道路的车流量，来进行智能的车辆调度，或应用潮汐车道（可变车道）；用户则可以根据预测结果选择拥堵概率更低的道路。

百度基于地图应用的 LBS 预测涵盖范围更广，在春运期间可预测人们的迁徙趋势来指导火车线路和航线的设置，在节假日可预测景点的人流量来指导人们的景区选择，平时还有百度热力图来告诉用户城市商圈、动物园等地点的人流情况，从而指导用户出行选择和商家的选点、选址。

除了上面列举的 10 个领域之外，大数据预测还可被应用在能源消耗预测、房地产预测、就业情况预测、高考分数线预测、选举结果预测、奥斯卡大奖预测、保险投保者风险评估、金融借贷者还款能力评估等领域，让人类具备可量化、有说服力、可验证的洞察未来的能力，大数据预测的魅力正在释放出来。

7.4 人工智能技术应用

人工智能自诞生以来，已经在短短几十年间取得了巨大的进展，并在多个领域得到了广泛的应用，渗透了我们生活的方方面面。熟悉和掌握人工智能相关技能，是建设未来智能社会的必要条件。

7.4.1 人工智能的定义

人工智能（Artificial Intelligence，AI），是研究、开发用于模拟、延伸和扩展人的智能的理论、方法、技术及应用系统的一门新的技术学科。

人工智能的概念可以从"人工"和"智能"两部分来理解。"人工"即由人设计，为人创造、制造，这部分概念比较好理解，争议性也不大。而对于"智能"的定义，争议较多，因为涉及其他诸如意识（Consciousness）、自我（Self）、思维（Mind）等的问题。人类唯一了解的智能是人本身的智能，这是人们普遍认同的观点。但是我们对我们自身智能的理解都非常有限，对构成人的智能的必要元素也了解有限，所以很难定义什么是"人工"制造的"智能"。

人工智能出现后，在其发展过程中，不同学科背景的人工智能学者对其有着不同的理解。最早的定义是在 1956 年的达特茅斯会议上由约翰·麦卡锡（John McCarthy）提出的：人工智能就是要让计算机的行为看起来和人所表现出的智能行为一样。美国斯坦福大学的尼尔斯·尼尔森（Nils Nilsson）教授作为早期从事人工智能和机器人研究的国际知名学者曾经这样给人工智能下定义："人工智能是关于知识的学科，即怎样表示知识以及怎样获得知识并使用知识的科学。"而美国麻省理工学院的帕特里克·温斯顿（Patrick Winston）教授认为："人工智能就是研究如何使计算机去做过去只有人才能做的智能工作。"这些说法反映了人工智能学科的基本思想和基本内容，即人工智能是研究人类智能活动的规律，构造具有一定智能的人工系统，研究如何让计算机去完成以往需要人的智力才能胜任的工作，也就是研究如何应用计算机的软、硬件来模拟人类某些智能行为的基本理论、方法和技术。

人工智能是研究使计算机模拟人的某些思维过程和智能行为（如学习、推理、思考、规划等）的学科，主要包括计算机实现智能的原理、制造类似人脑智能的计算机，使计算机能实现更高层次的应用。人工智能涉及计算机科学、心理学、哲学和语言学等学科，可以说几乎是自然科学和社会科学的所有学科，其范围已远远超出了计算机科学的范畴。总的来说，人工智能是一门极为复杂、极具挑战又极具前景的学科，这门学科不仅需要计算机科学知识，还需要心理行为学与哲学等学科知识。

7.4.2 人工智能的发展历程

1956 年夏季，约翰·麦卡锡、明斯基、罗切斯特、香农等一批有远见的科学家在达特茅斯会议上，共同研究和探讨用机器模拟智能的一系列有关问题，首次提出了人工智能这一术语，它标志着人工智能这门新兴学科的正式诞生。到目前为止，人工智能的发展历程大致可分为以下几个阶段。

起步发展期：1956年～20世纪60年代初。人工智能概念在首次被提出后，相继取得了一批令人瞩目的研究成果，如机器定理证明、跳棋程序、LISP表处理语言等，掀起了人工智能发展的第一个高潮。

反思发展期：20世纪60年代初～70年代初。人工智能发展初期的突破性进展大大提升了人们对人工智能的期望，人们开始尝试更具挑战性的任务，并提出了一些不切实际的研发目标。然而，接二连三的失败和预期目标的落空（例如无法用机器证明两个连续函数之和还是连续函数、机器翻译闹出笑话等），使人工智能的发展走入了低谷。

应用发展期：20世纪70年代初～80年代中。20世纪70年代出现的专家系统模拟人类专家的知识和经验解决特定领域的问题，实现了人工智能从理论研究走向实际应用、从一般推理策略探讨转向运用专门知识的重大突破。专家系统在医疗、化学、地质等领域取得成功，推动人工智能走入了应用发展的新高潮。

低迷发展期：20世纪80年代中～90年代中。随着人工智能的应用规模不断扩大，专家系统存在的应用领域狭窄、缺乏常识性知识、知识获取困难、推理方法单一、缺乏分布式功能、难以与现有数据库兼容等问题逐渐暴露出来。

稳步发展期：20世纪90年代中～2010年。由于网络技术特别是因特网技术的发展，信息与数据的汇聚不断加速，因特网应用的不断普及加速了人工智能的创新研究，促使人工智能技术进一步走向实用化。1997年IBM深蓝超级计算机战胜了国际象棋世界冠军卡斯帕罗夫，2008年IBM提出"智慧地球"的概念，这些都是这一时期的标志性事件。

蓬勃发展期：2011年至今。随着因特网、云计算、物联网、大数据等信息技术的发展，泛在感知数据和图形处理器等计算平台推动以深度神经网络为代表的人工智能技术飞速发展，大幅跨越科学与应用之间的"技术鸿沟"，图像分类、语音识别、知识问答、人机对弈、无人驾驶等具有广阔应用前景的人工智能技术突破了从"不能用、不好用"到"可以用"的技术瓶颈，人工智能发展进入爆发式增长的新高潮。

7.4.3 人工智能的研究领域

用来研究人工智能的主要物质基础以及能够实现人工智能技术平台的机器就是计算机，人工智能的发展历史是和计算机科学技术的发展史联系在一起的。人工智能的研究领域非常广泛，包括知识表示、自动推理和搜索方法、机器学习和知识获取、知识处理系统、自然语言处理、计算机视觉、智能机器人、自动程序设计等方面。

1. 机器学习

机器学习就是让机器具备和人一样的学习能力，专门研究计算机怎样模拟或实现人类的学习行为，以获取新的知识或技能，重新组织已有的知识结构以不断改善自身的性能，它是人工智能的核心。机器学习方法是计算机利用已有的数据，训练出模型，然后使用模型预测的一种方法。目前机器学习在各个领域都有应用，例如语音识别、医学诊断、证券市场分析、搜索引擎、DNA序列测试等。

2. 自然语言处理

自然语言处理（Natural Language Processing，NLP）是计算机科学领域与人工智能领域中的一个重要方向。它研究能实现人与计算机用自然语言进行有效通信的各种理论和方法。自然语言处理是一门融语言学、计算机科学、数学于一体的学科。自然语言处理主要应用于机器翻译、舆情监测、自动摘要、观点提取、文本分类、问题回答、文本语义对比、语音识别等方面。

3. 计算机视觉

计算机视觉是一门研究如何使计算机"看"的科学，更进一步地说，就是用摄影机和计算机代替人眼对目标进行识别、跟踪和测量等，并进一步做图形处理，形成更适合人眼观察或传送给仪器检测的图像。计算机视觉就是用各种成像系统代替视觉器官作为输入敏感手段，由计算机来代替大脑完成处理和解释。计算机视觉的最终研究目标就是使计算机能和人一样通过视觉观察和理解世界，具有自主适应环境的能力。计算机视觉应用的实例包括控制过程、导航等。

4. 智能机器人

智能机器人之所以叫智能机器人，是因为它有相当发达的"大脑"。在脑中起作用的是中央处理器，这种计算机跟操作它的人有直接的联系。最主要的是，这样的计算机可以执行按目的安排的动作。智能机器人具备形形色色的内部信息传感器和外部信息传感器，如视觉传感器、听觉传感器、触觉传感器、嗅觉传感器。除具有传感器外，它还有效应器，作为作用于周围环境的手段。科学家们认为，智能机器人的研发方向是，给机器人装上"大脑芯片"，从而使其智能性更强，在认知学习、自动组织、对模糊信息的综合处理等方面前进一大步。

5. 自动程序设计

自动程序设计是指根据给定问题的原始描述，自动生成满足要求的程序。它是软件工程和人工智能相结合的研究课题。自动程序设计研究的重大贡献之一是把程序调试的概念作为问题求解的策略来使用。

6. 数据挖掘

数据挖掘是指从数据库的大量数据中揭示出隐含的、先前未知的并有潜在价值的信息的非平凡过程。数据挖掘是一种决策支持过程，它主要基于人工智能、机器学习、模式识别、统计学、数据库、可视化技术等，高度自动化地分析企业的数据，做出归纳性的推理，从中挖掘出潜在的模式，帮助决策者调整市场策略，减少风险，做出正确的决策。

7.4.4 人工智能的应用领域

人工智能已经逐渐走进我们的生活，并应用于各个领域，它不仅给许多行业带来了巨大的经济效益，也为我们的生活带来了许多改变和便利。目前，人工智能主要在金融、家居、医疗、制造、零售、安防、教育、交通等行业中有广泛的应用。

1. 金融

人工智能在金融领域的应用主要包括：智能获客、身份识别、大数据风控、智能投顾、智能客服、金融云等。人工智能的飞速发展，使得计算机能够在很大程度上模拟人的功能，实现批量人性化和个性化地服务客户，这对身处服务价值链高端的金融业将带来深刻影响，人工智能将成为银行沟通客户、发现客户金融需求的重要手段，进而增强银行对客户的黏性。它将对金融产品、服务渠道、服务方式、风险管理、授信融资、投资决策等带来新一轮的变革。人工智能技术在前端可以用于服务客户，在中台支持授信、各类金融交易和金融分析中的决策，在后台用于风险防控和监督，它将大幅改变金融现有格局，金融服务将更加个性化与智能化。

2. 家居

智能家居主要基于物联网技术，通过智能硬件、软件系统、云计算平台构成一个完整的家居生态圈。用户可以远程控制设备，设备间可以互联互通，并进行自我学习等来整体优化家居环境的安全性、节能性、便捷性等。值得一提的是，近两年随着智能语音技术的发展，智能音箱成为一个爆发点。小米、天猫、Rokid 等企业纷纷推出智能音箱，不仅成功打开家居市场，也为未来更多的智能家居用品培养了用户习惯。但目前家居市场智能产品种类繁杂，如何打通这些产品之间的沟通壁垒，以及建立安全可靠的智能家居服务环境，是该行业下一步的发力点。

3. 医疗

目前，在垂直领域的图像算法和自然语言处理技术已可基本满足医疗行业的需求，市场上出现了众多技术服务商，例如提供智能医学影像技术的德尚韵兴、研发人工智能细胞识别医学诊断系统的智微信科、提供智能辅助诊断服务平台的若水医疗、统计及处理医疗数据的易通天下等。尽管智能医疗在辅助诊疗、疾病预测、医疗影像辅助诊断、药物开发等方面发挥着重要作用，但由于各医院之间医学影像数据、电子病历等不流通，导致企业与医院合作不透明等问题，使得技术发展与数据供给之间存在矛盾。

4. 制造

制造业是人工智能创新技术的重要应用领域，人工智能技术的深入运用为制造业带来了很大的好处。首先是智能装备，包括数控机床、自动识别设备、人机交互系统、工业机器人等具体设备。其次是智能工厂，包括智能设计、智能生产、智能管理以及集成优化等具体内容。最后是智能服务，包括大规模个性化定制、远程运维、预测性维护等具体服务模式。虽然目前人工智能的解决方案还不能完全满足制造业的要求，但是作为一项通用性技术，人工智能与制造业融合是大势所趋。

5. 零售

人工智能在零售领域的应用已经十分广泛，无人便利店、智慧供应链、客流统计、无人仓 / 无人车等都是热门方向。京东自主研发的无人仓采用大量智能物流机器人进行协同与配合，通过人工智能、深度学习、图像智能识别、大数据应用等技术，让工业机器人可以进行自主的判断和动作，完成各种复杂的任务，在商品分拣、运输、出库等环节实现自动化。图普科技则将人工智能技术应用于客流统计，通过人脸识别客流统计功能，门店可以从性别、年龄、表情、新老顾客、滞留时长等维度建立到店客流用户画像，为调整运营策略提供数据基础，帮助门店运营从匹配真实到店客流的角度提升转换率。

6. 安防

近些年来，我国安防监控行业发展迅速，监控摄像头数量不断增长，在公共和个人场景监控摄像头安装总数已经超过了 1.75 亿。而且，在部分一线城市，监控摄像头已经实现了全覆盖。不过，相对国外而言，我国安防监控领域仍然有很大成长空间。截至当前，安防监控行业的发展经历了 4 个发展阶段，分别为模拟监控、数字监控、网络高清和智能监控。

7. 教育

科大讯飞、义学教育等企业早已开始探索人工智能在教育领域的应用。通过图像识别，可以进行机器批改试卷、识题答题等；通过语音识别可以纠正、改进发音；而通过人机交互可以进行在线答疑解惑等。人工智能和教育的结合一定程度上可以改善教育行业师资分布不均衡、费用高昂等问题，从工具层面给师生提供更有效率的教学方式，但还不能对教育内容产生较多实质性的影响。

8. 交通

智能交通系统（Intelligent Transportation System，ITS）是通信、信息和控制技术在交通系统中集成应用的产物。ITS 应用最广泛的地区是日本，其次是美国、欧洲等地区。目前，我国在 ITS 方面的应用主要是通过对交通系统中的车辆流量、行车速度进行采集和分析，可以对交通系统进行实时监控和调度，有效提高通行能力、简化交通管理、减少环境污染等。

7.4.5　人工智能对人类生活的影响

人工智能是当前最热门的技术发展领域之一，随着 AlphaGo 击败人类职业围棋冠军选手李世石的新闻传遍大街小巷，人工智能已做到了家喻户晓。如今，人工智能的产品也无处不在，例如无人驾驶车辆、苹果手机的 Siri 语音助手、IBM 公司的 Watson 机器人等。人工智能技术应用领域越来越广，已经对很多行业产生了重要影响，也对人类的生存带来挑战甚至是危险。那么人工智能对人类的生活带来了什么影响？

① 更好地满足人类需求。人类创造人工智能的时候，就考虑到人类多元化的需求，人工智能是模拟人类思维和实践行为的大数据技术集成，在人类推动下发展和普及，则更容易满足人类在物质上及精神上的多元化需求。

② 人类劳作方式趋于简单和自由。人工智能解放了人们的双手，让人们的劳作方式趋于简单和自由。当前，人工智能不仅可以在工作中大大减轻人类的体力劳动，甚至其一些"机器学习、记忆、自动推理"的功能，还可以大幅度降低人类脑力劳动的强度，辅助人类进行数据分析或事务决策。

③ 人类的衣食住行等基本生活方式趋于丰富。人工智能技术与人类衣食住行等各种用具的结合，将彻底改变人类的生活方式。人工智能的普及给人们的生活带来了越来越多的便捷。例如，从一开始的扫把发展到之后的吸尘器，从吸尘器进步到现在的智能扫地机器人；从传统的按键手机发展到触屏手机，到现在用语音控制手机，甚至可以语音控制安装了智能系统的电灯、窗帘、

空调，只要一句话就可以达到你的目的……人工智能越来越多地出现在生活中，给人们带来便利。

④ 人类生活安全保障性提高。目前的安全防盗技术，主要使用数字密码和电磁密码等安全保障措施，这些密码保障方式虽然足够先进，但依然有漏洞和破绽可循，容易被破解、盗取。而人工智能领域的图像识别和计算机视觉等技术，提供了人脸识别、指纹识别、虹膜识别等保密方式，使人们生活中的秘密、隐私，以及人身财产安全能够得到更多的保障。

⑤ 人类的社会交往与娱乐方式发生革新。智能手机的社交功能与体感游戏机的娱乐功能，是人工智能在社交和娱乐方面应用的典范。智能手机可使与陌生人的联系变得更加容易，社交活动更容易展开，当然，这其中有一定风险，需要审慎对待；而体感游戏机在使人休闲娱乐的同时，在一定程度上帮助人锻炼了体魄变得更加健康，提升了人的身体协调性。

人工智能的发展和普及在给人类生活带来便利的同时，也产生了一定的消极影响。人工智能的应用会使劳动就业问题上的矛盾变得更加突出。由于人工智能能够代替人类进行各种脑力劳动，因此整个社会的劳动效率将会有极大的提高，但同时也会使一部分人不得不改变他们的工种，甚至会造成他们的失业。另外，个人信息和隐私保护、人工智能创作内容的知识产权、人工智能系统可能存在的歧视和偏见、无人驾驶系统的交通法规、脑机接口和人机共生的科技伦理等问题已经显现出来。因此，建立一个令人工智能技术造福于社会、保护公众利益的政策、法律和标准化环境，是人工智能技术持续、健康发展的重要前提。

本章小结

本章介绍了云计算、物联网、大数据、人工智能等新一代信息技术的相关知识与应用。百年未有之大变局正加速演进，我国应加快抓住全球信息技术产业新一轮分化和重组的重大机遇，全力打造核心技术产业生态，进一步推动前沿技术突破，实现产业链、价值链和创新链等各环节协调发展，推动我国数字经济发展迈上新台阶。